連続群と対称空間

河添 健 著

新井仁之／小林俊行／斎藤　毅／吉田朋広　編

9

数・学・探・検

共立講座

共立出版

刊行にあたって

　数学の歴史は人類の知性の歴史とともにはじまり，その蓄積には膨大なものがあります．その一方で，数学は現在もとどまることなく発展し続け，その適用範囲を広げながら，内容を深化させています．「数学探検」，「数学の魅力」，「数学の輝き」の3部からなる本講座で，興味や準備に応じて，数学の現時点での諸相をぜひじっくりと味わってください．

　数学には果てしない広がりがあり，一つ一つのテーマも奥深いものです．本講座では，多彩な話題をカバーし，それでいて体系的にもしっかりとしたものを，豪華な執筆陣に書いていただきます．十分な時間をかけてそれをゆったりと満喫し，現在の数学の姿，世界をお楽しみください．

「数学探検」

　数学の入り口を，興味に応じて自由に探検できる出会いの場です．定番の教科書で基礎知識を順に学習するのだけが数学の学び方ではありません．予備知識がそれほどなくても十分に楽しめる多彩なテーマが数学にはあります．

　数学に興味はあっても基礎知識を積み上げていくのは重荷に感じられるでしょうか？　そんな方にも数学の世界を発見できるよう，大学での数学の従来のカリキュラムにはとらわれず，予備知識が少なくても到達できる数学のおもしろいテーマを沢山とりあげました．そのような話題には実に多様なものがあります．時間に制約されず，興味をもったトピックを，ときには寄り道もしながら，数学を自由に探検してください．数学以外の分野での活躍をめざす人に役立ちそうな話題も意識してとりあげました．

　本格的に数学を勉強したい方には，基礎知識をしっかりと学ぶための本も用意しました．本格的な数学特有の考え方，ことばの使い方にもなじめるように高校数学から大学数学への橋渡しを重視してあります．興味と目的に応じて，数学の世界を探検してください．

編集委員

まえがき

　本書のタイトルではあえて連続群という少し曖昧な言葉を使った．なぜ曖昧かというと連続群をタイトルにしたいくつかの書籍においてもその定義が明確に書かれていないからである．

　歴史的にみれば最初に有限群の研究が始まり，その後，無限個の要素をもつ群の研究が始まる．整数全体は離散だが，実数全体やトーラスにおいてはその要素は x や e^{ix} と連続パラメータによって記述される．行列からなる古典群の表現論やその物理学における応用においてはこの連続パラメータを使っての研究が進む．このようにして連続パラメータをもつ群として「連続群」が認識される．その後「連続群」は群構造と位相構造をもった「位相群」として定式化され，さらには多様体としての解析的構造を付加した「リー群」へと発展する．

　日常生活において言葉が使われなくなるのは，そのものが使われなくなったり，消滅したときである．リー群の研究や物理への応用において，連続パラメータが使われなくなったかというとそうではない．古典群はリー群として形式化され洗練されたが，実態はその連続パラメータを使って研究が進んでいる．本書でも位相構造や多様体の構造については触れるが，実際の具体的な計算においては連続パラメータの操作が主となる．そこで「連続群」という言葉を復活させた．

　本書で伝えたいのは，有限群論から始まり，群の作用や軌道分解という概念が拡張されていく過程である．位相や多様体としての構造を付加することにより，これらの対象が研ぎ澄まされていく．そしてさらに対称性を付加することで，リーマン対称空間の分類が可能となる．この過程においては「群」，「位相」，

「多様体」,「リー環」といった多くの構造が登場するが,それらが組み合わさることにより,曖昧とした「連続群」が対称空間の分類という形で形式化されていく過程をぜひとも味わってほしい.

　内容は大学の高学年あるいは大学院レベルまでを含むので,その部分の定義や証明は参考文献に委ねざるを得なかったが,読者の皆さんがこの分野に興味をもつきっかけとなることを期待している.

2024 年 2 月

河添　健

本書の構成

　本書は第 I 部と第 II 部で構成されている．第 I 部は予備知識がなくても，高校生や学部 1, 2 年生でも，教科書を読むように勉強できる内容である．第 II 部は参考文献からの知識を必要とし，きちんと理解するとなると覚悟が必要である．したがって，まずは全体を通読し，興味が湧けば参考文献を参照するのがよいかと思う．

第 I 部　位相群 G を扱うので，群と位相に関する知識は必要である．群に関しては 1.1 節に，位相に関しては 2.1 節にまとめた．

　第 1 章では群 G を集合とみて，いくつかの同値類を定義する．共役類（1.1.2 項）や G の部分群 H の剰余類（1.1.3 項）などである．後者の商集合 $G/\sim$ を G/H と表し，剰余集合あるいは等質集合とよぶ．とくに H が G の正規部分群であるとき，G/H は群となり，剰余群とよばれる（1.1.4 項）．このような共役類や剰余類は，G や H が G へ作用したときの軌道としてとらえることができる（1.1.8 項）．後述するように，対象を作用による軌道としてとらえることは重要な考え方となる．1.3 節では行列からなる古典群を定義する．最初に線形代数を復習し（1.2.1 項，1.2.2 項），正則な n 次正方行列全体である一般線形群 $GL(n, K)$（$K = \mathbf{R}, \mathbf{C}, \mathbf{H}$）の部分群を調べる．

　第 2 章では，位相をもつ群として位相群を定義する（2.3.1 項）．古典群はすべて位相群となる．また商集合 G/H に商位相を入れたものを等質空間とよぶ（2.3.2 項）．第 1 章で調べた群同型が位相同型にもなっていること，すなわち位相群として同型であることを確かめる（2.3.4 項）．最後に位相群がリー群としての性質をもつことを 2.4 節で解説する．

　第 3 章では等質集合 G/H を，群 G の集合 M への作用 $G \curvearrowright M$ を通してとらえる．G の作用により M は

$$M = O_1 \sqcup O_2 \sqcup \cdots \sqcup O_n$$

と G 軌道に分解する．各軌道 O_i は M のある要素を G の作用で動かしたものであり，$\sqcup$ は共通部分のない和である．このとき G の部分群 H_i が存在し，各軌道は等質集合として同型 $O_i \approx G/H_i$ となる．とくに $G \curvearrowright M$ の軌道分解が

1つの軌道からなるときは

$$M \approx G/H$$

である（3.1.4 項）．さらに群 G が位相群，集合 M が位相空間であれば，当然 $M \approx G/H$ の同型もよくなり，位相空間としての同型 $M \simeq G/H$ となる（3.2 節）．

第 4 章では線形代数や軌道分解を用いて位相群 G の分解——岩沢分解 $G = KAN$，カルタン分解 $G = KAK$，ブリュア分解などを扱う．

第 II 部 リーマン対称空間を対象とし，その分類を S. ヘルガソン [32] を参照しながら紹介する．

第 5 章では多様体を復習し，さらに対称性をもったリーマン対称空間 M を定義する（5.2 節）．このとき，あるリー群 G とその部分群 H が存在し，$M \simeq G/H$ と解析的な同型となる．ここで第 I 部の話とつながる（5.2.2 項）．とくにリーマン対称空間 M とリーマン対称対とよばれるリー群の対 (G, H) の対応を調べる（5.3.2 項）．リーマン対称空間の分類はリーマン対称対の分類に帰着する．

第 6 章ではリー群 G の単位元の接空間としてリー環 $\mathfrak{g}$ を導入し，その性質を調べる（6.1 節）．つぎにリーマン対称対 (G, H) と直交対称リー環とよばれるリー環 $\mathfrak{g}$ とその対合の対 $(\mathfrak{g}, \theta)$ の対応を調べる．$(\mathfrak{g}, \theta)$ は線形構造をもつので構造がわかりやすく，その分類を行うことができる（6.3 節）．つぎに $(\mathfrak{g}, \theta)$ に付随するリーマン対称対 (G, H) を調べることにより，最終的にリーマン対称空間 $M \simeq G/H$ の分類が完成する（6.4 節）．

第 7 章では各章に現れる複雑な計算をまとめる．

数学の美しさの 1 つに分類がある．例えば，正多面体は 5 種類しかないことは美しい事実であり，オイラーの多面体定理を用いて証明される．本書で触れるリーマン対称空間の分類は 1920 年代の É. カルタンの研究による美しい結果である．ただし証明は容易ではなく，リー群やリー環の知識を用いる必要がある．S. ヘルガソン [32] はその "self-contained introduction"（自己完結型の入門）として知られる教科書であるが，約 500 ページの洋書である．したがって本書の第 6 章のリーマン対称空間の分類は概説にとどまらざるを得ない．全体を通読し，興味をもたれた読者はぜひとも参考文献で勉強を続けてほしい．

基礎知識

本書を読むにあたって集合や写像に関する事項は前提とするが，以下，いくつかの用語をまとめておく．

(a) $\mathbf{R} \subset \mathbf{C} \subset \mathbf{H}$ をそれぞれ実数，複素数，**四元数**全体の集合とする．四元数は $x = a1 + b\boldsymbol{i} + c\boldsymbol{j} + d\boldsymbol{k}$ $(a, b, c, d \in \mathbf{R})$ と一意に表される．$\boldsymbol{i}^2 = \boldsymbol{j}^2 = \boldsymbol{k}^2 = -1,\ \boldsymbol{ij} = -\boldsymbol{ji} = \boldsymbol{k},\ \boldsymbol{jk} = -\boldsymbol{kj} = \boldsymbol{i},\ \boldsymbol{ki} = -\boldsymbol{ik} = \boldsymbol{j}$ である．複素数 $z = x + y\boldsymbol{i}$ に対して，その実部と虚部を

$$x = \Re(z),\ y = \Im(z)$$

と表す．

(b) 集合 A, B が与えられたとき，A の各要素 a に B の要素 b をただ 1 つ対応させることを A から B への**写像**といい，

$$f : A \to B$$

と表す．このとき $b = f(a)$ である．$f(A) = \{f(a) \mid a \in A\}$ を f の**像**という．$f(A) = B$ のとき，f は**全射**あるいは**上への写像**という．また $f(a) = f(a')$ ならば $a = a'$ が成り立つとき，f は**単射**という．全射であり，かつ単射であるとき，f は**全単射**という．このとき A, B は**集合として同型**といい，$A \approx B$ と表す．

(c) $f : A \to B$ が全単射のとき，$b = f(a)$ に a を対応させる写像を，$f^{-1} : B \to A$ と書き，f の**逆写像**という．$f : A \to B,\ g : B \to C$ のとき，合成写像 $g \circ f : A \to C$ を $g \circ f(a) = g(f(a))$ で定義する．

(d) 集合 S の**同値関係** $\sim$ とは，S の任意の要素 x, y に対して，$x \sim y$ かそうでないかが定まり，かつ $x, y, z \in S$ に対して

$$(1)\ x \sim x, \quad (2)\ x \sim y \text{ ならば } y \sim x, \quad (3)\ x \sim y,\ y \sim z \text{ ならば } x \sim z$$

を満たすことである．$S_x = \{y \in S \mid y \sim x\}$ を x の**同値類**という．このとき，S は同値類の和集合として

$$S = S_{x_1} \sqcup S_{x_2} \sqcup \cdots$$

と表される．$\sqcup$ は共通部分のない集合の和を表す．このとき同値類の全体を

$$S/\sim = \{S_{x_1}, S_{x_2}, \ldots\}$$

と表し，S の $\sim$ による**商集合**あるいは**商空間**という．各 x_i を S_{x_i} の**代表元**，$\{x_1, x_2, \ldots\}$ を**代表系**という．

目　　次

第 I 部　群と作用

第 1 章　古典群　　　　　　　　　　　　　　　　　　　　　　　*3*

1.1　群 . . . .　*3*
　　1.1.1　群と部分群 . . . .　*3*
　　1.1.2　共役類 . . . .　*6*
　　1.1.3　剰余類 . . . .　*10*
　　1.1.4　剰余群 . . . .　*16*
　　1.1.5　準同型と同型 . . . .　*17*
　　1.1.6　直積群と半直積群 . . . .　*20*
　　1.1.7　射影と断面 . . . .　*23*
　　1.1.8　作用と軌道 . . . .　*24*
1.2　ベクトル空間 . . . .　*27*
　　1.2.1　加群 . . . .　*27*
　　1.2.2　行列と一次変換 . . . .　*31*
1.3　古典群 . . . .　*37*
　　1.3.1　$GL,\ SL$ . . . .　*37*
　　1.3.2　$O,\ U,\ Sp$ . . . .　*37*
　　1.3.3　$SO,\ SU$ . . . .　*38*
　　1.3.4　$O(m,n),\ U(m,n),\ Sp(m,n)$ . . . .　*38*
　　1.3.5　$SO(m,n),\ SU(m,n)$ . . . .　*39*
　　1.3.6　$Sp,\ SO^*$ . . . .　*39*
　　1.3.7　群同型 . . . .　*40*
　　1.3.8　包含関係 . . . .　*46*

第 2 章　位相群　　　　　　　　　　　　　　　　　　　　　　　*47*

2.1　位相空間 . . . .　*47*
　　2.1.1　位相 . . . .　*47*

　　　　2.1.2　ハウスドルフ空間 *50*

　　　　2.1.3　コンパクト *51*

　　　　2.1.4　局所コンパクト *53*

　　　　2.1.5　可算開基 *55*

　　　　2.1.6　連結と弧状連結 *56*

　　　　2.1.7　収束と完備性 *57*

　　2.2　連続 *58*

　　　　2.2.1　同相 *60*

　　　　2.2.2　商空間 *61*

　　　　2.2.3　射影空間 *62*

　　2.3　位相群 *65*

　　　　2.3.1　位相群 *65*

　　　　2.3.2　等質空間 *69*

　　　　2.3.3　連続断面と同型 *72*

　　　　2.3.4　位相群の同型 *73*

　　2.4　リー群 *75*

　　　　2.4.1　リー群 *75*

　　　　2.4.2　リー群の等質空間 *79*

第 3 章　群の作用 *81*

　　3.1　位相変換群 *81*

　　　　3.1.1　自由 *83*

　　　　3.1.2　効果的 *83*

　　　　3.1.3　推移的 *84*

　　　　3.1.4　固定化群と等質集合 *84*

　　3.2　等質空間 *87*

　　　　3.2.1　連続断面と同相 *89*

　　　　3.2.2　旗多様体 *90*

　　　　3.2.3　グラスマン多様体 *92*

　　3.3　軌道空間 *94*

第 4 章　群の分解 *102*

　　4.1　$GL(n, \mathbf{C})$ の岩沢分解 *102*

　　　　4.1.1　グラム・シュミットの直交化法 *103*

　　　　4.1.2　岩沢分解 *106*

　　4.2　$GL(n, \mathbf{C})$ のカルタン分解 *108*

　　　　4.2.1　行列の対角化 *108*

　　　　4.2.2　正定値エルミート行列 *110*

　　　　4.2.3　カルタン分解 *111*

4.3　$GL(n, \mathbf{C})$ の極分解 *113*
　4.3.1　$GL(n, \mathbf{C})$ の極分解 *113*
　4.3.2　$GL(n, \mathbf{C}) \curvearrowright \mathrm{Herm}_+(n, \mathbf{C})$ *115*
4.4　$GL(n, \mathbf{C})$ のブリュア分解 *117*
　4.4.1　$GL(n, \mathbf{C})$ のブリュア分解 *117*
　4.4.2　$B \curvearrowright \mathrm{Flag}(n, \mathbf{C})$ *118*
4.5　その他の群の分解と軌道分解 *121*
　4.5.1　$GL(n, \mathbf{R}) \curvearrowright \mathrm{Flag}(n, \mathbf{R})$ *121*
　4.5.2　$GL(n, \mathbf{R}) \curvearrowright \mathrm{Sym}(n, \mathbf{R})$ *124*
　4.5.3　$SL(2, \mathbf{C}) \curvearrowright P^1(\mathbf{C})$ *127*

第 II 部　リー群と対称空間

第 5 章　リーマン対称空間　　　*133*

5.1　多様体 *133*
　5.1.1　写像の微分 *133*
　5.1.2　多様体 *135*
　5.1.3　接空間 *139*
　5.1.4　ベクトル場と積分曲線 *142*
　5.1.5　リーマン多様体 *145*
　5.1.6　測地線 *146*
　5.1.7　等長変換群 *149*
5.2　リーマン対称空間 *152*
　5.2.1　対称 *152*
　5.2.2　等長変換群と等質性 *156*
　5.2.3　対称と対合 *157*
5.3　リー群の対称対 *163*
　5.3.1　不変計量 *163*
　5.3.2　対称空間と対称対 *164*

第 6 章　対称空間の分類　　　*170*

6.1　リー環 *171*
　6.1.1　リー環とリー群 *171*
　6.1.2　随伴表現 *180*
　6.1.3　キリング形式と内積 *182*
6.2　半単純リー環 *185*
　6.2.1　コンパクトリー環 *185*
　6.2.2　複素化と実型 *186*

　　　　6.2.3　カルタン部分環とコンパクト実型 *187*
　　　　6.2.4　カルタン分解 *189*
　　6.3　対称リー環 *191*
　　　　6.3.1　対称対のリー環 *192*
　　　　6.3.2　直交対称リー環 *194*
　　6.4　直交対称リー環の構造 *199*
　　　　6.4.1　直交対称リー環の型と既約性 *199*
　　　　6.4.2　双対と対称リー環 *202*
　　　　6.4.3　既約直交対称リー環の分類 *204*
　　6.5　対称空間の分類 *206*
　　　　6.5.1　リーマン対称空間の構造 *206*
　　　　6.5.2　リーマン対称空間の分類 *208*
　　6.6　単連結でないリーマン対称空間 *210*
　　6.7　分類リスト *213*

第7章　いろいろな例　　　　　　　　　　　　　　　　　　　*217*

　　7.1　ローレンツ群 *217*
　　　　7.1.1　軌道と等質空間 *218*
　　　　7.1.2　$X_\pm^+(1)$ の理想境界 *225*
　　7.2　$SU(2)$ の随伴表現 *228*
　　　　7.2.1　$SU(2)$ と $SO(3)$ *228*
　　　　7.2.2　$SL(2,\mathbf{C})$ と $SO_0(1,3)$ *231*
　　　　7.2.3　$SL(2,\mathbf{R})$ と $SO_0(1,2)$ *235*
　　　　7.2.4　$SL(2,\mathbf{C})$ の等質空間 *235*
　　7.3　$SL(2,\mathbf{R})$ と $SU(1,1)$ *236*
　　　　7.3.1　$SL(2,\mathbf{R}) \curvearrowright P^1(\mathbf{C})$ *236*
　　　　7.3.2　$SL(2,\mathbf{R}) \curvearrowright$ 双曲面 *239*
　　　　7.3.3　ケーリー変換 *240*
　　7.4　対合と対称と双対 *244*
　　　　7.4.1　$SO_0(1,3)$ の対合と対称リー環 *244*
　　　　7.4.2　双曲面上の対称 *247*
　　　　7.4.3　$SL(2,\mathbf{R})$ の対合と対称リー環 *251*
　　　　7.4.4　双対対称リー環 *253*

参考文献　　　　　　　　　　　　　　　　　　　　　　　　*255*

記　号　表　　　　　　　　　　　　　　　　　　　　　　　*257*

索　　　引　　　　　　　　　　　　　　　　　　　　　　　*260*

第 I 部

群と作用

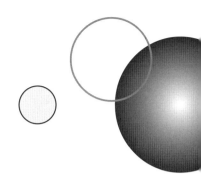

第1章

古典群

　本章では正方行列からなる群として，一般線形群，特殊線形群，直交群，ユニタリー群，ローレンツ群，シンプレクティック群などの定義を与える．群に関する基本的な事項を復習し（1.1 節），これらの古典群を定義する（1.2 節）．行列は一次変換に対応するので，各群は常に線形変換群とみなすことができる．このことは後に群の作用（第3章）や群の分解（第4章）を考える上で重要となる．

1.1　群

　最初に，群に関する基本事項を復習する．詳しくは [17], [27] を参照されたい．

1.1.1　群と部分群

　集合 G と演算 $\cdot$ の組 $(G, \cdot)$ がつぎの性質をもつとき，**群**という．$(G, \cdot)$ は略して単に G と書かれ，演算記号 $\cdot$ はしばしば省略される．

(1)　任意の $x, y \in G$ に対して $x \cdot y$ が一意に G の要素として定まる．

(2)　任意の $x, y, z \in G$ に対して，$(x \cdot y) \cdot z = x \cdot (y \cdot z)$ が成立する．

(3)　G に e と書かれる要素が存在し，すべての $x \in G$ に対して

$$x \cdot e = e \cdot x = x.$$

(4)　すべての $x \in G$ に対して，ある G の要素 x' が存在して

$$x \cdot x' = x' \cdot x = e.$$

このとき e は一意に存在し，G の**単位元**とよばれる．また x' は x の逆元とよ
ばれ，各 x に対して一意に存在し，x^{-1} と表される．とくに任意の $x, y \in G$
に対して $x \cdot y = y \cdot x$ が成立するとき，G を**可換群**または**アーベル群**とよぶ．
G の要素の個数が有限個のとき，G は**有限群**とよばれる．その要素の個数を**位
数**といい，$|G|$ で表す．G の要素の個数が無限個のときは，G は**無限群**とよば
れる．群 $(G, \cdot)$ が与えられたとき，G の部分集合 H が G の演算に関して群を
つくるとき，$(H, \cdot)$ を G の**部分群**とよぶ．

◆**例 1.1**　整数全体の集合 $\mathbf{Z}$ は和に関して可換群である．自然数 n に対して n
の倍数の全体 $n\mathbf{Z} = \{na \mid a \in \mathbf{Z}\}$ は和に関して可換群であり，$\mathbf{Z}$ の部分群であ
る．$\mathbf{Z}_n = \{0, 1, 2, \ldots, n-1\}$ は和に関して可換群である．ただし $\mathbf{Z}_n$ の加法
は合同計算 $\bmod n$ で行う．

◆**例 1.2**　p が素数のとき，$\mathbf{Z}_p^* = \mathbf{Z}_p - \{0\}$ は $\bmod p$ での積で可換群となる．

◆**例 1.3**　$K = \mathbf{R}, \mathbf{C}, \mathbf{H}$ とする．

(a)　K は和に関して可換群となる．

(b)　$K^* = K - \{0\}$ とすると，K^* は積に関して群となる．

(c)　$S_K^0 = \{x \in K \mid |x| = 1\}$ とすると，S_K^0 は積に関して群となり，
　　　K^* の部分群である．

ただし，四元数 $x = a1 + b\boldsymbol{i} + c\boldsymbol{j} + d\boldsymbol{k}$ に対して，$|x| = (a^2 + b^2 + c^2 + d^2)^{\frac{1}{2}}$.
(b), (c) の群は $K = \mathbf{R}, \mathbf{C}$ のときは可換であるが，$\mathbf{H}$ のときは可換でない．

◆**例 1.4**　$\mathbf{R}_+ = \{x \in \mathbf{R} \mid x > 0\}$ は積に関して可換群である．

◆**例 1.5**　$K = \mathbf{R}, \mathbf{C}, \mathbf{H}$ とする．n 次正方行列の全体を $M(n, K)$ と書き，その部分集合として n 次正則行列の全体を $GL(n, K)$ と書く．$M(n, K)$ は行列の加法に関して可換群となる．$GL(n, K)$ は行列の乗法に関して群となる[1]．

◆**例 1.6**　$V_4 = \{e, s, t, st\}$ $(s^2 = t^2 = e,\ st = ts)$ を**クラインの四元群**とよぶ．掛け算表はつぎのようになり，位数 4 の可換群である．

	e	s	t	st
e	e	s	t	st
s	s	e	st	t
t	t	st	e	s
st	st	t	s	e

◆**例 1.7**　$D_4 = \{e, \sigma, \sigma^2, \sigma^3, \tau, \sigma\tau, \sigma^2\tau, \sigma^3\tau\}(\sigma^4 = \tau^2 = e,\ \sigma\tau = \tau\sigma^{-1})$ を 4 次の**二面体群**とよぶ．これは正四角形の合同変換群である．掛け算表はつぎのようになり，位数 8 の非可換群である．

	e	σ	σ^2	σ^3	τ	$\sigma\tau$	$\sigma^2\tau$	$\sigma^3\tau$
e	e	σ	σ^2	σ^3	τ	$\sigma\tau$	$\sigma^2\tau$	$\sigma^3\tau$
σ	σ	σ^2	σ^3	e	$\sigma\tau$	$\sigma^2\tau$	$\sigma^3\tau$	τ
σ^2	σ^2	σ^3	e	σ	$\sigma^2\tau$	$\sigma^3\tau$	τ	$\sigma\tau$
σ^3	σ^3	e	σ	σ^2	$\sigma^3\tau$	τ	$\sigma\tau$	$\sigma^2\tau$
τ	τ	$\sigma^3\tau$	$\sigma^2\tau$	$\sigma\tau$	e	σ^3	σ^2	σ
$\sigma\tau$	$\sigma\tau$	τ	$\sigma^3\tau$	$\sigma^2\tau$	σ	e	σ^3	σ^2
$\sigma^2\tau$	$\sigma^2\tau$	$\sigma\tau$	τ	$\sigma^3\tau$	σ^2	σ	e	σ^3
$\sigma^3\tau$	$\sigma^3\tau$	$\sigma^2\tau$	$\sigma\tau$	τ	σ^3	σ^2	σ	e

---

[1] 行列の加法と乗法については 1.2.2 項を参照のこと．n 次正方行列 A が正則とは，ある n 次正方行列 B が存在して，$AB = BA = I_n$，I_n は n 次単位行列，となることである．B は A^{-1} と表す．

このとき D_4 の位数 2 の部分群は

$$\{e,\sigma^2\},\ \{e,\tau\},\ \{e,\sigma\tau\},\ \{e,\sigma^2\tau\},\ \{e,\sigma^3\tau\}$$

であり，位数 4 の部分群は

$$\{e,\sigma,\sigma^2,\sigma^3\},\ \{e,\sigma^2,\tau,\sigma^2\tau\},\ \{e,\sigma^2,\sigma\tau,\sigma^3\tau\}$$

である．これらの部分群と $\{e\}$, D_4 で D_4 の部分群はすべてである．

◆**例 1.8**　集合 X から X への全単射な写像の全体を X の**対称群**といい，S_X で表す．積は写像の合成，単位元は恒等写像，逆元は逆写像である．とくに $X = \{1,2,\ldots,n\}$ のとき，S_X は $(1\ 2\ \cdots\ n)$ の並べ替えの全体である．S_X は S_n と書かれ，n **次対称群**とよばれる．i を $\sigma(i)$ に移す $(1\ 2\ \cdots\ n)$ の並べ替えは

$$\sigma = \begin{pmatrix} 1 & 2 & \cdots & n \\ \sigma(1) & \sigma(2) & \cdots & \sigma(n) \end{pmatrix}$$

と表す．並べ替え σ,τ の積 $\sigma\tau$ を $i \mapsto \sigma(\tau(i))$ なる並び替えと定義すれば，S_n は群となる．例えば $n = 3$ のとき

$$\begin{pmatrix} 1 & 2 & 3 \\ 3 & 2 & 1 \end{pmatrix} \begin{pmatrix} 1 & 2 & 3 \\ 2 & 1 & 3 \end{pmatrix} = \begin{pmatrix} 1 & 2 & 3 \\ 2 & 3 & 1 \end{pmatrix}$$

である．任意の並べ替え σ は，2 つの数字の並べ替え（互換）を繰り返してできる．このとき繰り返す回数の偶奇は繰り返し方によらずに決まる．σ が偶数回の互換でできるとき，σ を偶置換といい，奇数回の互換でできるとき，σ を奇置換という．S_n の偶置換の全体 A_n は S_n の部分群となり，n **次交代群**とよばれる．

1.1.2　共役類

群 G の部分集合 S と G の要素 x が与えられたとき，$S^x = \{s^x = xsx^{-1} \mid s \in S\}$ を S の x による**共役**とよぶ．このとき $S^x = S$ となる x の全体

$$N_G(S) = \{x \in G \mid S^x = S\}$$

を S の**正規化群**とよぶ. G の部分群 S が $N_G(S) = G$ となるとき, S は**正規部分群**とよばれ,

$$G \triangleright S$$

と表される. S が正規部分群となることは, すべての $x \in G$ に対して $xS = Sx$ となることと同値である. G の正規部分群が G と $\{e\}$ のみからなるとき, G は**単純群**とよばれる. また S のすべての要素と可換な G の要素の全体

$$C_G(S) = \{x \in G \mid \text{任意の } s \in S \text{ に対して, } s^x = s\}$$

を S の**中心化群**とよぶ. とくに $C_G(G)$ は G の**中心**とよばれ, G の正規部分群となり, $Z(G)$ で表される.

◈**例 1.9**　$G = D_4$ を例 1.7 の 4 次の二面体群とする.

(1)　$S = \{e, \sigma, \sigma^2, \sigma^3\}$ とすると, すべての $x \in G$ に対して $S^x = S$ である. よって $N_G(S) = G$ となり, S は正規部分群である. また $C_G(S) = S$ である.

(2)　$T = \{\tau\}$ とすると

$$T^e = T^{\sigma^2} = T^\tau = T^{\sigma^2\tau} = T, \quad T^\sigma = T^{\sigma^3} = T^{\sigma\tau} = T^{\sigma^3\tau} = \{\sigma^2\tau\}$$

である. よって $N_G(T) = \{e, \sigma^2, \tau, \sigma^2\tau\}$, $C_G(T) = \{e, \sigma^2, \tau, \sigma^2\tau\}$ となる.

(3)　$Z(D_4) = \{e, \sigma^2\}$ である.

G の要素 a に対して, a と共役な要素全体の集合

$$O(a) = \bigcup_{x \in G} \{a^x\} \tag{1.1}$$

を a の**共役類**とよぶ. このとき G は

$$G = \bigcup_{a \in G} O(a) \tag{1.2}$$

と表せる.

　ここで右辺は互いに共通部分をもたない共役類の和集合に分解される. 実際, この式の右辺で a は G の要素すべてを動いているが, 集合としての和集合をとっているので, 異なる $O(a)$ のみの和となる. また $O(a) \cap O(a') \neq \emptyset$ であれば, $O(a) = O(a')$ である. このことから右辺は共通部分をもたない和集合に分解される. G の要素 a が共役類 $O(a')$ に含まれるとき, $O(a')$ を a を含む共役類という. このとき $O(a') = O(a)$ である. 異なる共役類から 1 つずつ要素をとってきてできる集合 $G_0 = \{a_1, a_2, \dots\}$ を分解 (1.2) の**代表系**という. 代表系の各要素を, それが含まれる共役類の**代表元**という.

$$G = \bigsqcup_{a \in G_0} O(a) \tag{1.3}$$

となる. ここで $\bigsqcup$ は共通部分のない和集合を表す.

　共役類 $O(a)$ は G の同値関係を

$$a \sim b \iff \quad あるg \in G が存在して, \ a = gbg^{-1}$$

と定めたときの同値類に他ならない. 本節の共役類およびそれによる G の分解 (1.3) は, 1.1.8 項および 3.3 節における G の軌道と軌道分解の例となる.

◆**例 1.10**　D_4 を例 1.7 の 4 次の二面体群とする. このとき

$$O(e) = \{e\}, \quad O(\sigma) = \{\sigma, \sigma^3\}, \quad O(\sigma^2) = \{\sigma^2\},$$
$$O(\tau) = \{\tau, \sigma^2\tau\}, \quad O(\sigma\tau) = \{\sigma\tau, \sigma^3\tau\},$$
$$D_4 = \{e\} \sqcup \{\sigma, \sigma^3\} \sqcup \{\sigma^2\} \sqcup \{\tau, \sigma^2\tau\} \sqcup \{\sigma\tau, \sigma^3\tau\}$$

となる. 正規部分群は共役類の和で書けることに注意すれば, $\{e\}$, D_4 以外の正規部分群はつぎのようになる.

$$\{e, \sigma^2\}, \ \{e, \sigma, \sigma^2, \sigma^3\}, \ \{e, \sigma^2, \tau, \sigma^2\tau\}, \ \{e, \sigma^2, \sigma\tau, \sigma^3\tau\}.$$

◆**例 1.11**

$$GL(2, \mathbf{C}) = \left\{ g = \begin{pmatrix} a & b \\ c & d \end{pmatrix} \ \middle|\ \det g = ad - bc \neq 0, \ a, b, c, d \in \mathbf{C} \right\}$$

とする．ジョルダンの標準形[2]によれば，$GL(2, \mathbf{C})$ の要素はつぎのどちらかの形の行列と共役である．

$$J_{\nu\lambda}^0 = \begin{pmatrix} \nu & 0 \\ 0 & \lambda \end{pmatrix}, \quad J_{\nu\nu}^1 = \begin{pmatrix} \nu & 1 \\ 0 & \nu \end{pmatrix} \quad (\nu, \lambda \in \mathbf{C}^*).$$

よって $GL(2, \mathbf{C})$ は

$$GL(2, \mathbf{C}) = \left(\bigsqcup_{\nu \in \mathbf{C}^*} O(J_{\nu\nu}^0) \right) \sqcup \left(\bigsqcup_{\nu \in \mathbf{C}^*} O(J_{\nu\nu}^1) \right) \sqcup \left(\bigcup_{\nu, \lambda \in \mathbf{C}^*, \ \nu \neq \lambda} O(J_{\nu\lambda}^0) \right)$$

と分割する．最後の和が $\bigsqcup$ でなく $\bigcup$ となっているのは

$$\begin{pmatrix} \nu & 0 \\ 0 & \lambda \end{pmatrix} \sim \begin{pmatrix} \lambda & 0 \\ 0 & \nu \end{pmatrix}$$

なので同じ共役類が2度現れているからである．

また $SL(2, \mathbf{C}) = \{g \in GL(2, \mathbf{C}) \mid \det g = 1\}$ とすれば，$SL(2, \mathbf{C})$ は $GL(2, \mathbf{C})$ の正規部分群である．各要素は $J_{\nu\lambda}^0$ で $\lambda\nu = 1$ となるもの，$J_{\nu\nu}^1$ で $\nu^2 = 1$ となるもののどちらかと共役である．

◆**例 1.12** S_3 を3次対称群とすれば，共役類による分解は

$$S_3 = O\left(\begin{pmatrix} 1 & 2 & 3 \\ 1 & 2 & 3 \end{pmatrix} \right) \sqcup O\left(\begin{pmatrix} 1 & 2 & 3 \\ 2 & 1 & 3 \end{pmatrix} \right) \sqcup O\left(\begin{pmatrix} 1 & 2 & 3 \\ 2 & 3 & 1 \end{pmatrix} \right)$$

となる．

---

[2]ジョルダン標準形については [9]，第6章，§2 を参照されたい．

1.1.3 剰余類

群 G の部分群 H と G の要素 x が与えられたとき，$xH = \{xh \mid h \in H\}$ を x を含む H による**剰余類**とよぶ．$eH = H$ である．このとき G は

$$G = \bigcup_{x \in G} xH \tag{1.4}$$

のように剰余類の和集合で表せる．

ここで右辺は互いに共通部分をもたない和集合に分解される．実際，この式の右辺で x は G の要素すべてを動いているが，集合としての和集合をとっているので，異なる xH のみの和となる．また $xH \cap x'H \neq \emptyset$ であれば，$xH = x'H$ である．このことから共通部分をもたない和集合に分解される．異なる剰余類から 1 つずつ要素をとってきてできる集合 $S = \{e, a, b, \ldots\}$ を分解 (1.4) の**代表系**という．代表系の各要素をそれが含まれる共役類の**代表元**という．

$$G = \bigsqcup_{a \in S} aH \tag{1.5}$$

である．剰余類は G の同値関係を

$$a \sim b \iff aH = bH \iff b^{-1}a \in H$$

で定めたときの同値類に他ならない．このとき同値類の全体 $G/\sim$ を G/H と表す．すなわち

$$G/H = \{H, aH, bH, \ldots\},$$

$$G/H \approx S \quad (\text{集合として})$$

である．これを G の H による**剰余集合**あるいは**等質集合**とよぶ．等質とよばれる理由は，$aH \neq bH$ でも $aH = ab^{-1}\cdot bH$ と書けるので，集合として $aH \approx bH$ となることによる．

xH と同様に Hx を考えることもできる．これらを区別するとき，前者を**右剰余類**，後者を**左剰余類**とよぶ[3]．これらが一致するとき，すなわち $xH = Hx$

---

[3] 文献によっては左右を逆に定義する場合もある．ここでは xH を，H の G への右作用による x の H 軌道とみなし，xH を右剰余類とする（例 1.38）．

がすべての G の要素 x に対して成り立つとき，H は正規部分群である．左剰余類は G の同値関係を

$$a \sim b \iff Ha = Hb \iff ab^{-1} \in H$$

と定めたときの同値類に他ならない．その同値類の全体 $G/\sim$ を

$$H \backslash G$$

と書く．群 G の2つの部分群 H, K と G の要素 x が与えられたとき，$HxK = \{hxk \mid h \in H, k \in K\}$ を H, K による x を含む**両側剰余類**とよぶ．とくに x が単位元 e のときは HK と表す．このとき G は

$$G = \bigcup_{x \in G} HxK \tag{1.6}$$

となり両側剰余類の和集合に分解される．これを共通部分のない集合の和で

$$G = \bigsqcup_{g \in S} HgK \tag{1.7}$$

と表す．$S = \{e, a, b, \ldots\}$ を**代表系**，代表系の各要素 $e, a, b, \ldots$ を**代表元**とよぶ．両側剰余類は G の同値関係を

$$a \sim b \iff HaK = HbK$$

で定めたときの同値類に他ならない．この同値類の全体 $G/\sim$ を

$$H \backslash G / K = \{HK, HaK, HbK, \ldots\}$$

と表す．本節の剰余類およびそれによる G の分解 (1.5), (1.7) は，1.1.8 項および 3.3 節における G の軌道と軌道分解の例となる．

| 命題 1.13 | 群 G の部分群を H とし，G/H の代表系を S とする．このとき

(1)　$G = SH$,

(2)　$G \approx S \times H \approx (G/H) \times H$　（集合として同型）

である [4].

証明　(1) $SH \subset G$ は明らか. $g \in G$ とすると, S が G/H の代表系であることから, ある $s \in S$ が存在して $g \in sH$ である. すなわち, ある $h \in H$ が存在して $g = sh \in SH$ となる. よって $G \subset SH$ である. (2) $f : S \times H \to G$ を $f(s,h) = sh$ で定める. (1) より全射である. $sh = s'h'$ とすると $sH = s'h'h^{-1}H = s'H$ となる. よって, 代表系の要素として s, s' は同じとなり, $s = s'$ である. よって $h = h'$ でもある. このことから f は単射である. ■

◆**例 1.14**　$G = \mathbf{Z}$, $H = 3\mathbf{Z}$ とすれば

$$\mathbf{Z}/3\mathbf{Z} = \{3\mathbf{Z}, 3\mathbf{Z} + 1, 3\mathbf{Z} + 2\},$$
$$S = \{0, 1, 2\} = \mathbf{Z}_3,$$
$$\mathbf{Z} = 3\mathbf{Z} \sqcup (3\mathbf{Z} + 1) \sqcup (3\mathbf{Z} + 2).$$

◆**例 1.15**　$G = \mathbf{R}$, $H = \mathbf{Z}$ とすれば

$$\mathbf{R}/\mathbf{Z} = \{\mathbf{Z} + x \mid 0 \leq x < 1\},$$
$$S = [0, 1),$$
$$\mathbf{R} = \bigsqcup_{x \in [0,1)} (\mathbf{Z} + x).$$

◆**例 1.16**　例 1.7 で $K = \{e, \sigma, \sigma^2, \sigma^3\}$ とすれば

$$D_4/K = \{K, \tau K\}, \quad S = \{1, \tau\} \cong \mathbf{Z}_2$$

である [5]. $H = \{e, \sigma^2\}$ とすれば

$$D_4/H = \{H, \sigma H, \tau H, \sigma\tau H\}, \quad S = \{1, \sigma, \tau, \sigma\tau\} \cong V_4.$$

---

[4] 集合 A, B に対して, $A \times B$ は $\{(a, b) \mid a \in A, \ b \in B\}$ と定義される集合である.
[5] 群の**同型** $G_1 \cong G_2$ については 1.1.5 項を参照のこと. 掛け算表が等しいことである.

◆**例 1.17** 例 1.16 において H が正規部分群であることに注意すると

$$H \backslash D_4 / H = \{H, H\sigma H, H\tau H, H\sigma\tau H\} = \{H, \sigma H, \tau H, \sigma\tau H\}$$

である. $L = \{e, \tau\}$ とすると, $\tau \cdot \sigma\tau = \sigma^3 = \sigma \cdot \sigma^2$ に注意して

$$L \backslash D_4 / H = \{LH, L\sigma H\}.$$

◆**例 1.18** 例 1.11 の $\mathbf{C}$ を $\mathbf{R}$ に変えて, 同様に $GL(2, \mathbf{R})$, $SL(2, \mathbf{R})$ を定義する. 任意の $g \in GL(2, \mathbf{R})$ を

$$g = \begin{cases} (\det g)^{\frac{1}{2}} \cdot (\det g)^{-\frac{1}{2}} g & (\det g > 0 \text{ のとき}) \\ (\det g')^{\frac{1}{2}} \cdot (\det g')^{-\frac{1}{2}} I_{1,1} g' & (\det g < 0 \text{ のとき}) \end{cases}$$

と書く. ただし

$$I_{1,1} = \begin{pmatrix} 1 & 0 \\ 0 & -1 \end{pmatrix}, \quad g' = I_{1,1} g$$

である. このとき $\det g > 0$, $\det g' > 0$, $(\det g)^{-\frac{1}{2}} g, (\det g')^{-\frac{1}{2}} g' \in SL(2, \mathbf{R})$ に注意すると

$$GL(2, \mathbf{R})/SL(2, \mathbf{R}) = \{rSL(2, \mathbf{R}), sI_{1,1}SL(2, \mathbf{R}) \mid r, s \in \mathbf{R}_+\},$$

$$S = \{rI_2, sI_{1,1} \mid r, s \in \mathbf{R}_+\},$$

$$GL(2, \mathbf{R}) = \left(\bigsqcup_{r \in \mathbf{R}_+} rSL(2, \mathbf{R}) \right) \sqcup \left(\bigsqcup_{s \in \mathbf{R}_+} sI_{1,1}SL(2, \mathbf{R}) \right).$$

◆**例 1.19** $O(n)$ を n 次実正方行列 g で $^t g g = I_n$ となるもの全体とする. ただし $^t g$ は g の転置行列, I_n は n 次単位行列を表す. $O(n)$ は行列の積を演算として群となり, **直交群**とよばれる. $SO(n)$ を $O(n)$ の要素で $\det g = 1$ となるもの全体とすれば, $SO(n)$ は $O(n)$ の部分群となり, **回転群**とよばれる. $I_{n-1,1} = \begin{pmatrix} I_{n-1} & 0 \\ 0 & -1 \end{pmatrix}$ は $O(n)$ の要素だが, $SO(n)$ の要素ではない. この

とき

$$O(n)/SO(n) = \{SO(n), I_{n-1,1}SO(n)\},$$

$$S = \{I_n, I_{n-1,1}\} \cong \mathbf{Z}_2,$$

$$O(n) = SO(n) \sqcup I_{n-1,1}SO(n).$$

◆**例 1.20**　$SO(3)$ に含まれる行列 g を 3 次の縦ベクトル $\boldsymbol{x}$ に左から掛けた $g\boldsymbol{x}$ は，$\boldsymbol{x}$ を回転させたベクトルである [6)]．同様に $SO(2)$ は $\mathbf{R}^2$ の回転群であり，

$$SO(2) = \left\{ \begin{pmatrix} \cos\theta & -\sin\theta \\ \sin\theta & \cos\theta \end{pmatrix} \middle| 0 \le \theta < 2\pi \right\}$$

である．このとき

$$SO(3) \supset \begin{pmatrix} SO(2) & \boldsymbol{0} \\ \boldsymbol{0} & 1 \end{pmatrix} = \left\{ \begin{pmatrix} g & \boldsymbol{0} \\ \boldsymbol{0} & 1 \end{pmatrix} \middle| g \in SO(2) \right\}$$

とすれば，$SO(2)$ を $SO(3)$ の部分群とみなすことができ，以下ではこの部分群を $SO(2)$ と表す．すなわち，$SO(2)$ は $\boldsymbol{e}_3 = \begin{pmatrix} 0 \\ 0 \\ 1 \end{pmatrix}$ を軸とする回転全体の集合となり，

$$g \in SO(2) \iff g\boldsymbol{e}_3 = \boldsymbol{e}_3$$

である．以下では幾何学的な考察により，剰余集合 $SO(3)/SO(2)$ を求める．

$SO(3)$ の任意の要素 g に対する剰余類 $gSO(2)$ の形を決める．最初に

$$\|g\boldsymbol{e}_3\|^2 = \langle g\boldsymbol{e}_3, g\boldsymbol{e}_3 \rangle = {}^t(g\boldsymbol{e}_3)(g\boldsymbol{e}_3) = {}^t\boldsymbol{e}_3\,{}^tgg\boldsymbol{e}_3 = 1$$

に注意する．ただし，$\|\cdot\|$ と $\langle\cdot,\cdot\rangle$ はそれぞれ，$\mathbf{R}^3$ のノルムと内積を表す（1.2.1 項参照）．よって $g\boldsymbol{e}_3$ は $S^2 = \{\boldsymbol{x} \in \mathbf{R}^3 \mid \|\boldsymbol{x}\| = 1\}$（球面）の要素である．こ

[6)]一次変換については 1.2.2 項で述べる．

こで e_3 を回転軸として ge_3 を回転させ，xz 平面の $x \geq 0$ のところに移す．すなわち $SO(2)$ の要素 k が存在して

$$kge_3 = \begin{pmatrix} \sin\theta \\ 0 \\ \cos\theta \end{pmatrix}, \quad 0 \leq \theta \leq \pi$$

と書くことができる．ただし，ge_3 が z 軸上にあるときは，$k = I_3$，$\theta = 0, \pi$ にとる．このとき

$$a_\theta = \begin{pmatrix} \cos\theta & 0 & \sin\theta \\ 0 & 1 & 0 \\ -\sin\theta & 0 & \cos\theta \end{pmatrix}$$

とすれば $kge_3 = a_\theta e_3$ となる．よって $a_\theta^{-1} kg \in SO(2)$ より，$g \in k^{-1} a_\theta SO(2)$ である．以上のことから

$$gSO(2) = k^{-1} a_\theta SO(2)$$

である．ここで $k_1^{-1} a_{\theta_1} SO(2) = k_2^{-1} a_{\theta_2} SO(2)$ とすれば，$SO(2)$ は e_3 を動かさないので，$k_1^{-1} a_{\theta_1} e_3 = k_2^{-1} a_{\theta_2} e_3$ である．$k_2 k_1^{-1} a_{\theta_1} e_3 = a_{\theta_2} e_3$ より $\theta_1 = \theta_2$，$k_1 = k_2$ である．よって

$$SO(3)/SO(2) = \{ k^{-1} a_\theta SO(2) \mid k \in SO(2),\ 0 \leq \theta \leq \pi \}$$

である．

ところで $k^{-1} a_\theta$ に対して $v = k^{-1} a_\theta e_3$ とすれば，$\|v\| = 1$ より $v \in S^2$ である．逆に任意の $v \in S^2$ は上述の xz 平面に移す操作により，$v = k^{-1} a_\theta e_3 = g_v e_3$，$g_v = k^{-1} a_\theta$ と書ける．よって集合として

$$\{ g_v \mid v \in S^2 \} = \{ k^{-1} a_\theta \mid k \in SO(2),\ 0 \leq \theta \leq \pi \} \approx S^2$$

である．以上のことから

$$SO(3)/SO(2) = \{ g_v SO(2) \mid v \in S^2 \},$$
$$S = \{ g_v \mid v \in S^2 \} \approx S^2,$$
$$SO(3) = \bigsqcup_{v \in S^2} g_v SO(2)$$

である.

つぎに両側剰余類 $SO(2)\backslash SO(3)/SO(2)$ を考えてみる. $g_v = k^{-1}a_\theta$ と書けることに注意すれば, $SO(2)g_v SO(2) = SO(2)a_\theta SO(2)$ である. よって

$$SO(2)\backslash SO(3)/SO(2) = \{SO(2)a_\theta SO(2) \mid 0 \le \theta \le \pi\},$$
$$S = \{a_\theta \mid 0 \le \theta \le \pi\},$$
$$SO(3) = \bigsqcup_{0 \le \theta \le \pi} SO(2)a_\theta SO(2)$$

となる.

1.1.4　剰余群

群 G の部分群 H が正規部分群のとき, G/H の剰余類 aH と bH の積を

$$aH \cdot bH = abH$$

と定義すると, G/H は群となる. 実際, $aH \cdot bH = ab(b^{-1}Hb) \cdot H = abH$ である. この群を G の H による**剰余群**あるいは**商群**とよぶ. G/H の記号は H が正規部分群でないときも剰余集合の記号として用いることに注意する. H が正規部分群のとき, $xH = Hx$ となるので, 集合として $G/H \approx H\backslash G$ である.

◆**例 1.21**　$\mathbf{Z}/n\mathbf{Z} \cong \mathbf{Z}_n$.
　剰余集合 $\mathbf{Z}/n\mathbf{Z} = \{n\mathbf{Z}, n\mathbf{Z}+1, \dots, n\mathbf{Z}+(n-1)\}$ を考える.

$$(n\mathbf{Z}+a) + (n\mathbf{Z}+b) = n\mathbf{Z}+(a+b) \pmod{n}$$

と加法を定めれば, $\mathbf{Z}/n\mathbf{Z}$ は加法群となり, $\mathbf{Z}_n$ と同型である.

◆**例 1.22**　例 1.7 の D_4 を考える. D_4 の正規部分群（例 1.10）による剰余群はつぎのようになる.

$$D_4/\{e\} \cong D_4, \quad D_4/\{e,\sigma^2\} \cong V_4,$$
$$D_4/\{e,\sigma,\sigma^2,\sigma^3\} \cong \mathbf{Z}_2, \quad D_4/\{e,\sigma^2,\tau,\sigma^2\tau\} \cong \mathbf{Z}_2,$$
$$D_4/\{e,\sigma^2,\sigma\tau,\sigma^3\tau\} \cong \mathbf{Z}_2, \quad D_4/D_4 \cong \{e\}.$$

◆**例 1.23**　$GL(2,\mathbf{R})/SL(2,\mathbf{R}) \cong \mathbf{R}^*$（例 1.8）.

例 1.18 より $GL(2,\mathbf{R})/SL(2,\mathbf{R})$ は乗法群として

$$S = \{rI_2, sI_{1,1} \mid r,s \in \mathbf{R}_+\} \cong \{r, -s \mid r,s \in \mathbf{R}_+\} \cong \mathbf{R}^*$$

である. これは後述の例 1.28 からも得られる.

1.1.5　準同型と同型

群 G から群 G' への写像 f がすべての $a,b \in G$ に対して

$$f(ab) = f(a)f(b)$$

を満たすとき, **準同型写像**とよばれる. ここで ab は群 G における積, $f(a)f(b)$ は群 G' における積であり, 演算記号は省略されている. とくに f が全単射であるとき, f は**同型写像**とよばれる. 同型写像 $f : G \to G'$ が存在するとき, G と G' は**群として同型**であるといい,

$$G \cong G'$$

で表す. このとき G, G' の群の掛け算表は一致する.

　準同型写像 f の**像** $f(G) = \{f(g) \mid g \in G\}$ は G' の部分群となる. 実際, $f(a) \cdot f(b) = f(ab)$ である. また G' の単位元を e' としたとき, f の**核** $\ker f = \{g \in G \mid f(g) = e'\}$ は G の正規部分群となる. 実際, $a,b \in \ker f$ のとき, $f(ab) = f(a) \cdot f(b) = e' \cdot e' = e'$ より, $ab \in \ker f$ である. さらに任意の $g \in G$ に対して $g(\ker f)g^{-1}$ を考えると, 任意の $h \in \ker f$ に対して $f(ghg^{-1}) = f(g) \cdot e' \cdot f(g)^{-1} = e'$ となり, $g(\ker f)g^{-1} \subset \ker f$ である. このとき $G/\ker f$ は群となり, つぎの準同型定理が成り立つ.

定理 1.24 （準同型定理）　準同型写像 $f : G \to G'$ が与えられたとき，

$$G/\ker f \cong f(G)$$

である．

証明　$F : G/\ker f \to f(G)$ を $F(g\ker f) = f(g)$ で定める．この F がきちんと定義されるには，F が剰余類 $g\ker f$ の代表元の取り方によらないことを示す必要がある．$g\ker f = h\ker f$ とすると，$h^{-1}g \in \ker f$ である．よって $e' = f(h^{-1}g) = f(h)^{-1}f(g)$ となり，$f(g) = f(h)$ を得る．よって $F(g\ker f) = F(h\ker f)$ である．つぎに F が準同型写像であることを示す．f が準同型写像なので

$$F(g\ker f \cdot h\ker f) = F(gh\ker f) = f(gh)$$
$$= f(g)f(h) = F(g\ker f)F(h\ker f)$$

となり，F は準同型写像である．また F は明らかに全射である．$F(g\ker f) = e'$ とすると，$f(g) = e'$ より $g \in \ker f$ である．よって $g\ker f = \ker f$ となり，F は単射である．　　　　　　　　　　　　　　　　　　　　　　　■

　G から G 自身への準同型写像および同型写像はそれぞれ**自己準同型写像**および**自己同型写像**とよばれる．自己同型写像の全体を $\mathrm{Aut}(G)$ で表す．G の要素 a に対して，$\sigma_a(g) = aga^{-1}$ $(g \in G)$ とすれば，σ_a は G の自己同型写像であり，**内部自己同型写像**とよばれる．その全体 $\{\sigma_a \mid a \in G\}$ を $\mathrm{Int}(G)$ で表す．

　写像の積を合成 ∘ で定義すれば，$\mathrm{Aut}(G)$ および $\mathrm{Int}(G)$ は群となり，$\mathrm{Aut}(G)$ は**自己同型群**，$\mathrm{Int}(G)$ は**内部自己同形群**とよばれる．とくに $\mathrm{Int(G)}$ は $\mathrm{Aut}(G)$ の正規部分群となる．

$$\mathrm{Aut}(G) \rhd \mathrm{Int}(G).$$

実際，任意の $f \in \mathrm{Aut}(G)$, $\sigma_a \in \mathrm{Int}(G)$ に対して，$f \circ \sigma_a(g) = f(aga^{-1}) = f(a)f(g)f(a)^{-1} = \sigma_{f(a)}(f(g)) = \sigma_{f(a)} \circ f(g)$ となるので，$f \circ \sigma_a \circ f^{-1} = \sigma_{f(a)}$ である．ここで $Z(G)$ を G の中心とすると（1.1.2 項），

$$G/Z(G) \cong \mathrm{Int}(G)$$

である. 実際, $f : G \to \mathrm{Int}(G)$ を $f(g) = \sigma_g$ と定めれば, f は全射な準同型写像であり, その核は

$$\ker f = \{g \mid \sigma_g = I\}$$
$$= \{g \mid 任意の x \in G に対して, \ gxg^{-1} = x\} = Z(G)$$

となる. ただし I は G 上の恒等写像を表す. よって準同型定理より, 求める結果を得る.

◆例 1.25 $f : \mathbf{R} \to \mathbf{R}_+$ を $f(x) = e^x$ と定める. ただし $\mathbf{R}$ は加法群, $\mathbf{R}_+$ は乗法群である. このとき f は全射な準同型写像で $\ker f = \{0\}$ なので

$$\mathbf{R} \cong \mathbf{R}_+.$$

◆例 1.26 $\mathbf{Z}/n\mathbf{Z} = \{n\mathbf{Z} + m \mid m = 0, 1, \ldots, n-1\}$ を加法群, $\widetilde{\mathbf{Z}}_n = \{e^{2\pi im/n} \mid m = 0, 1, \ldots, n-1\}$ を 1 の n 乗根からなる乗法群とする. $f : \mathbf{Z} \to \widetilde{\mathbf{Z}}_n$ を $f(m) = e^{2\pi im/n}$ と定めると, f は全射な準同型写像で $\ker f = n\mathbf{Z}$ である. よって

$$\mathbf{Z}/n\mathbf{Z} \cong \widetilde{\mathbf{Z}}_n$$

である. この乗法群 $\widetilde{\mathbf{Z}}_n$ は加法群 $\mathbf{Z}_n$ (例 1.1) と同型であることが容易にわかる.

◆例 1.27 $S^1 = \{z \in \mathbf{C} \mid |z| = 1\}$ とする. $f : \mathbf{R} \to S^1$ を $f(x) = e^{2\pi ix}$ と定めると, f は全射な準同型写像で $\ker f = \mathbf{Z}$ である. よって

$$\mathbf{R}/\mathbf{Z} \cong S^1.$$

◆例 1.28 $\det : GL(2, \mathbf{R}) \to \mathbf{R}^*$ は全射な準同型写像で, $\ker f = SL(2, \mathbf{R})$ となる. よって

$$GL(2, \mathbf{R})/SL(2, \mathbf{R}) \cong \mathbf{R}^*.$$

1.1.6　直積群と半直積群

2つの群 G_1, G_2 が与えられたとき，直積集合 $G_1 \times G_2 = \{(a,b) \mid a \in G_1, \, b \in G_2\}$ の積を

$$(a_1, b_1)(a_2, b_2) = (a_1 a_2, b_1 b_2)$$

で定義すると，$G_1 \times G_2$ は群となり，**直積群**とよばれる．G_1, G_2 の単位元をそれぞれ e_1, e_2 とすれば，$G_1 \times G_2$ の単位元は (e_1, e_2) である．また (a,b) の逆元は (a^{-1}, b^{-1}) となる．$(a,b) \mapsto a$ および $(a,b) \mapsto b$ はそれぞれ $G_1 \times G_2$ から G_1 および G_2 への全射な準同型写像であり，その核はそれぞれ $\{e\} \times G_2$ および $G_1 \times \{e\}$ となる．したがって

$$(G_1 \times G_2)/G_2 \cong G_1, \quad (G_1 \times G_2)/G_1 \cong G_2$$

となる．ここで $\{e_1\} \times G_2$ および $G_1 \times \{e_2\}$ をそれぞれ同型な G_2, G_1 で表している．

G の 2 つの部分群 H, K に対して，$HK = \{hk \mid h \in H, \, k \in K\}$ と定義する．一般に HK は群ではないが，$HK = KH$ となるとき群となる．とくに H が G の正規部分群であれば $HK = KH$ となり，HK は G の部分群である．H が G の正規部分群であり，$H \cap K = \{e\}$ となるとき，HK は H と K の**半直積群**とよばれる．このとき直積集合 $H \times K$ の積を

$$(h_1, k_1)(h_2, k_2) = (h_1 k_1 h_2 k_1^{-1}, \, k_1 k_2)$$

で定義したものも群となり，半直積群とよばれ，これを $H \rtimes K$ と表す．単位元は (e, e)，(h, k) の逆元は $(k^{-1} h^{-1} k, k^{-1})$ である．この群は HK と同型になる．実際，$H \rtimes K$ から HK への写像を $f(h, k) = hk$ と定義すれば，$f((h_1, k_1)(h_2, k_2)) = f(h_1 k_1 h_2 k_1^{-1}, k_1 k_2) = h_1 k_1 h_2 k_2 = f(h_1, k_1) f(h_2, k_2)$ となり，f は全射な準同型写像である．$f(h, k) = hk = e$ とすると $h = k^{-1}$ となり，$H \cap K = \{e\}$ より $(h, k) = (e, e)$ である．よって f は単射となる．準同型定理より

$$HK \cong H \rtimes K$$

である．

一般に2つの群 G, L が与えられ, τ を $L \to \mathrm{Aut}(G)$ なる準同型写像とする. このとき直積集合 $G \times L$ の積を

$$(g_1, l_1)(g_2, l_2) = (g_1 \tau(l_1) g_2, l_1 l_2)$$

で定義すると, $G \times L$ は群となり, **一般半直積群**とよばれる. これを $G \times_\tau L$ と表す. G, L の単位元をそれぞれ e_1, e_2 とすれば, $G \times_\tau L$ の単位元は (e_1, e_2) である. また (g, l) の逆元は $(\tau(l^{-1}) g^{-1}, l^{-1})$ となる. とくに τ を恒等写像とすれば, $G \times_\tau L$ は直積群 $G \times L$ となる. また H, K が G の部分群で H が G の正規部分群かつ $H \cap K = \{e\}$ のとき, $k \in K$ に対して $\tau(k) = \sigma_k$ (G の内部自己同型写像) とすると, H が G の正規部分群であることにより, $\tau(k) \in \mathrm{Aut}(H)$ となる. このとき $H \times_\tau K = H \rtimes K$ である.

◆**例 1.29** $\mathbf{Z}_2 \times \mathbf{Z}_2 \cong V_4$ (例 1.6).

2つの群の掛け算表が一致することから明らかである.

◆**例 1.30** m, n が互いに素であれば

$$\mathbf{Z}_m \times \mathbf{Z}_n \cong \mathbf{Z}_{mn}.$$

実際, $\mathbf{Z}_n \cong \widetilde{\mathbf{Z}}_n$ (例 1.26) である. 1 の m 乗根と 1 の n 乗根を掛ければ, m, n が互いに素のとき, 1 の mn 乗根になるので, $\widetilde{\mathbf{Z}}_m \times \widetilde{\mathbf{Z}}_n \cong \widetilde{\mathbf{Z}}_{mn}$ となり, 求める結果を得る. m, n が互いに素でないときは, 例えば例 1.29 において $\mathbf{Z}_4$ と V_4 は同型でないので, $\mathbf{Z}_2 \times \mathbf{Z}_2$ と $\mathbf{Z}_4$ は同型でない.

◆**例 1.31** $GL(1, \mathbf{C}) = \mathbf{C}^* \cong S^1 \times \mathbf{R}_+$.

最初の等号は定義である. $z \neq 0 \in \mathbf{C}$ の極形式を $z = re^{i\theta}$ としたとき, $f : \mathbf{C}^* \to S^1 \times \mathbf{R}_+$ なる写像を $f(z) = (e^{i\theta}, r)$ と定義すれば2つ目の同型を得る.

◆**例 1.32** $G = SO(n), H = \widetilde{\mathbf{Z}}_2 = \{\pm 1\}$ とする.

$$\tau : \widetilde{\mathbf{Z}}_2 \to \mathrm{Aut}(SO(n))$$

を $\tau(x)A = X_x A X_x^{-1}$, $A \in SO(n)$ で定義する. ただし, $x \in \widetilde{\mathbf{Z}}_2$ に対して

$$X_x = \begin{pmatrix} x & \mathbf{0} \\ \mathbf{0} & I_{n-1} \end{pmatrix}$$

である. $\widetilde{\mathbf{Z}}_2' = \{X_x \mid x \in \widetilde{\mathbf{Z}}_2\}$ とおくと

$$O(n) = SO(n) \rtimes \widetilde{\mathbf{Z}}_2' \cong SO(n) \times_\tau \widetilde{\mathbf{Z}}_2.$$

◆**例 1.33**　$G = \mathbf{R}^n$, $H = O(n)$ とする.

$$\tau : O(n) \to \mathrm{Aut}(\mathbf{R}^n)$$

を $\tau(A)\boldsymbol{x} = A\boldsymbol{x}$, $\boldsymbol{x} \in \mathbf{R}^n$ で定義したとき

$$\mathbf{R}^n \times_\tau O(n)$$

は $\mathbf{R}^n$ の**合同変換群**とよばれ, $I(\mathbf{R}^n)$ で表される. $I(\mathbf{R}^n)$ は $\mathbf{R}^n$ の距離を変えない一次変換の全体となる. $(\boldsymbol{a}, A), (\boldsymbol{b}, B) \in \mathbf{R}^n \times_\tau O(n)$ に対して

$$(\boldsymbol{a}, A)(\boldsymbol{b}, B) = (\boldsymbol{a} + A\boldsymbol{b}, AB),$$
$$(\boldsymbol{a}, A)^{-1} = (-A^{-1}\boldsymbol{a}, A^{-1})$$

となる.

　同様に $\mathbf{R}^n \times_\tau SO(n)$ は**ユークリッド運動群**とよばれ, $I_0(\mathbf{R}^n)$ と表される. $I(\mathbf{R}^n)$ および $I_0(\mathbf{R}^n)$ はその要素 $(\boldsymbol{a}, A)$ に $n+1$ 次正方行列

$$\begin{pmatrix} A & \boldsymbol{a} \\ \mathbf{0} & 1 \end{pmatrix}$$

を対応させることにより, 行列表示ができる. すなわち $I(\mathbf{R}^n)$ および $I_0(\mathbf{R}^n)$ は $GL(n+1, \mathbf{R})$ の部分群と同型となる.

1.1.7 射影と断面

集合 X から集合 Y への全射 $p : X \to Y$ が与えられたとき，$s : Y \to X$ なる写像で

$$p \circ s = I$$

となるものを p の**断面**または**切断**とよぶことにする．I は恒等写像である．とくに集合 X に同値関係が与えられたとき，p として X から同値類全体への写像

$$p : X \to X/\sim, \quad p(x) = [x] \quad (\text{ただし，} [x] \text{ は } x \text{ の同値類})$$

を考える．この p は**標準的全射**，**自然な射影**などとよばれる．

$$s : X/\sim \to X$$

を p の断面とすれば，$s(X/\sim)$ は $X/\sim$ の代表系である．p の断面 s と $X/\sim$ の代表系は 1 対 1 に対応する．以下では剰余集合 G/H への射影 $p : G \to G/H$ の断面の例を与える．

◆**例 1.34** $p : \mathbf{Z} \to \mathbf{Z}/3\mathbf{Z}$ のとき

$$s(3\mathbf{Z}) = 0, \quad s(3\mathbf{Z} + 1) = 1, \quad s(3\mathbf{Z} + 2) = 2$$

とすれば，s は p の断面である．

$$s(3\mathbf{Z}) = 9, \quad s(3\mathbf{Z} + 1) = -5, \quad s(3\mathbf{Z} + 2) = 5$$

としても断面である．

◆**例 1.35** $p : GL(2, \mathbf{R}) \to GL(2, \mathbf{R})/SL(2, \mathbf{R})$ に対して

$$s(xSL(2, \mathbf{R})) = xI_2, \quad s(yI_{1,1}SL(2, \mathbf{R})) = yI_{1,1} \quad (x, y \in \mathbf{R}_+)$$

とすれば，例 1.18 に注意すると，s は p の断面である．

つぎの命題は命題 1.13 に他ならない. ここでは $f : G \to (G/H) \times H$ の断面を用いた証明を与える. 後の命題 2.52 の証明でこの断面の形が必要となる.

命題 1.36 群 G の部分群を H とする. このとき集合として

$$G \approx (G/H) \times H$$

である.

証明 射影 $p : G \to G/H$ に対して, その断面を $s : G/H \to G$ とする. $p(s(xH)) = xH$ より, $s(xH)$ と x は同じ剰余類に含まれる. したがって $(s(xH))^{-1}x \in H$ を得る. よって $f : G \to (G/H) \times H$ を

$$f : G \to (G/H) \times H, \quad f(x) = (xH, (s(xH))^{-1}x)$$

と定めることができる. ここで

$$g : (G/H) \times H \to G, \quad g(A, h) = s(A)h$$

と定義する. このとき

$$g \circ f(x) = g(xH, (s(xH))^{-1}x) = s(xH)(s(xH))^{-1}x = x$$

となる. また $s(xH)H = xH$ に注意すれば

$$\begin{aligned}
f \circ g(xH, h) &= f(s(xH)h) \\
&= (s(xH)hH, (s(s(xH)hH))^{-1}s(xH)h) \\
&= (xH, s(xH)^{-1}s(xH)h) = (xH, h)
\end{aligned}$$

である. よって $f \circ g = I$, $g \circ f = I$ が示され, f は全単射である. ∎

1.1.8 作用と軌道

1.1.2 項では群 G の共役類 $O(a)$ による G の分解 (1.3) について, 1.1.3 項では群 G の剰余類 aH, HaK による G の分解 (1.5), (1.7) について学んだ. これ

らの分解は群 G に G 自身あるいはその部分群 H が作用したときの，あるいは G に $G \times G$ の部分群 $H \times K$ が作用したときの軌道による G の分解とみなすことができる．

一般に L を群，M を集合として

$$\mu : L \times M \to M$$

なる写像が

(1) $\mu(g_1 g_2, a) = \mu(g_1, \mu(g_2, a))$, $\quad g_1, g_2 \in L$, $a \in M$,

(2) $\mu(e, a) = a$

を満たすとき，L は M に左から**作用**するといい，これを

$$L \curvearrowright M$$

で表す．群 R の右からの作用は，$\mu : M \times R \to M$ とし，(1), (2) の式を (1)' $\mu(a, g_1 g_2) = \mu(\mu(a, g_1), g_2)$，(2)' $\mu(a, e) = a$ に変えて定義する．このとき $a \in M$ に対して

$$O(a) = \{\mu(g, a) \mid g \in L\}$$

を a の L **軌道**という．$O(a)$ を $La, L \cdot a$ とも表す．

2 つの軌道が共通部分をもつとき，すなわち $La \cap La' \neq \emptyset$ $(a, a' \in G)$ のとき，$La = La'$ である．実際，共通の要素を x とすれば，$la = l'a' = x$ なる $l, l' \in L$ がとれる．したがって $La = Ll^{-1}l'a' = La'$ である．このことから

$$M = \bigsqcup_{a \in S} La \tag{1.8}$$

と M を軌道の和に分解できる．これを M の L **軌道分解**という．ここで $\bigsqcup$ は共通部分をもたない集合の和集合を表し，S は各軌道の代表元の全体である．

各軌道は M の同値関係を

$$a \sim b \iff \text{ある } l \in L \text{ が存在して，} b = la$$

と定めたときの同値類に他ならない．ある $a \in M$（あるいは $s \in S$）に対して

$$x, y \in La \iff \text{ある } l \in L \text{ が存在して，} y = lx$$

である．実際，$x, y \in La$ であれば，$x = la$, $y = l'a$ $(l, l' \in L)$ と表せて，
$y = l'l^{-1}x$ である．このことを L の La への作用は**推移的**であるという．とくに M の軌道が 1 つからなるとき，L の M への作用は推移的であるという．

つぎに

$$L_a = \{l \in L \mid la = a\}$$

とすれば，L_a は L の部分群となり，a の**固定化群**とよばれる．ここで剰余集合 L/L_a を考えると，集合として

$$L/L_a \approx La$$

である．実際，$f : L/L_a \to La$ を $f(xL_a) = xa$ で定めれば [7]，f は全射である．また $f(xL_a) = f(yL_a)$ とすると，$xa = ya$ より，$y^{-1}x \in L_a$ である．よって $xL_a = yL_a$ となり，f は単射である．

◈**例 1.37**　$L = M = G$ とし，$\mu : G \times G \to G$ を

$$\mu(g, a) = gag^{-1}$$

とすれば，μ は左作用となる．軌道 La は 1.1.2 項の共役類 $O(a)$ と一致し，L 軌道分解 (1.8) は (1.3) に他ならない．$L_a = C_G(a)$ であり

$$G/C_G(a) \approx O(a).$$

◈**例 1.38**　$M = G$, R は G の部分群 H とし，$\mu : G \times H \to G$ を

$$\mu(a, h) = ah$$

とすれば，μ は右作用となり，aR は 1.1.3 項の剰余類 aH と一致し，L 軌道分解 (1.8) は (1.5) に他ならない．$L_a = \{e\}$ であり

$$H/\{e\} \approx aH$$

である．$\mu(h, a) = ah^{-1}$ とすれば左作用となる．$La = aH$ は変わらない．

---

[7] f がきちんと定義されるためには代表元の取り方によらないことを示す必要がある．$xL_a = yL_a$ とすると，$y^{-1}x \in L_a$, すなわち $y^{-1}xa = a$ である．よって $xa = ya$ である．

◆**例 1.39** $M = G$, $L = H \times K$, H, K は G の部分群とし, $\mu : (H \times K) \times G \to G$ を

$$\mu((h, k), a) = hak^{-1}$$

とすれば, μ は左作用となり, La は 1.1.3 項の両側剰余類 HaK と一致し, L 軌道分解 (1.8) は (1.7) に他ならない. このとき $L_a = \{(h, k) \in H \times K \mid hak^{-1} = a\}$ であり

$$(H \times K)/L_a \approx HaK.$$

1.2 ベクトル空間

正方行列からなるいくつかの群を定義するのが本節の目的である. 最初に行列と一次変換に関する線形代数の基礎知識をまとめておく [8]. 以下では基礎体 K を実数体 **R**, 複素数体 **C**, 四元数体 **H** とする. **H** は可換でないので通常の線形代数より少し複雑になる. K^* を K の 0 でない要素の全体とする. 線形代数ではベクトル空間 K^n の性質やその上の写像を扱うが, ここでは K^n が以下に示すように加群であることにも注意する.

1.2.1 加群

K^n を K の要素を n 個縦に並べたもの全体とする.

$$K^n = \left\{ \boldsymbol{x} = \begin{pmatrix} x_1 \\ x_2 \\ \vdots \\ x_n \end{pmatrix} \middle| x_i \in K \right\}$$

$\boldsymbol{x}$ を (縦) ベクトル, x_i をその i 成分とよぶ. 2 つのベクトル $\boldsymbol{x}, \boldsymbol{y}$ の和 $\boldsymbol{x} + \boldsymbol{y}$ は, その i 成分を各 i 成分の和 $x_i + y_i$ で定義する. K^n は**加法群**, すなわち和に関して可換群となる. さらに $\lambda \in K$ に対して, スカラー倍 $\lambda \boldsymbol{x}$ は, その i 成分を λx_i で定義する. このとき K^n は和とスカラー倍の演算で閉じており, **ベクト**

---

[8]詳しくは [11], [9], [27] を参照されたい.

ル空間である．さらに K **左加群**になっている．すなわち $\boldsymbol{x}, \boldsymbol{y} \in K^n$, $\lambda, \mu \in K$ に対して

$$
\begin{aligned}
&(1) \quad (\lambda\mu)\boldsymbol{x} = \lambda(\mu\boldsymbol{x}), \\
&(2) \quad (\lambda + \mu)\boldsymbol{x} = \lambda\boldsymbol{x} + \mu\boldsymbol{x}, \\
&(3) \quad \lambda(\boldsymbol{x} + \boldsymbol{y}) = \lambda\boldsymbol{x} + \lambda\boldsymbol{y}, \\
&(4) \quad 1\boldsymbol{x} = \boldsymbol{x}
\end{aligned}
\tag{1.9}
$$

となる[9]．スカラー倍を $\boldsymbol{x}\lambda$ として定義すると，K^n は K **右加群**となる．

K が可換な体 $\mathbf{R}, \mathbf{C}$ のときは $\lambda\boldsymbol{x} = \boldsymbol{x}\lambda$ であるので両者は一致するが，K が可換でない $\mathbf{H}$ のときは左右の区別が必要となる．通常の $K = \mathbf{R}, \mathbf{C}$ のときの線形代数ではスカラー倍を $\lambda\boldsymbol{x}$ と記述するので，以下では K^n について単に **K 加群**といえば K 左加群を意味するものとする．ただし 2.2.3 項で射影空間を扱うときは K^n を K 右加群とする．

K^n の 2 つのベクトル $\boldsymbol{x}, \boldsymbol{y}$ に対して**内積** $\langle \boldsymbol{x}, \boldsymbol{y} \rangle$ を

$$
\langle \boldsymbol{x}, \boldsymbol{y} \rangle = x_1\overline{y}_1 + x_2\overline{y}_2 + \cdots + x_n\overline{y}_n
\tag{1.10}
$$

と定める[10]．ここで $x \in K$ に対して $\overline{x}$ はその共役である．$x \in \mathbf{R}$ のとき $\overline{x} = x$ であり，$x = a + bi \in \mathbf{C}$ のとき $\overline{x} = a - bi$ であり，$x = a + bi + cj + dk \in \mathbf{H}$ のとき $\overline{x} = a - bi - cj - dk$ である．このとき内積はつぎの性質を満たす．

$$
\begin{aligned}
&(1) \quad \langle \boldsymbol{x}, \boldsymbol{y} \rangle = \overline{\langle \boldsymbol{y}, \boldsymbol{x} \rangle}. \\
&(2) \quad \langle \boldsymbol{x} + \boldsymbol{x}', \boldsymbol{y} \rangle = \langle \boldsymbol{x}, \boldsymbol{y} \rangle + \langle \boldsymbol{x}', \boldsymbol{y} \rangle. \\
&(3) \quad \langle \lambda\boldsymbol{x}, \boldsymbol{y} \rangle = \lambda\langle \boldsymbol{x}, \boldsymbol{y} \rangle, \quad \lambda \in K. \\
&(4) \quad \langle \boldsymbol{x}, \boldsymbol{x} \rangle \geq 0, \text{ 等号は } \boldsymbol{x} = \boldsymbol{0} \text{ のときに限り成立}.
\end{aligned}
\tag{1.11}
$$

さらに $\boldsymbol{x} \in K^n$ に対してその**ノルム**（**長さ**）を

$$
\|\boldsymbol{x}\| = \sqrt{\langle \boldsymbol{x}, \boldsymbol{x} \rangle}
$$

---

[9] 本書ではスカラーは体 K であり，左加群 K^n は本質的にはベクトル空間に他ならない．ベクトル空間の拡張として，スカラーを環 R とし，R 加群を定義することができる．以下ではこの拡張した形で記述する．

[10] K^n を右加群とみなすときは，$\boldsymbol{x}$ 成分に関して共役をとる．

で定義する. このときノルムはつぎの性質を満たす.

(1) $\|\boldsymbol{x}\| \geq 0$, 等号は $\boldsymbol{x} = \boldsymbol{0}$ のときに限り成立.

(2) $\|\lambda\boldsymbol{x}\| = |\lambda|\|\boldsymbol{x}\|$, $\lambda \in K$.

(3) $\|\boldsymbol{x} + \boldsymbol{y}\| \leq \|\boldsymbol{x}\| + \|\boldsymbol{y}\|$ （三角不等式）.

(4) $|\langle\boldsymbol{x}, \boldsymbol{y}\rangle| \leq \|\boldsymbol{x}\|\|\boldsymbol{y}\|$ （シュワルツの不等式）.

ここで各 $\boldsymbol{v}_i$ $(1 \leq i \leq n)$ がノルム 1 で互いに直交する, すなわち $\boldsymbol{v}_i$ が

$$\langle\boldsymbol{v}_i, \boldsymbol{v}_j\rangle = \delta_{ij}, \quad i, j = 1, 2, \ldots, n$$

を満たすとき [11], $\boldsymbol{v}_1, \boldsymbol{v}_2, \ldots, \boldsymbol{v}_n$ は K 加群 K^n の**正規直交基底**とよばれる. とくに $\boldsymbol{e}_i$ $(1 \leq i \leq n)$ を**標準基底**, すなわち i 成分が 1 で他の成分が 0 である ベクトルとすれば, これは正規直交基底となる. このとき

$$\boldsymbol{x} = x_1\boldsymbol{e}_1 + x_2\boldsymbol{e_2} + \cdots + x_n\boldsymbol{e}_n, \quad \|\boldsymbol{x}\| = \left(\sum_{i=1}^n |x_i|^2\right)^{1/2}$$

である. x は（標準）基底によって分解される.

◆**例 1.40** $K = \mathbf{C}, n = 2$ とする. $\boldsymbol{x} = \begin{pmatrix} 3+i \\ 2i \end{pmatrix}, \boldsymbol{y} = \begin{pmatrix} 3i \\ 4-i \end{pmatrix}$ とすると

$$\langle\boldsymbol{x}, \boldsymbol{y}\rangle = (3+i)(-3i) + (2i)(4+i) = 1 - i,$$
$$\|\boldsymbol{x}\| = \sqrt{14}, \quad \|\boldsymbol{y}\| = \sqrt{26}$$

である.

◆**例 1.41** $K = \mathbf{R}, n = 2$ とする. $\begin{pmatrix} 1 \\ 0 \end{pmatrix}$, $\begin{pmatrix} 0 \\ 1 \end{pmatrix}$ は $\mathbf{R}^2$ の正規直交基底で あり, 標準基底とよばれる. $\dfrac{1}{\sqrt{5}}\begin{pmatrix} 1 \\ 2 \end{pmatrix}$, $\dfrac{1}{\sqrt{5}}\begin{pmatrix} 2 \\ -1 \end{pmatrix}$ も $\mathbf{R}^2$ の正規直交基底で ある.

---

[11] δ_{ij} は $i = j$ のとき 1, $i \neq j$ のとき 0 を表し, **クロネッカーのデルタ**とよばれる.

つぎに V を一般の K 左加群とする. すなわち V の要素 $\boldsymbol{x}, \boldsymbol{y}$ に対して和 $\boldsymbol{x} + \boldsymbol{y}$ が定義された可換群であり, さらに K の要素 λ に対して $\lambda \boldsymbol{x}$ が定義され, (1.9) の (1) から (4) を満たすとする. V の部分集合 W が

(1) $\boldsymbol{x}, \boldsymbol{y} \in W \quad \Rightarrow \quad \boldsymbol{x} + \boldsymbol{y} \in W,$

(2) $\boldsymbol{x} \in W, \lambda \in K \quad \Rightarrow \quad \lambda \boldsymbol{x} \in W$

を満たすとき, W は V の**部分 K 左加群**とよばれる. このとき W 自身も K 左加群となる.

V の要素 $\boldsymbol{v}_1, \boldsymbol{v}_2, \ldots, \boldsymbol{v}_n$ は, V の任意の要素 $\boldsymbol{v}$ が K の要素 λ_i を係数として一意に

$$\boldsymbol{v} = \lambda_1 \boldsymbol{v}_1 + \lambda_2 \boldsymbol{v}_2 + \cdots + \lambda_n \boldsymbol{v}_n \tag{1.12}$$

と書けるとき, V の**基底**とよばれ, n を V の**次元**といい, $\dim V = n$ と表す. とくに V に (1.11) と同じ性質をもつ内積 $\langle \cdot, \cdot \rangle$ が定義され,

$$\langle \boldsymbol{v}_i, \boldsymbol{v}_j \rangle = \delta_{ij}, \quad i, j = 1, 2, \ldots, n$$

となるとき, $\boldsymbol{v}_1, \boldsymbol{v}_2, \ldots, \boldsymbol{v}_n$ は V の**正規直交基底**とよばれる. 内積が定義された n 次元 K 左加群 V には正規直交基底が存在する [12].

◆**例 1.42** V を実係数の 2 次以下の多項式 $ax^2 + bx + c \ (a, b, c \in \mathbf{R})$ の全体とする. 通常の多項式の加法と定数倍により V は 3 次元 $\mathbf{R}$ 加群である. 内積を

$$\langle ax^2 + bx + c, \ a'x^2 + b'x + c' \rangle = aa' + bb' + cc'$$

と定めれば, $x^2, x, 1$ は正規直交基底である.

V, W を 2 つの K 左加群とする. 写像 $f : V \to W$ が

(1) $f(\boldsymbol{x} + \boldsymbol{y}) = f(\boldsymbol{x}) + f(\boldsymbol{y}), \quad \boldsymbol{x}, \boldsymbol{y} \in V,$

(2) $f(\lambda \boldsymbol{x}) = \lambda f(\boldsymbol{x}), \quad \lambda \in K$

---

[12] このことを**グラム・シュミットの直交化法**という. $K = \mathbf{C}$ のときは, 4.1.1 項を参照のこと.

を満たすとき，f を K **線形写像**という．(1) だけであれば加法群としての準同型写像であるが，K 左加群の構造を保つことを課すために (2) を条件に加えている．f が全単射であるとき，f は K **同型写像**とよばれる．K 同型写像 $f : V \to W$ が存在するとき，V と W は K **加群として同型**あるいは単に**線形同型**とよばれ，$V \cong W$ と表される．

V を n 次元 K 左加群，$\boldsymbol{v}_1, \boldsymbol{v}_2, \ldots, \boldsymbol{v}_n$ をその基底とする．(1.12) に注意して V から K 左加群 K^n への写像 τ を

$$\tau(\boldsymbol{v}) = \begin{pmatrix} \lambda_1 \\ \lambda_2 \\ \vdots \\ \lambda_n \end{pmatrix}$$

と定めれば，K 同型写像となる．

$$V \cong K^n$$

である．以上の議論は K 右加群についても同様である．

◆例 1.43 V を例 1.42 と同様に実係数の 2 次以下の多項式の全体とする．

$$\tau : V \to \mathbf{R}^3, \quad \tau(ax^2 + bx + c) = \begin{pmatrix} a \\ b \\ c \end{pmatrix}$$

とすれば，τ は同型写像となり，$V \cong \mathbf{R}^3$ である．

1.2.2　行列と一次変換

$K = \mathbf{R}, \mathbf{C}, \mathbf{H}$ とする．K の要素を成分にもつ n 次正方行列を

$$A = (a_{ij})$$

とし，その全体を $M(n, K)$ とする．2 つの行列 $A = (a_{ij})$，$B = (b_{ij})$ の**和** $A + B$ を，その (i, j) 成分が $a_{ij} + b_{ij}$ となる行列で定義すれば，$M(n, K)$ は

和に関して加法群となる. さらに $\lambda \in K$ に対して, λA を, その (i,j) 成分が λa_{ij} となる行列で定義すると $M(n,K)$ は K 左加群となる.

◆**例 1.44** $M(n,K)$ は内積をもつ. 実際, $A = (a_{ij}), B = (b_{ij})$ の内積を

$$\langle A, B \rangle = \sum_{i,j=1}^{n} a_{ij}\overline{b}_{ij}$$

と定めればよい. A のノルムは $\|A\| = \left(\sum_{i,j=1}^{n} |a_{ij}|^2 \right)^{1/2}$ となる. このとき E_{ij} $(1 \leq i,j \leq n)$ を (i,j) 成分が 1 で他のすべての成分が 0 の行列とすれば, E_{ij} の全体は $M(n,K)$ の正規直交基底である.

2 つの行列 A, B の**積** AB はその (i,j) 成分を $\displaystyle\sum_{k=1}^{n} a_{ik}b_{kj}$ として定義される. $A \in M(n,K)$ に対して $AB = I_n$ となる $B \in M(n,K)$ が存在するとは限らないので, $M(n,K)$ は積に関しては群にならない. $AB = I_n$ となる B が存在するとき, A を**正則行列**という. このとき B を A^{-1} で表し, A の**逆行列**という. ここで A の**行列式** $\det A$ をつぎのように定義する.

$$\det A = \sum_{\sigma \in S_n} \operatorname{sgn}(\sigma) a_{1\sigma(1)} a_{2\sigma(2)} \cdots a_{n\sigma(n)}.$$

ただし S_n は n 次対称群であり (例 1.8), $\operatorname{sgn}(\sigma)$ はその符号である[13].

$K = \mathbf{R}, \mathbf{C}$ のとき, A が正則行列となる必要十分条件は $\det A \neq 0$ である. しかし $K = \mathbf{H}$ のとき, $\mathbf{H}$ は可換でないので, 行列式は $K = \mathbf{R}, \mathbf{C}$ のときのような性質をもたない. 通常, $K = \mathbf{H}$ のときは行列式を考えない.

$A = (a_{ij})$ に対して $^t A, A^*$ を

$$^t A = (a_{ji}), \quad A^* = (\overline{a}_{ji})$$

---

[13] σ が偶置換のとき $\operatorname{sgn}(\sigma) = 1$, σ が奇置換のとき $\operatorname{sgn}(\sigma) = -1$ である. 行列式の性質は [11], [9] を参照されたい.

で定義する. $(AB)^* = B^* A^*$ であるが, $^t(AB) = {}^t B {}^t A$ が成り立つのは $K =$ **R**, **C** のときだけである. また $\boldsymbol{x} = (x_i) \in K^n$ に対して, $A\boldsymbol{x}$ を

$$A\boldsymbol{x} = \boldsymbol{y}, \quad y_i = \sum_{k=1}^{n} a_{ik} x_k$$

と定める. このとき

$$\langle A\boldsymbol{x}, \boldsymbol{y} \rangle = \langle \boldsymbol{x}, A^* \boldsymbol{y} \rangle \tag{1.13}$$

が成り立つ.

ここで $K = \mathbf{R}, \mathbf{C}$ とする. $A \in M(n, K)$ に対して $f_A : K^n \to K^n$ を

$$f_A(\boldsymbol{x}) = A\boldsymbol{x}$$

と定める. このとき $A(\boldsymbol{x} + \boldsymbol{y}) = A\boldsymbol{x} + A\boldsymbol{y}$ および $A(\lambda \boldsymbol{x}) = \lambda(A\boldsymbol{x})$ が成り立ち, f_A は K 線形写像となる. f_A は K^n 上の**一次変換**あるいは**線形変換**とよばれる. $K = \mathbf{H}$ のときは $A(\lambda \boldsymbol{x}) = \lambda(A\boldsymbol{x})$ が成立しない. しかし K^n を K 右加群とすれば, $A(\boldsymbol{x}\lambda) = (A\boldsymbol{x})\lambda$ となる. したがって $K = \mathbf{H}$ のときは, K^n を右加群とし, 前項の K 線形写像の定義 (2) を (2)′ $f(\boldsymbol{x}\lambda) = f(\boldsymbol{x})\lambda$ $(\lambda \in K)$ に変えて考える.

A が正則行列であることは, f_A が K 同型写像となることに他ならない. このとき $(f_A)^{-1} = f_{A^{-1}}$ となる.

一般に f を $f : K^n \to K^n$ なる K 線形写像とすると, ある行列 $A \in M(n, K)$ が存在して, $f = f_A$ となる. 実際 $f(\boldsymbol{e}_i)$ $(1 \leq i \leq n)$ の標準基底による分解を

$$f(\boldsymbol{e}_i) = a_{1i}\boldsymbol{e}_1 + a_{2i}\boldsymbol{e}_2 + \cdots + a_{ni}\boldsymbol{e}_n$$

とすれば, 求める A は $A = (a_{ij})$ で与えられる.

◆**例 1.45** $K = \mathbf{R}$, $n = 2$ とする. $A = \begin{pmatrix} 1 & 2 \\ 3 & 4 \end{pmatrix}, B = \begin{pmatrix} 1 & 2 \\ 2 & 4 \end{pmatrix}$ とすると

$$f_A(\boldsymbol{x}) = \begin{pmatrix} 1 & 2 \\ 3 & 4 \end{pmatrix} \begin{pmatrix} x_1 \\ x_2 \end{pmatrix} = \begin{pmatrix} x_1 + 2x_2 \\ 3x_1 + 4x_2 \end{pmatrix}$$

となる. f_A は全単射であり, A は正則行列である. 一方

$$f_B(\boldsymbol{x}) = \begin{pmatrix} 1 & 2 \\ 2 & 4 \end{pmatrix} \begin{pmatrix} x_1 \\ x_2 \end{pmatrix} = \begin{pmatrix} x_1 + 2x_2 \\ 2x_1 + 4x_2 \end{pmatrix}$$

である. このとき

$$f_B(\mathbf{R}^2) = \left\{ \begin{pmatrix} x \\ 2x \end{pmatrix} \,\middle|\, x \in \mathbf{R} \right\}, \quad \ker f_B = \left\{ \begin{pmatrix} 2x \\ -x \end{pmatrix} \,\middle|\, x \in \mathbf{R} \right\}$$

である. したがって f_B は全単射ではなく, B は正則行列ではない.

◆**例 1.46** $K = \mathbf{R}$, $n = 2$ とする. $f : \mathbf{R}^2 \to \mathbf{R}^2$ を

$$f(\boldsymbol{x}) = \begin{pmatrix} 3x_1 - x_2 \\ x_1 + 5x_2 \end{pmatrix}$$

とすれば f は $\mathbf{R}$ 線形写像である. この f は

$$f(\boldsymbol{x}) = \begin{pmatrix} 3 & -1 \\ 1 & 5 \end{pmatrix} \begin{pmatrix} x_1 \\ x_2 \end{pmatrix}$$

と書くことができる. この右辺の行列の成分は, つぎのように $f(\boldsymbol{e}_i)$ を標準基底によって分解したときの展開係数から決まる.

$$f(\boldsymbol{e}_1) = \begin{pmatrix} 3 \\ 1 \end{pmatrix} = 3\boldsymbol{e}_1 + 1\boldsymbol{e}_2,$$

$$f(\boldsymbol{e}_2) = \begin{pmatrix} -1 \\ 5 \end{pmatrix} = (-1)\boldsymbol{e}_1 + 5\boldsymbol{e}_2.$$

V を一般の n 次元 K 右加群とし, $f : V \to V$ を K 線形写像とする. V の基底を $\boldsymbol{v}_1, \boldsymbol{v}_2, \ldots, \boldsymbol{v}_n$ とし, $\tau : V \to K^n$ なる K 同型写像を前項のように定める. このとき図式

$$
\begin{array}{ccc}
V & \xrightarrow{\ f\ } & V \\
\tau \downarrow & & \downarrow \tau \\
K^n & \xrightarrow{\hspace{2cm}} & K^n
\end{array}
$$

に注意すれば, $\tau \circ f \circ \tau^{-1}$ は $K^n \to K^n$ なる K 線形写像である. したがって, ある行列 $A \in M(n, K)$ が存在して, $\tau \circ f \circ \tau^{-1} = f_A$ となる. この A を基底 $\boldsymbol{v}_1, \boldsymbol{v}_2, \dots, \boldsymbol{v}_n$ に関する f の**表現行列**とよぶ. 実際

$$
f(\boldsymbol{v}_i) = \boldsymbol{v}_1 a_{1i} + \boldsymbol{v}_2 a_{2i} + \cdots + \boldsymbol{v}_n a_{ni}
$$

とすれば $A = (a_{ij})$ である.

$K = \mathbf{R}, \mathbf{C}$ のとき, この A を用いて f の行列式を

$$
\det f = \det A \tag{1.14}
$$

で定義することができる. この行列式の値は V の基底の取り方によらない. また 2 つの K 線形写像 $f, g : V \to V$ の表現行列をそれぞれ A, B としたとき, 合成写像 $f \circ g$ の表現行列は AB である.

n 次元 K 左加群 V 上の K 線形写像の全体を $M(V, K)$ と書く. ここで $(f + g)(\boldsymbol{x}) = f(\boldsymbol{x}) + g(\boldsymbol{x})$ および $(\lambda f)(\boldsymbol{x}) = \lambda f(\boldsymbol{x})$ と定めれば, $M(V, K)$ は K 左加群である. このとき $f_A \leftrightarrow A$ の対応より, K 左加群として

$$
M(V, K) \cong M(n, K) \tag{1.15}
$$

となる. つぎの定理は次元公式とよばれる. 証明は [9] を参照されたい.

定理 1.47 (**次元公式**) V を n 次元 K 加群とし, $f : V \to V$ を K 準同型写像とする. このとき

$$
n = \dim f(V) + \dim \ker f
$$

である [14].

---

[14] f の表現行列を A としたとき, $\dim f(V)$ は A の**階数**とよばれ, $\mathrm{rank}\, A$ と表される.

◆**例 1.48**　V を例 1.42，例 1.43 の実係数の 2 次以下の多項式全体とする.

$$\frac{d}{dx} : V \to V, \quad \frac{d}{dx}(ax^2 + bx + c) = 2ax + b$$

は **R** 準同型写像である.　V の基底を例 1.42 のようにとる.　このとき

$$\frac{d}{dx}(x^2) = 2x = 0 \cdot x^2 + 2 \cdot x + 0 \cdot 1,$$
$$\frac{d}{dx}(x) = \ 1 \ = 0 \cdot x^2 + 0 \cdot x + 1 \cdot 1,$$
$$\frac{d}{dx}(1) = \ 0 \ = 0 \cdot x^2 + 0 \cdot x + 0 \cdot 1$$

である.　よって表現行列はつぎのようになる.

$$A = \begin{pmatrix} 0 & 0 & 0 \\ 2 & 0 & 0 \\ 0 & 1 & 0 \end{pmatrix}$$

$\frac{d}{dx}(V) = \{ax + b \mid a, b \in \mathbf{R}\}$, $\ker \frac{d}{dx} = \mathbf{R}$ である.　よって rank $A = 2$ であ
り，次元公式は $3 = 2 + 1$ となる.

　つぎの補題は例 2.5 および例 2.40 の計算で用いる.

　補題 1.49　$A, B \in M(n, K)$ とすると

$$\|AB\| \leq \|A\|\|B\|$$

である.　実際，K^n のシュワルツの不等式を用いると

$$\|AB\|^2 = \sum_{i,j=1}^{n} \left| \sum_{k=1}^{n} a_{ik} b_{kj} \right|^2$$
$$\leq \sum_{i,j=1}^{n} \left(\sum_{k=1}^{n} |a_{ik}|^2 \cdot \sum_{k=1}^{n} |b_{kj}|^2 \right)$$
$$= \sum_{i=1}^{n} \sum_{k=1}^{n} |a_{ik}|^2 \cdot \sum_{j=1}^{n} \sum_{k=1}^{n} |b_{kj}|^2 = \|A\|^2 \|B\|^2.$$

1.3 古典群

以下の項では行列の集合から定義される群を紹介する.

1.3.1 *GL, SL*

最初に, 正則な n 次正方行列の全体を

$$GL(n, K) = \{A \in M(n, K) \mid A \text{ は正則行列}\}$$

とする. これは行列の積に関して群となり, **一般線形群**とよばれる. 以下では**古典群**とよばれる $GL(n, K)$ の部分群を紹介する.

$K = \mathbf{R}, \mathbf{C}$ のとき

$$SL(n, K) = \{A \in M(n, K) \mid \det A = 1\}$$

とする. これは $GL(n, K)$ の部分群で**特殊線形群**とよばれる.

ここで V を n 次元 K 左加群とすると, (1.15) の同型に注意すれば $GL(V, K)$ を定義できる. また $K = \mathbf{R}, \mathbf{C}$ のとき, 式 (1.14) に注意すれば $SL(V, K)$ を定義することができる. 以下の $GL(n, K)$ の各部分群に対しても対応する $GL(V, K)$ の部分群を同様に定義することができる. ただし, 行列式を用いるときは $K = \mathbf{R}, \mathbf{C}$ とする.

1.3.2 *O, U, Sp*

直交群 $O(n)$, **ユニタリー群** $U(n)$, **シンプレクティック群** $Sp(n)$[15) をつぎのように定義する.

$$O(n) = \{A \in M(n, \mathbf{R}) \mid AA^* = I_n\},$$
$$U(n) = \{A \in M(n, \mathbf{C}) \mid AA^* = I_n\},$$
$$Sp(n) = \{A \in M(n, \mathbf{H}) \mid AA^* = I_n\}.$$

[15) 1.3.6 項のシンプレクティック群と区別するため, **コンパクトシンプレクティック群**とよぶこともある.

$K = \mathbf{R}$ のとき，$A^* = {}^t A$ である．これらの群を

$$G(n, K)$$

と書くことにする.

式 (1.13) により，$G(n, K)$ はすべての $\boldsymbol{x}, \boldsymbol{y} \in K^n$ に対して

$$\langle A\boldsymbol{x}, A\boldsymbol{y} \rangle = \langle \boldsymbol{x}, \boldsymbol{y} \rangle$$

を満たす行列 A の全体に他ならない．さらに

$$O(n, \mathbf{C}) = \{ A \in M(n, \mathbf{C}) \mid A\,{}^t A = I_n \},$$
$$SO(n, \mathbf{C}) = \{ A \in SL(n, \mathbf{C}) \mid A\,{}^t A = I_n \}$$

とする．$O(n, \mathbf{C})$ を**複素直交群**，$SO(n, \mathbf{C})$ を**特殊複素直交群**という.

1.3.3　$SO,\ SU$

$K = \mathbf{R}, \mathbf{C}$ のとき

$$SO(n) = \{ A \in O(n) \mid \det A = 1 \},$$
$$SU(n) = \{ A \in U(n) \mid \det A = 1 \}$$

とする．$SO(n)$ は**回転群**や**特殊直交群**，$SU(n)$ は**特殊ユニタリー群**とよばれる.

1.3.4　$O(m, n),\ U(m, n),\ Sp(m, n)$

正の整数 m, n に対して

$$I_{m,n} = \begin{pmatrix} I_m & \mathbf{0} \\ \mathbf{0} & -I_n \end{pmatrix}$$

とする．このとき

$$O(m, n) = \{ A \in M(m + n, \mathbf{R}) \mid A^* I_{m,n} A = I_{m,n} \},$$
$$U(m, n) = \{ A \in M(m + n, \mathbf{C}) \mid A^* I_{m,n} A = I_{m,n} \},$$
$$Sp(m, n) = \{ A \in M(m + n, \mathbf{H}) \mid A^* I_{m,n} A = I_{m,n} \}$$

と定義する. $O(m,n)$ を**擬（不定値）直交群**, $U(m,n)$ を**擬（不定値）ユニタリー群**とよぶ. $Sp(m,n)$ には統一的な名称はない [16]. $O(1,3)$ を**ローレンツ群**, $O(1,4)$ を**ド・ジッター群**, $O(1,n)$ を**一般ローレンツ群**とよぶ.

ここで $K^{m+n} \times K^{m+n} \to K$ なる写像を

$$\langle \boldsymbol{x}, \boldsymbol{y} \rangle_{m,n} = x_1 \overline{y}_1 + x_2 \overline{y}_2 + \cdots + x_m \overline{y}_m - x_{m+1} \overline{y}_{m+1} - \cdots - x_{m+n} \overline{y}_{m+n}$$

と定めれば, これらの群はすべての $\boldsymbol{x}, \boldsymbol{y} \in K^{m+n}$ に対して

$$\langle A\boldsymbol{x}, A\boldsymbol{y} \rangle_{m,n} = \langle \boldsymbol{x}, \boldsymbol{y} \rangle_{m,n}$$

を満たす $(m+n)$ 次正方行列 A の全体に他ならない.

1.3.5 $SO(m,n), \ SU(m,n)$

$K = \mathbf{R}, \mathbf{C}$ のとき

$$SO(m,n) = \{ A \in O(m,n) \mid \det A = 1 \},$$
$$SU(m,n) = \{ A \in U(m,n) \mid \det A = 1 \}$$

とする. $SO(m,n)$ は**特殊擬直交群**, $SU(m,n)$ は**特殊擬ユニタリー群**とよばれる. $SO(m,n)$ の単位元を含む連結成分を $SO_0(m,n)$ で表す [17]. これは $O(m,n)$ の単位元を含む連結成分でもある. このとき $O(m,n)$ は4つの連結成分からなる.

$$O(m,n) = SO(m,n) \sqcup I_{m+n-1,1} SO(m,n),$$
$$SO(m,n) = SO_0(m,n) \sqcup (-I_{1,m+n-1}) I_{m+n-1,1} SO_0(m,n).$$

1.3.6 $Sp, \ SO^*$

正の整数 n に対して

$$J_n = \begin{pmatrix} \mathbf{0} & I_n \\ -I_n & \mathbf{0} \end{pmatrix}$$

---

[16] あえてよぶならば, 擬コンパクトシンプレクティック群となる.
[17] 連結成分の定義は 2.1.6 項で与える.

とする．このとき

$$Sp(n, \mathbf{C}) = \{A \in SL(2n, \mathbf{C}) \mid {}^t A J_n A = J_n\},$$

$$Sp(n, \mathbf{R}) = \{A \in SL(2n, \mathbf{R}) \mid {}^t A J_n A = J_n\}$$

と定める [18]．$Sp(n, \mathbf{C})$ は**複素シンプレクティック（斜交）群**，$Sp(n, \mathbf{R})$ は**実シンプレクティック（斜交）群**とよばれる．

　ここで $K^{2n} \times K^{2n}$ 上の形式を

$$\langle \boldsymbol{x}, \boldsymbol{y} \rangle_{Sp} = x_1 y_{n+1} + x_2 y_{n+2} + \cdots + x_n y_{2n} - x_{n+1} y_1 - \cdots - x_{2n} y_n$$

と定めれば，$Sp(n, \mathbf{C}), Sp(n, \mathbf{R})$ は，すべての $\boldsymbol{x}, \boldsymbol{y} \in K^n$ に対して

$$\langle A\boldsymbol{x}, A\boldsymbol{y} \rangle_{Sp} = \langle \boldsymbol{x}, \boldsymbol{y} \rangle_{Sp}$$

を満たす $2n$ 次正方行列 A の全体に他ならない．1.3.2 項で定義されたシンプレクティック群とは異なることに注意する．

$$USp(2n) = U(2n) \cap Sp(n, \mathbf{C})$$

は**ユニタリーシンプレクティック（斜交）群**とよばれる（例 1.66）．最後に

$$SO^*(2n) = \{A \in SO(2n, \mathbf{C}) \mid J_n A = \bar{A} J_n\},$$

$$SU^*(2n) = \{A \in SL(2n, \mathbf{C}) \mid J_n A = \bar{A} J_n\}$$

とする．これらは $K = \mathbf{H}$ で n 次の SO, SL を定義して，それらを $GL(2n, \mathbf{C})$ へ埋め込んだものである（例 1.59 参照）．

1.3.7　群同型

　古典群の群同型を紹介する．後述の例 1.60〜例 1.62，例 1.65 の具体的な計算については第 7 章で詳しく行う．以下では

$$S_K^{n-1} = \{\boldsymbol{x} \in K^n \mid \|\boldsymbol{x}\| = 1\}$$

---

[18] $Sp(n, K)$ は $Sp(2n, K)$ とも書かれる．

とする. これは K^n の球面であり, $S_{\mathbf{R}}^{n-1}$ は S^{n-1} と表す. 容易に $S_{\mathbf{C}}^{n-1} \approx S^{2n-1}$, $S_{\mathbf{H}}^{n-1} \approx S^{4n-1}$ となり, これらを同一視する. とくに

$$K^* = K - \{0\},$$
$$S^0 = S_{\mathbf{R}}^0 = \{-1, 1\},$$
$$S^1 = S_{\mathbf{C}}^0 = \{x \in \mathbf{C} \mid |x| = 1\},$$
$$S^3 = S_{\mathbf{H}}^0 = \{x \in \mathbf{H} \mid |x| = 1\}$$

は積に関して群となる.

◆**例 1.50** $GL(1, \mathbf{R}) = \mathbf{R}^* \cong \mathbf{R} \times S^0$.

最初の等号は定義である. つぎの同型は,

$$f(x) = (\log |x|, \operatorname{sgn}(x))$$

とすると, $f : \mathbf{R}^* \to \mathbf{R} \times S^0$ が全単射な準同型写像となることによる. ただし $\operatorname{sgn}(x)$ は符号関数, すなわち, $\operatorname{sgn}(x) = 1 \ (x > 0)$, $\operatorname{sgn}(x) = -1 \ (x < 0)$ である.

◆**例 1.51** $GL(1, \mathbf{C}) = \mathbf{C}^* \cong \mathbf{R} \times S^1$.

最初の等号は定義である. つぎの同型は, $z = re^{i\theta} \ (r > 0, \ \theta \in \mathbf{R})$ のとき

$$f(z) = (\log r, e^{i\theta})$$

とすると, $f : \mathbf{C}^* \to \mathbf{R} \times S^1$ が全単射な準同型写像となることによる.

◆**例 1.52** 定義より, 以下の同型は容易にわかる.

$$O(1) = \{1, -1\} = S^0, \quad U(1) = S^1, \quad Sp(1) = S^3,$$
$$SO(1) = \{1\}, \quad SU(1) = \{1\}.$$

◆**例 1.53**　$SU(2) \cong Sp(1)$.

$$SU(2) = \left\{ \begin{pmatrix} \alpha & -\overline{\beta} \\ \beta & \overline{\alpha} \end{pmatrix} \;\middle|\; |\alpha|^2 + |\beta|^2 = 1,\; \alpha, \beta \in \mathbf{C} \right\}$$

に注意して $f : SU(2) \to Sp(1)$ なる写像を

$$f \begin{pmatrix} \alpha & -\overline{\beta} \\ \beta & \overline{\alpha} \end{pmatrix} = \alpha + \boldsymbol{j}\beta$$

とすれば，f は全単射な準同型写像となることから，同型である．

◆**例 1.54**　$O(2)/SO(2) \cong S^0$.

$$SO(2) = \left\{ \begin{pmatrix} \cos\theta & -\sin\theta \\ \sin\theta & \cos\theta \end{pmatrix} \;\middle|\; \theta \in \mathbf{R} \right\} \cong S^1$$

である．$O(2)$ を $SO(2)$ の剰余類により分解すると

$$O(2) = SO(2) \sqcup \begin{pmatrix} 1 & 0 \\ 0 & -1 \end{pmatrix} SO(2)$$

となる．したがって，集合として

$$O(2) \approx SO(2) \times S^0 \approx S^1 \times S^0$$

である．そして，剰余群はつぎのようになる．

$$O(2)/SO(2) \cong S^0.$$

◆**例 1.55**　$O(n) = SO(n) \times_\tau S^0$.
　ただし $\tau : S^0 \to \mathrm{Aut}(SO(n))$ は以下のように定める．

$$\tau(\pm 1)A = X_\pm A X_\pm^{-1}, \quad X_\pm = \begin{pmatrix} \pm 1 & \mathbf{0} \\ \mathbf{0} & I_{n-1} \end{pmatrix}, \; A \in SO(n).$$

◆例 1.56 $U(n) = SU(n) \times_\tau U(1)$.

ただし $\tau : U(1) \to \mathrm{Aut}(SU(n))$ は以下のように定める.

$$\tau(x)A = X_x A X_x^{-1}, \quad X_x = \begin{pmatrix} x & \mathbf{0} \\ \mathbf{0} & I_{n-1} \end{pmatrix}, \ A \in SU(n).$$

◆例 1.57 $\det : GL(n, K) \to K^*$ を用いると, つぎの同型が得られる.

$$GL(n, \mathbf{R})/SL(n, \mathbf{R}) \cong \mathbf{R}^*,$$
$$GL(n, \mathbf{C})/SL(n, \mathbf{C}) \cong \mathbf{C}^*,$$
$$O(n)/SO(n) \cong S^0,$$
$$U(n)/SU(n) \cong S^1.$$

◆例 1.58 $GL(n, K) \hookrightarrow Sp(n, K)$ [19].

$f : GL(n, K) \to Sp(n, K)$ を

$$f(X) = \begin{pmatrix} X & \mathbf{0} \\ \mathbf{0} & {}^t X^{-1} \end{pmatrix}$$

と定めればよい.

◆例 1.59 $GL(n, \mathbf{C}) \hookrightarrow GL(2n, \mathbf{R})$, $GL(n, \mathbf{H}) \hookrightarrow GL(2n, \mathbf{C})$.

$f : GL(n, \mathbf{C}) \to GL(2n, \mathbf{R})$ を

$$f(X) = \begin{pmatrix} A & -B \\ B & A \end{pmatrix}, \quad X = A + iB \in GL(n, \mathbf{C}), \ A, B \in M(n, \mathbf{R})$$

と定めれば, $GL(n, \mathbf{C})$ を $GL(2n, \mathbf{R})$ に埋め込むことができる. 実際

$$GL(n, \mathbf{C}) \cong \{X \in GL(2n, \mathbf{R}) \mid J_n X = X J_n\}$$

---

[19] $f : A \to B$ が単射な準同型写像のとき, $f : A \hookrightarrow B$ と表す. このとき A をその像 $f(A)$ と同一視することができ, f は A を B に**埋め込む**という. また $f : A \to B$ が全射な準同型写像のとき, $f : A \twoheadrightarrow B$ と表す.

である．$f: GL(n, \mathbf{H}) \to GL(2n, \mathbf{C})$ の場合も同様で

$$f(X) = \begin{pmatrix} A & -B \\ \overline{B} & \overline{A} \end{pmatrix}, \quad X = A + B\boldsymbol{j} \in GL(n, \mathbf{H}), \ A, B \in M(n, \mathbf{C})$$

と定めれば，$GL(n, \mathbf{H})$ を $GL(2n, \mathbf{C})$ に埋め込むことができ，

$$GL(n, \mathbf{H}) \cong \{X \in GL(2n, \mathbf{R}) \mid J_n X = \overline{X} J_n\}$$

である．

◆例 1.60　$U(n) \hookrightarrow SO(2n)$.

$f: U(n) \to SO(2n)$ を例 1.59 のように定めれば，$U(n)$ を $SO(2n)$ に埋め込むことができる．$SU(n) \hookrightarrow SO(2n)$ も同様である．とくに $SU(2)$ は $\mathbf{R}^4$ の一次変換とみなせ，3 次元球面 S^3 の回転を与える．

◆例 1.61　$SU(2)/\{\pm I_2\} \cong SO(3)$.

$\mathrm{Ad}: SU(2) \to SO(3)$ なる写像を定義する．

$$\begin{aligned} V_0 &= \{X \in M(2, \mathbf{C}) \mid X^* = -X, \ \mathrm{tr}(X) = 0\} \\ &= \left\{ \begin{pmatrix} ix_3 & -x_2 + ix_1 \\ x_2 + ix_1 & -ix_3 \end{pmatrix} \middle| \, x_1, x_2, x_3 \in \mathbf{R} \right\} \cong \mathbf{R}^3 \end{aligned}$$

とする[20]．$X \in V_0$, $g \in SU(2)$ に対して

$$\mathrm{Ad}(g)X = gXg^*$$

と定義する．この作用が $\mathbf{R}^3$ の回転となること，すなわち $\mathrm{Ad}(g) \in SO(3)$ となることの計算は 7.2.1 項で行う．結果として

$$\mathrm{Ad}: SU(2) \to SO(3)$$

なる 2 対 1 の準同型写像が得られる．これにより

$$SO(3) \cong SU(2)/\{\pm I_2\}.$$

[20] V_0 は $SU(2)$ のリー環 $\mathfrak{su}(2)$ である．Ad は $SU(2)$ の**随伴表現**とよばれる．例 6.12 を参照のこと．

◆**例 1.62** $SL(2, \mathbf{C})/\{\pm I_2\} \cong SO_0(1, 3)$.

例 1.61 の $\mathrm{Ad} : SU(2) \to SO(3)$ は

$$SL(2, \mathbf{C}) \to SO_0(1, 3)$$

なる 2 対 1 の準同型写像に拡張される (7.2.2 項). さらに $SL(2, \mathbf{R}) \subset SL(2, \mathbf{C})$ の像を調べることにより, $SL(2, \mathbf{R})/\{\pm I_2\} \cong SO_0(1, 2)$ を得る (7.2.3 項).

◆**例 1.63** つぎのような同型が知られている [21].

$$SO(4) \cong (SU(2) \times SU(2))/\{\pm(I_2, I_2)\},$$
$$SO(5) \cong Sp(2)/\{\pm I_2\},$$
$$SO(6) \cong SU(4)/\{\pm I_2\}.$$

◆**例 1.64** $SL(2, \mathbf{R}) = Sp(1, \mathbf{R})$.

$A = \begin{pmatrix} a & b \\ c & d \end{pmatrix}$ としたとき, 1.3.6 項の ${}^tAJ_2A = J_2$ の条件は $ad - bc = 1$ に他ならない.

◆**例 1.65** $SL(2, \mathbf{R}) \cong SU(1, 1)$.

$SL(2, \mathbf{R})$, $SU(1, 1)$ はつぎのような 2 次正方行列の全体である.

$$SL(2, \mathbf{R}) = \left\{ \begin{pmatrix} a & b \\ c & d \end{pmatrix} \middle| ad - bc = 1, \ a, b, c, d \in \mathbf{R} \right\},$$
$$SU(1, 1) = \left\{ \begin{pmatrix} \alpha & \overline{\beta} \\ \beta & \overline{\alpha} \end{pmatrix} \middle| |\alpha|^2 - |\beta|^2 = 1, \ \alpha, \beta \in \mathbf{C} \right\}.$$

$f : SL(2, \mathbf{R}) \to SU(1, 1)$ を

$$f(g) = g_0 g g_0^{-1}, \quad g_0 = \frac{1}{\sqrt{2}} \begin{pmatrix} 1 & -i \\ -i & 1 \end{pmatrix}$$

---

[21] $G \cong G'/\Gamma$, Γ は G' の離散部分群, のとき, G と G' は局所同型になる (注意 6.18).

とする．この写像は全単射な準同型写像となる（7.3.3 項）．

◆**例 1.66** $Sp(n) \cong USp(2n)$.

$Sp(n) = \{g = A + B\boldsymbol{j} \mid A, B \in M(n, \mathbf{C}), \ gg^* = I_n\}$ と書けることに注意し，例 1.59 のように $GL(2n, \mathbf{C})$ に埋め込めば

$$\iota : Sp(n) \hookrightarrow \left\{ \begin{pmatrix} A & -B \\ \overline{B} & \overline{A} \end{pmatrix} \in M(2n, \mathbf{C}) \right\} \cap U(2n)$$

は全単射である．右辺の集合の要素を g とすれば，$g \in U(2n)$ より，${}^t g^{-1} = \overline{g}$ である．さらに 1.3.6 項の J_n に対し

$$J_n g = J_n \begin{pmatrix} A & -B \\ \overline{B} & \overline{A} \end{pmatrix} = \begin{pmatrix} \overline{B} & \overline{A} \\ -A & B \end{pmatrix} = \begin{pmatrix} \overline{A} & -\overline{B} \\ B & A \end{pmatrix} J_n$$

$$= \overline{g} J_n = {}^t g^{-1} J_n$$

が成り立つ．よって ${}^t g J_n g = J_n$ となり，$g \in Sp(n, \mathbf{C})$ である．このことから g は $Sp(n, \mathbf{C}) \cap U(2n) = USp(2n)$ の要素である．逆に $USp(2n)$ の要素は右辺の形に書ける．よって右辺は $USp(2n)$ であり，$Sp(n) \cong USp(2n)$ となる．

1.3.8 包含関係

各古典群の定義や埋め込みにより，以下の包含関係が容易にわかる．

- $GL(n, \mathbf{R}) \rhd SL(n, \mathbf{R}) \supset SO(n), \quad GL(n, \mathbf{R}) \supset O(n) \rhd SO(n)$.

- $GL(n, \mathbf{C}) \rhd SL(n, \mathbf{C}) \supset SU(n), \quad GL(n, \mathbf{C}) \supset U(n) \rhd SU(n)$.

- $GL(n, \mathbf{H}) \supset Sp(n)$.

- $SL(2n, \mathbf{C}) \supset SL(2n, \mathbf{R}) \supset Sp(n, \mathbf{R}) \supset GL(n, \mathbf{R}) \supset O(p, q) \ (p + q = n)$.

- $Sp(p, q) \supset U(p, q) \supset O(p, q)$.

- $SL(2n, \mathbf{C}) \supset SU^*(2n) \supset SO^*(2n) \supset SO(2n) \cap Sp(n, \mathbf{R}) \cong U(n)$.

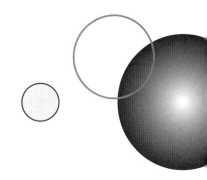

第2章

位相群

　前章では代数的な群構造に注目し，とくに古典群について調べた．$M(n, K)$ は集合としては n^2 次元ベクトル空間 K^{n^2} と同一視できるので，距離空間となる．このとき $GL(n, K)$ は部分空間として開集合となる．古典群も $M(n, K)$ の部分空間として距離空間となる．このように古典群は群であると同時に位相空間となる．この章では位相についての基本的な事項を復習し（2.1 節），そののち位相群の定義を与える（2.2 節）．さらによりよい性質をもつ位相群としてリー群を紹介する（2.3 節）．

2.1　位相空間

　位相に関する基本を復習する．詳しくは [10], [27] を参照されたい．

2.1.1　位相

　集合 X が**位相空間**であるとは，つぎの条件を満たす X の部分集合族 $\mathcal{U}$ が定められていることである．$\emptyset$ は空集合を表す．

$$
\begin{aligned}
&(1)\ \ \emptyset, X \in \mathcal{U}, \\
&(2)\ \ U_1, U_2 \in \mathcal{U} \ \Rightarrow\ U_1 \cap U_2 \in \mathcal{U}, \\
&(3)\ \ U_\lambda \in \mathcal{U},\ \lambda \in \Lambda \ \Rightarrow\ \bigcup_{\lambda \in \Lambda} U_\lambda \in \mathcal{U}.
\end{aligned}
\tag{2.1}
$$

このとき位相空間を $(X, \mathcal{U})$ と表し，$\mathcal{U}$ に属する要素は**開集合**とよばれる．開集合の補集合を**閉集合**とよぶ．$x \in X$ を含む開集合を x の近傍といい，その全体を x の**近傍系**とよび，$\mathcal{U}(x)$ で表す．S を X の部分集合とする．$x \in X$ が S の**内点**であるとは，ある $U \in \mathcal{U}(x)$ が存在して $x \in U \subset S$ となることである．開集合は内点からなる集合である．また $x \in X$ が S の**境界点**であるとは，任意の $U \in \mathcal{U}(x)$ が S の点と S 以外の点を含むことである．S の境界点の全体を ∂S で表す．$\bar{S} = S \cup \partial S$ とし，S の**閉包**とよぶ．

◆**例 2.1** X を距離 d が定義された**距離空間**とする．ここで距離 d とは，$d : X \times X \to \mathbf{R}$ なる写像で，任意の $x, y, z \in X$ に対してつぎを満たすもののことである．

(1) $d(x, y) \geq 0$, 等号は $x = y$ のときに限る．

(2) $d(x, y) = d(y, x)$.

(3) $d(x, y) \leq d(x, z) + d(z, y)$ （三角不等式）．

このとき $a \in X$ と $\epsilon > 0$ に対して，a を中心とする半径 ϵ の開球

$$B_\epsilon(a) = \{x \in X \mid d(a, x) < \epsilon\}$$

を a の ϵ **近傍**とよぶ．この ϵ 近傍を用いて，X の部分集合 U が開集合であることを，任意の $a \in U$ に対してある $\epsilon > 0$ が存在して

$$B_\epsilon(a) \subset U$$

となることと定義する．このような開集合 U の全体を $\mathcal{U}$ とすれば，$\mathcal{U}$ は (2.1) の条件を満たし，X は位相空間となる．さらに S を X の部分集合としたとき，S も同じ d で距離空間となるので，S は位相空間となる．

◆**例 2.2** ユークリッド空間 K^n は，2 点 $\boldsymbol{x}, \boldsymbol{y}$ の距離を $d(\boldsymbol{x}, \boldsymbol{y}) = \|\boldsymbol{x} - \boldsymbol{y}\|$ とすれば距離空間となる．したがって，例 2.1 より位相空間である．

◆**例 2.3** $M(n, K)$ に属する 2 つの行列 $A = (a_{ij})$, $B = (b_{ij})$ に対して

$$d(A, B) = \|A - B\| = \left(\sum_{1 \leq i,j \leq n} (a_{ij} - b_{ij})^2 \right)^{1/2}$$

と定めれば，$M(n, K)$ は距離空間である．したがって，例 2.1 より位相空間である．さらに部分集合である $GL(n, K)$ や古典群も距離空間となり，位相空間である．

$(X, \mathcal{U})$ の部分集合 S に対して，S の開集合を X の開集合との交わり，すなわち $U \cap S$ $(U \in \mathcal{U})$ と定義すれば，S は位相空間となる．このような位相を**相対位相**とよぶ．S を X の**部分空間**とよぶ．とくに X が距離空間のとき，S は距離空間となるが，S の距離空間としての位相と相対位相は一致する．

◆**例 2.4** $X = \mathbf{R}$ とすると，全体集合としては開集合だが，$\mathbf{R}^2$ の部分集合とみなすと開集合ではなく，閉集合となる．

◆**例 2.5** $GL(n, K)$ は $M(n, K)$ の開集合である [1]．
 $M(n, K)$ は例 2.3 により距離空間である．$GL(n, K)$ が開集合であることを示すには，任意の正則行列 A に対して，ある ϵ 近傍 $B_\epsilon(A) = \{B \in M(n, K) \mid \|B - A\| < \epsilon\}$ が存在し，$GL(n, K)$ に含まれることを示せばよい．$\epsilon = \|A^{-1}\|^{-1}$ とする．このとき $B \in B_\epsilon(A)$ に対して，$\|A^{-1}B - I_n\| = \|A^{-1}(B - A)\| \leq \|A^{-1}\| \|B - A\| < 1$ となることに注意すると，$C = A^{-1}B$ の逆行列を

$$C^{-1} = I_n + \sum_{k=1}^{\infty} (I_n - C)^k$$

で定義することができる．よって $C = A^{-1}B$ は正則である．B も正則となり，$B_\epsilon(A) \subset GL(n, K)$ が示された．

◆**例 2.6** 古典群は $GL(n, K)$ の閉集合である [2]．

---

[1] $K = \mathbf{R}, \mathbf{C}$ のときは，例 2.29 で別証明を与える．
[2] 証明は例 2.29 で与える．

　2 つの位相空間 $(X, \mathcal{U})$, $(Y, \mathcal{V})$ が与えられたとき，直積集合 $X \times Y$ の開集合を

$$U \times V \quad (U \in \mathcal{U},\ V \in \mathcal{V})$$

の形をした集合の和集合とすることにより，$X \times Y$ は位相空間となる．この空間 $(X \times Y,\ \mathcal{U} \times \mathcal{V})$ を**直積位相空間**あるいは単に**直積空間**とよぶ．

　また位相空間 $(X, \mathcal{U})$ と X の同値関係 $\sim$ が与えられたとき，商集合 $X/\!\sim$ の位相をつぎのように定義する．$p : X \to X/\!\sim$ を標準的全射としたとき，$X/\!\sim$ の開集合 W を

$$p^{-1}(W) \in \mathcal{U}$$

となる W とする．ここで $p^{-1}(W) = \{x \in X \mid p(x) \in W\}$ である．この位相を**商位相**といい，このとき $X/\!\sim$ を**商位相空間**あるいは単に**商空間**とよぶ．

2.1.2　ハウスドルフ空間

　位相空間 $(X, \mathcal{U})$ の任意の異なる 2 点 x, y に対して

$$x \in U,\ y \in V, \quad U \cap V = \emptyset$$

となる $U, V \in \mathcal{U}$ が存在するとき，X は**ハウスドルフ空間**とよばれる．距離空間はハウスドルフ空間である．実際，$x \neq y \in X$ なる 2 点に対して，x, y を中心とする半径 $d(x, y)/2$ の開球を考えればよい．相対位相の定義に戻れば以下の命題は明らかである．

命題 2.7 　ハウスドルフ空間 X の部分空間はハウスドルフ空間である．

◆例 2.8 　K^n, S^n, $M(n, K)$ および 1.3 節の古典群はハウスドルフ空間である．

命題 2.9 　ハウスドルフ空間 X の 1 点は X の閉集合である．

証明　$x \in X$ とする．$V = X - \{x\}$ が開集合であることを示す．$V \ni y$ とすると $y \neq x$ であり，仮定より，x, y の近傍 U_x, U_y で $U_x \cap U_y = \emptyset$ を満たすも

のがとれる．$U_y \subset V$ である．V の各点 y で U_y をとれば，$V = \bigcup_{y \in V} U_y$ となる．V は開集合の和集合となるから開集合である． ■

◆**例 2.10** 実数 $a \in \mathbf{R}$ に対して，$U_a = \{x \in \mathbf{R} \mid x > a\}$ とする．$\mathbf{R}$ の部分集合族 $\mathcal{U}$ を $\{U_a \mid a \in \mathbf{R}\}$ と空集合 $\emptyset$ と全体集合 $\mathbf{R}$ とすれば，$(\mathbf{R}, \mathcal{U})$ は位相空間となる．2 つの空でない開集合は必ず交わるので，$(\mathbf{R}, \mathcal{U})$ はハウスドルフ空間ではない．

2.1.3 コンパクト

位相空間 $(X, \mathcal{U})$ はつぎの条件を満たすとき**コンパクト**とよばれる．

$$\text{“} X = \bigcup_{\lambda \in \Lambda} U_\lambda \ (U_\lambda \in \mathcal{U}) \text{ なる**開被覆**が与えられたとき，}$$
$$\text{有限個の } \lambda_1, \lambda_2, \ldots, \lambda_m \in \Lambda \text{ がとれて } X = \bigcup_{i=1}^{m} U_{\lambda_i} \text{ とできる．”}$$

X の部分集合 S がコンパクトとは，S に相対位相を入れて S を位相空間としたときにコンパクトとなることである．

◆**例 2.11** $\mathbf{R}$ はコンパクトでなはい．実際，$\mathbf{R} = \bigcup_{n=1}^{\infty} (-n, n)$ なる開被覆から有限開被覆を選べない．また $(0, 1)$ もコンパクトではない．$(0, 1) = \bigcup_{n=1}^{\infty} \left(\dfrac{1}{n}, 1 - \dfrac{1}{n} \right)$ なる開被覆から有限開被覆は選べない．$[0, 1]$ はコンパクトである．

◆**例 2.12** (X, d) を距離空間とする．X の直径を $\sup\{d(x, y) \mid x, y \in X\}$ で定める．直径が有限なとき，X は**有界**という．S をコンパクトな部分集合とする．このとき S は有界である．実際，S の各点 x に半径 1 の近傍 $B_1(x)$ を対応させれば，S の開被覆 $S = \bigcup_{x \in S} (B_1(x) \cap S)$ が得られる．S がコンパクトであれば，有限開被覆がとれるので，S は有界である．後述の命題 2.14 より，S は閉集合である．よってコンパクトの概念は距離空間における有界閉集合の

概念の拡張である[3)].

命題 2.13 X がコンパクトのとき，その閉部分集合 S はコンパクトである.

証明　$X = S \cup (X - S)$, $X - S$ は開集合となることに注意する. S の開被覆を考えたとき，それに $X - S$ を加えれば X の開被覆が得られる. X はコンパクトなのでその中の有限個で X を被覆できる. この有限被覆から $X - S$ を除いたものは明らかに S の有限被覆となるので，S はコンパクトである.　■

命題 2.14 X がハウスドルフのとき，そのコンパクト部分集合 S は X の閉集合である.

証明　$X - S$ が開集合であることを示す. 任意の $a \in X - S$ が内点であることを示せばよい. $x \in S$ とすると X がハウスドルフなので，a, x のそれぞれの近傍 U_x, V_x で $U_x \cap V_x = \emptyset$ となるものがとれる. $S \subset \bigcup_{x \in S} V_x$ となるが，S がコンパクトであることにより有限個の V_{x_i} $(1 \leq i \leq n)$ で覆える. ここで $U = \bigcap_{i=1}^{n} U_{x_i}$ とおく. U は有限個の開集合の共通部分なので開集合である. さらに

$$U \cap S \subset \left(\bigcap_{i=1}^{n} U_{x_i} \right) \cap \left(\bigcup_{i=1}^{n} V_{x_i} \right) \subset \bigcup_{i=1}^{n} \left(U_{x_i} \cap V_{x_i} \right) = \emptyset$$

となる. よって $a \in U \subset X - S$ となるので，a は $X - S$ の内点である.　■

命題 2.15 X をハウスドルフとし，S をそのコンパクト部分集合, $a \notin S$ とする. このとき X の開集合 U, V で

$$a \in U, \ \ S \subset V, \ \ U \cap V = \emptyset$$

となるものがある. さらに $T \cap S = \emptyset$ なるコンパクト集合 T に対しても，X の開集合 U, V で

[3)]**ハイネ・ボレルの定理**：$X = \mathbf{R}^n$ のときは，S がコンパクトである必要十分条件は S が有界閉集合となることである. しかし無限次元の距離空間では，有界閉集合でコンパクトでないものが存在する.

$$T \subset U, \quad S \subset V, \quad U \cap V = \emptyset$$

となるものがある.

証明 前半の主張は命題 2.14 の証明で $V = \bigcup_{i=1}^{n} V_{x_i}$ とすれば得られる. さらに $t \in T$ に対して前半の結果を用いれば, X の開集合 U_t, V_t で

$$t \in U_t, \quad S \subset V_t, \quad U_t \cap V_t = \emptyset$$

なるものがとれる. $T = \bigcup_{t \in T} U_t$ は T の開被覆となる. T はコンパクトなのでその有限被覆がとれて, $T \subset \bigcup_{i=1}^{n} U_{t_i}$ となる. ここで $U_T = \bigcup_{i=1}^{n} U_{t_i}$ とすれば, U_T は開集合である. また $V_S = \bigcap_{i=1}^{n} V_{t_i}$ とすれば, V_S は $S \subset V_S$ なる開集合である. このとき

$$U_T \cap V_S = \left(\bigcup_{i=1}^{n} U_{t_i} \right) \cap \left(\bigcap_{i=1}^{n} V_{t_i} \right) \subset \bigcup_{i=1}^{n} \left(U_{t_i} \cap V_{t_i} \right) = \emptyset$$

である. ∎

2.1.4 局所コンパクト

X の任意の点 x に対して, x の近傍 U で U の閉包 $\overline{U}$ (2.1.1 項) がコンパクトとなるものが存在するとき, X を**局所コンパクト**という. X が局所コンパクトのとき, その閉集合も局所コンパクトである. また 2 つの局所コンパクトな位相空間の直積空間も局所コンパクトである. 以下の命題は定義より容易にわかる.

命題 2.16 X が局所コンパクトでハウスドルフであれば, X の開集合 S は局所コンパクトでハウスドルフである.

命題 2.17 X は局所コンパクトでハウスドルフとする. 任意の $x \in X$ と x を含む任意の開集合 U に対して, ある開集合 V が存在し,

$$x \in \overline{V} \subset U, \quad \overline{V} \text{ はコンパクト}$$

となる.

証明 最初に X がコンパクトな場合を考える. $X-U$ は閉集合で, $x \notin X-U$ である. 命題 2.15 より, 開集合 V, O が存在し

$$x \in V, \quad X-U \subset O, \quad V \cap O = \emptyset$$

となる. このとき $V \subset X-O$, $X-O$ は閉集合なので

$$\overline{V} \subset \overline{X-O} = X-O \subset X-(X-U) = U$$

である. また命題 2.13 より $\overline{V}$ はコンパクトである. よって求める結果が得られた.

つぎに X がコンパクトではなく, 局所コンパクトである場合を考える. このとき x の近傍 W で $\overline{W}$ がコンパクトとなるものがある. この $\overline{W}$ はコンパクトでハウスドルフなので, 前半の結果を用いれば, x の $\overline{W}$ での近傍 $U \cap W$ に対して $\overline{W}$ のある開集合 V が存在して

$$x \in \overline{V} \subset U \cap W, \quad \overline{V} \text{ は } \overline{W} \text{ でコンパクト}$$

となる. このとき V は $U \cap W$ の開集合で, $U \cap W$ は X の開集合である. したがって V は X の開集合である. また $\overline{V}$ の開被覆を $\overline{V} \subset \bigcup_{\lambda \in \Lambda} U_\lambda$ とすると, $\overline{V} \subset W$ より, $\overline{W}$ の開集合 $U_\lambda \cap \overline{W}$ による $\overline{V}$ の開被覆が得られる. $\overline{V}$ は $\overline{W}$ でコンパクトなので有限被覆が得られる. よって $\overline{V}$ は有限個の U_λ で覆えるので, X でコンパクトである. ∎

つぎのベールの定理 [4] は命題 2.44 の開写像定理の証明で用いる.

定理 2.18 (ベール) X を局所コンパクトでハウスドルフとする. 可算個の閉集合 $S_1, S_2, \ldots$ が存在して

$$X = \bigcup_{i=1}^{\infty} S_i$$

であれば, ある S_i は空でない開集合を含む.

---

[4] 証明は [27], 命題 67 を参照されたい. ベールの定理は完備距離空間でも成立する.

◆**例 2.19**　空間 $\mathbf{R}^3$ は局所コンパクトでハウスドルフである．ベールの定理によれば，$\mathbf{R}^3$ を平面の可算和で表すことはできない．なぜなら，平面は空でない $\mathbf{R}^3$ の開集合を含まないからである．一方，$\overline{B_n(0)}$ を $B_n(0)$ にその境界を加えた閉集合とすれば，$\mathbf{R}^3 = \bigcup_{n=1}^{\infty} \overline{B_n(0)}$ である．$\mathbf{R}^3$ は閉球の可算和で表せる．このとき各 $\overline{B_n(0)}$ は空でない開集合 $B_n(0)$ を含んでいる．一般に位相空間 X が可算個のコンパクト部分集合の和集合になっているとき，X を**σ コンパクト**という．

2.1.5　可算開基

位相空間 $(X,\mathcal{U})$ の開集合の列 $U_1, U_2, \ldots, U_m, \ldots$ があり，任意の $U \in \mathcal{U}$，任意の $x \in U$ に対してある U_m が存在して

$$x \in U_m \subset U$$

となるとき，X は**可算開基**をもつ，または**第二可算空間**であるという．X が可算開基をもつとき，その部分空間も可算開基をもつ．また 2 つの可算開基をもつ位相空間の直積空間も可算開基をもつ．

位相空間 $(X,\mathcal{U})$ に対し，ある点列 $\{x_n\}$ が存在して，任意の $U \in \mathcal{U}$ に対して，ある m について $x_m \in U$ となるとき，X を**可分空間**とよぶ．X が可算開基をもてば可分である．実際，各 U_n から $x_n \in U_n$ を選べば前述の性質を満たす．また第二可算より弱い条件として，"任意の点 x の開近傍の列 $U_1, U_2, \ldots$ があり，x の任意の近傍 U に対して，ある U_m が存在して $U_m \subset U$ となる" が考えられる．このような空間は**第一可算空間**とよばれる．第二可算空間は第一可算空間である．

◆**例 2.20**　$\mathbf{R}$ は可算開基をもつ．実際，$r_1, r_2, \ldots$ を有理数全体としたとき

$$B_{1/j}(r_i) = \left(r_i - \frac{1}{j}, r_i + \frac{1}{j}\right), \quad i,j = 1,2,\ldots$$

は可算開基である．$K, K^n, M(n,K)$ も可算開基をもつ．さらにそれらの部分集合である S^n，$GL(n,K)$ および古典群も可算開基をもつ．

◆**例 2.21**　K^n, S^n, $M(n, K)$ および古典群は可算開基をもち，かつ局所コンパクトでハウスドルフである．とくに S^n, $O(n)$, $U(n)$, $Sp(n)$, $SO(n)$, $SU(n)$ はコンパクトである．

◆**例 2.22**　距離空間は第一可算空間である．実際，各点で近傍列 $B_{1/n}(x)$, $n = 1, 2, \ldots$ を考えればよい．

2.1.6　連結と弧状連結

　位相空間 X が 2 つの閉集合 F_1, F_2 により

$$X = F_1 \cup F_2, \ F_1 \cap F_2 = \emptyset$$

と分解されるならば，$F_1 = \emptyset$ あるいは $F_2 = \emptyset$ であるとき，X は**連結**であるという [5]．X の部分集合が連結であるとは，相対位相に関して連結であることをいう．X の極大 [6] 連結部分集合を X の**連結成分**という．X の任意の 2 点 x, y を X 上の**連続曲線**で結べるとき，すなわち連続写像 $c : [0, 1] \to X$（2.2 節）が存在し，$c(0) = x$, $c(1) = y$ とできるとき，X は**弧状連結**という．X が弧状連結であれば連結であるが，逆は必ずしも成立しない [7]．X がのちの 2.3 節で定義される位相群や等質空間である場合は，連結と弧状連結は一致する．つぎの定理が成り立つ [8]．

　命題 2.23　位相空間 X, Y は弧状連結とする．このとき $X \times Y$ も弧状連結である．逆も成立する．

◆**例 2.24**　古典群 $SL(n, K)$, $SO(n, \mathbf{C})$, $Sp(n, \mathbf{C})$, $SO(n)$, $SU(n)$, $Sp(n)$,

---

[5] 対偶をとると，X が非連結であるとは，ある空でない開集合 O_1, O_2 が存在して，$X = O_1 \cup O_2$, $O_1 \cap O_2 = \emptyset$ となることである．

[6] 集合の包含関係に関する順序での極大．

[7] $\mathbf{R}^2$ の部分集合を $A = \{(0, y) \mid -1 < y < 1\}$, $B = \{(x, \sin \frac{1}{x}) \mid 0 < x < 1\}$ とする．$X = A \cup B$ に $\mathbf{R}^2$ からの相対位相を入れると，X は連結だが，弧状連結ではない．

[8] 証明は [27], 命題 60 を参照されたい．

$SU(n, m)$, $Sp(n, m)$, $Sp(n, \mathbf{R})$, $SO^*(2n)$ は連結である [9]. $GL(n, \mathbf{R})$, $O(n)$, $SO(n, m)$ は 2 つの連結成分をもち, $O(n, m)$ は 4 つの連結成分をもつ (1.3.5 項). 例えば $O(n)$ の単位元 I_n を含む連結集合は $SO(n)$ である. このとき $O(n)$ は

$$O(n) = SO(n) \sqcup I_{n-1,1} SO(n)$$

と 2 つの閉集合の和で書けて, 2 つの連結成分をもつ.

2.1.7 収束と完備性

位相空間において近傍系が定義されることにより, "近く" という概念が定義される. 例えば X の点列 $\{a_n\}$ が $\alpha \in X$ に**収束**するとは

"任意の $U \in \mathcal{U}(\alpha)$ に対して, ある $N \in \mathbf{N}$ がとれて,
すべての $n \geq N$ に対して $a_n \in U$ となる"

ことである. このとき点列 $\{a_n\}$ は**収束列**とよばれ, $\displaystyle\lim_{n \to \infty} a_n = \alpha$ と表される. とくに X が距離 d をもつ距離空間であれば, 収束列は

"任意の $\epsilon > 0$ に対して, ある $N \in \mathbf{N}$ がとれて,
すべての $n \geq N$ に対して $d(a_n, \alpha) < \epsilon$ となる"

ことである. さらに点列 $\{a_n\}$ が**コーシー列**であるとは

"任意の $\epsilon > 0$ に対して, ある $N \in \mathbf{N}$ がとれて,
すべての $n, m \geq N$ に対して $d(a_n, a_m) < \epsilon$ となる"

ことである. 収束列はコーシー列であるが, 逆は成立しない. 任意のコーシー列が収束列となる X を**完備**であるという.

◆**例 2.25** $X = \mathbf{Q}$ を有理数全体とし, $d(x, y) = |x - y|$ で距離を定義する. 数列 $1, 1.4, 1.41, 1.414, 1.4142, \ldots$ はコーシー列である. しかし $\sqrt{2} \notin \mathbf{Q}$ よりこの数列は収束しない. $\mathbf{R}$ は完備であるが, $\mathbf{Q}$ は完備ではない. 完備性は "隙間" がないことを意味する [10].

---

[9] これらの連結性は命題 2.23 と後述の命題 2.51 に注意し, 例 2.32, 例 2.47, 注意 2.54 などの位相空間としての同型 (同相) を用いて得られる.

[10] [3], 第 2 章を参照のこと.

2.2 連続

位相空間 $(X, \mathcal{U})$ から位相空間 $(Y, \mathcal{V})$ への写像 $f : X \to Y$ が $a \in X$ で**連続**であるとは

> "任意の $V \in \mathcal{V}(f(a))$ に対して,ある $U \in \mathcal{U}(a)$ がとれて,
> $f(U) \subset V$ となる"

ことである. f が X の各点で連続であるとき,f は X で連続であるという.このとき $V \in \mathcal{V}$ に対して,$U \subset f^{-1}(V) = \{ x \in X \mid f(x) \in V \}$ となるので,$f^{-1}(V)$ は開集合となる.この $f^{-1}(V)$ を V の f による**原像**あるいは**逆像**という.とくに X, Y が第一可算空間のとき (2.1.5 項),f が $x = a$ で連続となることは,$\lim_{n \to \infty} a_n = a$ なるすべての X の点列 $\{a_n\}$ に対して

$$\lim_{n \to \infty} f(a_n) = f(a)$$

となることと同値である [11].例 2.20 より,本書で扱う空間は可算開基をもつので,点列連続と連続は一致する.

◆**例 2.26** $X, Y = \mathbf{R}$ のとき,$f : \mathbf{R} \to \mathbf{R}$ が $a \in \mathbf{R}$ で連続であるとは,"任意の $\epsilon > 0$ に対して,ある $\delta > 0$ がとれて,すべての $|x - a| < \delta$ に対して $|f(x) - f(a)| < \epsilon$ となる"ことである.

◆**例 2.27** $f : M(n, K) \to M(n, K)$ を $f(A) = A^*$ とすれば,f は $M(n, K)$ で連続である.実際,$A \in M(n, K)$ を任意の点とし,$\lim_{n \to \infty} A_n = A$,すなわち $\lim_{n \to \infty} \|A_n - A\| = 0$ なる点列 $\{A_n\}$ を任意にとる.このとき

$$\lim_{n \to \infty} \|f(A_n) - f(A)\| = \lim_{n \to \infty} \|A_n^* - A^*\| = \lim_{n \to \infty} \|A_n - A\| = 0$$

より $\lim_{n \to \infty} f(A_n) = f(A)$ となり,f は A で連続である.

---

[11] 点列を用いる連続性を**点列連続**という.連続であれば点列連続であるが,一般に逆は成り立たない.

◆**例 2.28** $K = \mathbf{R}, \mathbf{C}$ のとき, $\det : M(n, K) \to K$ は連続である. 実際, $A \in M(n, K)$ を任意の点とし, $\lim_{n \to \infty} A_n = A$ なる点列 $\{A_n\}$ を任意にとれば, A_n の各成分が A の成分に収束する. $\det A$ は A の成分の有限個の積の有限和で書かれているので (1.2.2 項), $\lim_{n \to \infty} \det A_n = \det A$ となる. このとき $GL(n, K)$ は連続写像 $\det$ による開集合 $K - \{0\}$ の逆像なので開集合である. これは $K = \mathbf{R}, \mathbf{C}$ のときの例 2.5 の別証明である.

◆**例 2.29** $A \in M(n, K)$ の行列成分 $a_{ij}(A)$ を変数とする m 個の多項式を $P_k(a_{ij}(A))$ $(1 \leq k \leq m)$ とする. $F : M(n, K) \to K^m$ を

$$F(A) = \begin{pmatrix} P_1(a_{ij}(A)) \\ P_2(a_{ij}(A)) \\ \vdots \\ P_m(a_{ij}(A)) \end{pmatrix}$$

と定めれば, 例 2.28 と同様に F は連続写像となる. 古典群 G は $GL(n, K)$ の要素 A で, いくつかの関係式を満たすもの全体として定義された. 実際, 代数方程式 $P_k(a_{ij}(A)) = 0$ の形で定義できる (1.3 節). 上述の F を $GL(n, K)$ に制限して考えれば, $G = F^{-1}(\mathbf{0})$ となる. G は閉集合 $\{\mathbf{0}\}$ の逆像なので閉集合となる.

命題 2.30 X をコンパクトな位相空間とし, $f : X \to Y$ を全射な連続写像とする. このとき Y はコンパクトである.

証明 Y の開被覆を $\bigcup_{\lambda \in \Lambda} U_\lambda$ とする. f が連続なので, $f^{-1}(U_\lambda)$ は開集合となる. また $X = \bigcup_{\lambda \in \Lambda} f^{-1}(U_\lambda)$ となり, これはコンパクト集合 X の開被覆である. X の有限被覆が選べるので, それを f で移せば f が全射であることから, $Y = f(X)$ の有限被覆となる. ■

命題 2.31 X, Y を位相空間とし, $f : X \to Y$ は全射な連続写像とする. X が弧状連結であれば, Y も弧状連結である.

証明 Y の任意の 2 点を u, v とし, $u = f(x)$, $v = f(y)$ とする. x, y を結ぶ X 上の連続曲線を c とする. $f \circ c$ は u, v を結ぶ Y 上の連続曲線となる.   ■

◆**例 2.32** 単位球面 S^n ($n \geq 1$) は弧状連結である. 実際, $\mathbf{R}^{n+1} - \{\mathbf{0}\}$ は弧状連結であることが容易にわかり, $f : \mathbf{R}^{n+1} - \{\mathbf{0}\} \to S^n$ を $f(x) = x/\|x\|$ で定めれば, f は全射な連続写像である.

◆**例 2.33** $\mathbf{R}$ において, 部分集合 S がコンパクトであるとは有界閉集合であることに他ならない [12]. よって S が弧状連結なコンパクト集合であるとは閉区間 $[a, b]$ であることに他ならない. 命題 2.30 と命題 2.31 により, 連続関数 $f : [a, b] \to \mathbf{R}$ による S の値域 $f(S)$ は弧状連結なコンパクト集合, したがって閉区間となる. これより $[a, b]$ で定義された連続関数に関する中間値の定理および最大・最小の定理が得られる [13].

2.2.1   同相

$(X, \mathcal{U})$, $(Y, \mathcal{V})$ を位相空間とする. 全単射な写像 $f : X \to Y$ で f と f^{-1} がともに連続となるものを**同相写像**という. 同相写像 $f : X \to Y$ が存在するとき, X と Y は**同相**あるいは**位相空間として同型**であるといい,

$$X \simeq Y$$

で表す.

群同型の場合は f のみが準同型写像であればよかった. これは自動的に f^{-1} が準同型になるからである. 同相の場合は f の連続性から f^{-1} の連続性は得られず, f と f^{-1} が共に連続であることが定義に必要となる.

ここで $f : X \to Y$ が**開写像**であることを

$$\text{任意の } U \in \mathcal{U} \text{ に対して, } f(U) \in \mathcal{V}$$

---

[12] ハイネ・ボレルの定理: $X = \mathbf{R}^n$ のときは, S がコンパクトである必要十分条件は S が有界閉集合となることである. しかし無限次元の距離空間では, 有界閉集合でコンパクトでないものが存在する.

[13] [3], 第 4 章を参照されたい.

と定義する．f が全単射な開写像であれば，開写像の定義から f^{-1} の連続性が容易に得られる．よって，つぎの命題が得られる．

命題 2.34 X, Y を位相空間とし，$f : X \to Y$ を全単射な連続写像とする．このとき f が開写像であれば f は同相写像である．

命題 2.35 X をコンパクト，Y をハウスドルフな位相空間とし，$f : X \to Y$ を全単射な連続写像とする．このとき f は同相写像である．

証明 f が開写像であることを示せば，命題 2.34 より明らかである．f が全単射なので，f が開写像であることは，閉集合 S に対して $f(S)$ が閉集合となることと同値である．命題 2.13 と命題 2.30 により $f(S)$ はコンパクトである．Y はハウスドルフなので，命題 2.14 より $f(S)$ は閉集合である． ■

2.2.2 商空間

位相空間 $(X, \mathcal{U})$ に同値関係 $\sim$ が与えられると，商空間 $X/\sim$ を定めることができた（2.1.1 項）．商空間の位相の定義より，標準的全射

$$p : X \to X/\sim$$

は連続である．つぎの命題は命題 2.30 より明らかである．

命題 2.36 X がコンパクトであれば，$X/\sim$ もコンパクトである．

命題 2.37 X, Y を位相空間，$f : X \to Y$ とする．$\widetilde{f} : X/\sim \to Y$ が存在し，標準的全射 p に対し

$$f = \widetilde{f} \circ p$$

であれば，f と $\widetilde{f}$ の連続性は同値である．

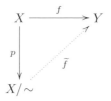

証明 連続写像の合成は連続となることに注意する. p は連続なので, $\widetilde{f}$ が連続のとき, $f = \widetilde{f} \circ p$ は連続である. 逆に f を連続とする. $\widetilde{f}$ の連続性を示すには, Y の開集合 O に対して, $\widetilde{f}^{-1}(O)$ が $X/\sim$ の開集合となることを示せばよい. すなわち $p^{-1}(\widetilde{f}^{-1}(O)) = f^{-1}(O)$ が開集合となることを示せばよいが, これは f の連続性より明らかである.　■

2.2.3 射影空間

商空間 $X/\sim$ の例として射影空間を定義する. $K = \mathbf{R}, \mathbf{C}, \mathbf{H}$ とし, K^n を K 右加群とする. $K^n - \{\mathbf{0}\}$ に同値関係を

$$\boldsymbol{x} \sim \boldsymbol{y} \iff \text{ある } \lambda \in K \text{ が存在して, } \boldsymbol{y} = \boldsymbol{x}\lambda \text{ となる}$$

で定める. このとき $K^n - \{\mathbf{0}\}/\sim$ を $n-1$ **次元射影空間**といい, $P^{n-1}(K)$ で表すことにする. 同様に単位球面 S_K^{n-1} に同値関係を

$$\boldsymbol{x} \sim \boldsymbol{y} \iff \text{ある } \lambda \in S_K^0 \text{ が存在して, } \boldsymbol{y} = \boldsymbol{x}\lambda \text{ となる}$$

と定める. このとき位相空間として

$$S_K^{n-1}/\sim \simeq P^{n-1}(K)$$

となる.

実際, $i : S_K^{n-1} \hookrightarrow K^n - \{\mathbf{0}\}$ を包含写像とし, $\widetilde{i} : S_K^{n-1}/\sim \to K^n - \{\mathbf{0}\}/\sim$ を $\widetilde{i}([\boldsymbol{x}]) = [i(\boldsymbol{x})] = [\boldsymbol{x}]$ と定める. ここで $[\boldsymbol{x}]$ はそれぞれ $\boldsymbol{x}$ を含む同値類である. このときつぎの可換図式が成り立つ.

$$
\begin{array}{ccc}
S_K^{n-1} & \xrightarrow{\ i\ } & K^n - \{0\} \\
{\scriptstyle q}\downarrow & & \downarrow{\scriptstyle p} \\
S_K^{n-1}/\sim & \xrightarrow{\ \widetilde{i}\ } & K^n - \{0\}/\sim
\end{array}
$$

ただし q, p は自然な射影である. i は埋め込みなので,連続かつ単射,$\tilde{i}$ も単射である. p は連続なので,$p \circ i$ も連続であり,命題 2.37 より $\tilde{i}$ も連続である. よって $\tilde{i}$ が同相であることを示すには,$\tilde{i}$ が全射な開写像であることをいえばよい.

$\alpha : K^n - \{\mathbf{0}\} \to S_K^{n-1}$ を $\alpha(\boldsymbol{x}) = \dfrac{\boldsymbol{x}}{\|\boldsymbol{x}\|}$ と定めれば,$p = \tilde{i} \circ q \circ \alpha$ となる. p は全射なので,$\tilde{i}$ も全射となる. $S_K^n / \sim$ の開集合を O とすると,$p^{-1} \circ \tilde{i}(O) = \alpha^{-1} \circ q^{-1}(O)$ となる. q, α の連続性から $p^{-1} \circ \tilde{i}(O)$ は $K^n - \{\mathbf{0}\}$ の開集合である. よって商空間の位相の定義より $\tilde{i}(O)$ は $K^n - \{\mathbf{0}\} / \sim$ の開集合となり,$\tilde{i}$ は開写像である.

つぎに行列を用いて $P^{n-1}(K)$ を実現する. $M(n, K)$ の部分集合 $P(n, K)$ を

$$P(n, K) = \{X \in M(n, K) \mid X^* = X, \ X^2 = X, \ \mathrm{tr}(X) = 1\}$$

で定める. $M(n, K)$ は距離空間であり,$P(n, K)$ も距離空間となる. これにより $P(n, K)$ に位相が入り,これは $M(n, K)$ の位相の相対位相と一致する. このとき $X \in P(n, K)$ となる必要十分条件は,ある $A \in G(n, K)$ (1.3.2 項)が存在して

$$X = AE_{nn}A^*$$

と書けることである. ただし,E_{nn} は (n, n) 成分が 1 で,他のすべての成分が 0 の n 次正方行列である [14]. このとき位相空間として

$$P^{n-1}(K) \simeq P(n, K)$$

となる. 以下,この同相を示す.

$\boldsymbol{x} = (x_i) \in K^n - \{\mathbf{0}\}$ に対して,(i, j) 成分を $x_i \bar{x}_j$ とする n 次正方行列は $\boldsymbol{x}^t \overline{\boldsymbol{x}}$ と書ける. これを用いて

$$f(\boldsymbol{x}) = \frac{1}{\|\boldsymbol{x}\|^2} \boldsymbol{x}^t \overline{\boldsymbol{x}}$$

---

[14] $K = \mathbf{R}$ のときは,${}^t X = X$ なる対称行列 X を直交行列 $\widetilde{A} \in O(n)$ によって $\widetilde{X} = \widetilde{A}^{-1} X \widetilde{A}$ と対角化する. $X^2 = X$, $\mathrm{tr}(X) = 1$ より $\widetilde{X} = \mathrm{diag}(0, \ldots, 1, \ldots, 0)$ (i 番目のみ 1) であることがわかる. ここで 4.2.3 項の u_{in} を用いると $u_{in}^{-1} \widetilde{X} u_{in} = E_{nn}$ となる. $A = \widetilde{A} u_{in}$ とすれば,$A \in O(n)$, $X = AE_{nn}{}^t A$ となる. $K = \mathbf{C}, \mathbf{H}$ のときも同様である.

とすれば, $f(\boldsymbol{x}) \in P(n, K)$ である. このとき

$$f : K^n - \{\boldsymbol{0}\} \to P(n, K)$$

は全射である. 実際, $X \in P(n, K)$ に対して, A を上述の $X = A E_{nn} A^*$ なる行列とし, $A = (\boldsymbol{a}_1 \boldsymbol{a}_2 \cdots \boldsymbol{a}_n)$ と縦ベクトルで表示する. このとき $X = \boldsymbol{a}_n {}^t \overline{\boldsymbol{a}}_n$ となる. $\|\boldsymbol{a}_n\|^2 = 1$ より, $f(\boldsymbol{a}_n) = X$ である. ここで

$$\widetilde{f} : P^{n-1}(K) \to P(n, K), \quad \widetilde{f}([\boldsymbol{x}]) = f(\boldsymbol{x})$$

とすれば, $\widetilde{f}$ は全射である. この $\widetilde{f}$ がきちんと定義されるには, $\widetilde{f}$ が $[\boldsymbol{x}]$ の代表元の取り方によらないことを示す必要がある. $[\boldsymbol{x}] = [\boldsymbol{y}]$, すなわち $\boldsymbol{x} \sim \boldsymbol{y}$ のとき, $\boldsymbol{x} = \boldsymbol{y} \lambda$ となるので, $f(\boldsymbol{x}) = f(\boldsymbol{y})$ である. 実は逆も成立し, $\boldsymbol{x} \sim \boldsymbol{y}$ となる必要十分条件は $f(\boldsymbol{x}) = f(\boldsymbol{y})$ である. 実際, $f(\boldsymbol{x}) = f(\boldsymbol{y})$ とする. x_i $(i = 1, 2, \ldots, n)$ のどれかは 0 でないので, $x_k \neq 0$ とする. このとき $f(\boldsymbol{x}) = f(\boldsymbol{y})$ の (i, k) 成分を比較して

$$\frac{x_i \overline{x}_k}{\|\boldsymbol{x}\|^2} = \frac{y_i \overline{y}_k}{\|\boldsymbol{y}\|^2}$$

となる. とくに $i = k$ のとき $|x_k|^2 \|\boldsymbol{y}\|^2 = |y_k|^2 \|\boldsymbol{x}\|^2$ となるので $y_k = \dfrac{\|\boldsymbol{y}\|}{\|\boldsymbol{x}\|} x_k \zeta$, $|\zeta| = 1$ と書くことができる. よって

$$y_i = x_i \frac{\|\boldsymbol{y}\|}{\|\boldsymbol{x}\|} \overline{\zeta}^{-1}$$

と書けて, $\boldsymbol{x} \sim \boldsymbol{y}$ である. 以上のことから $\widetilde{f}$ は単射である.

よって $\widetilde{f}$ は全単射であり, $\widetilde{f}$ は集合としての同型を与える. f は連続なので, 命題 2.37 より $\widetilde{f}$ は連続である. 例 2.8 と同様に $P(n, K)$ はハウスドルフである. 命題 2.36 より $P^{n-1}(K) \simeq S_K^{n-1}/\sim$ はコンパクトである. よって命題 2.35 から $\widetilde{f}$ は同相である. したがって, 位相空間として $P^{n-1}(K) \simeq P(n, K)$ である.

命題 2.38　射影空間 $S_K^{n-1}/\sim \simeq P^{n-1}(K) \simeq P(n, K)$ は連結なコンパクトハウスドルフ空間である [15].

---

[15] 例 3.32 を参照のこと. さらに $P^{n-1}(K)$ はグラスマン多様体 $\mathrm{Grass}_1(n, K)$ (3.2.3 項) となる.

✔**注意 2.39** $P^1(\mathbf{C}) = \mathbf{C}^2 - \{\mathbf{0}\}/\sim$ は, $z \in \mathbf{C}$ に対して $(z, 1)$ あるいは $(1, z)$ の同値類を対応させることにより 2 枚の $\mathbf{C}$ で被覆でき, 複素多様体の構造をもつ (5.1.2 項). $[(z, 1)] = [(1, 1/z)]$ なので, $1/0 = \infty$ とすれば, $P^1(\mathbf{C})$ は $\mathbf{C} \cup \{\infty\}$ と同一視できる. これを, **リーマン球面**とよぶ. 同様に $P^1(\mathbf{R})$ は $\mathbf{R} \cup \{\infty\}$ と同一視できる.

2.3 位相群

古典群は群と位相空間の 2 つのよい性質をもった. 本節ではこのようなよい性質をもつ位相群を定義し, 次節ではよりよい性質をもつリー群を紹介する.

2.3.1 位相群

集合 G は群であり, かつ位相空間であるとする. さらに G はつぎの条件を満たすとき, **位相群**とよばれる.

(1) $G \times G$ から G への写像 $(x, y) \mapsto xy$ は連続である.
(2) G から G への写像 $x \mapsto x^{-1}$ は連続である.

H を G の部分群とする. H に相対位相を入れると H は位相群となる. このとき H は位相群 G の**部分群**とよばれる. また 2 つの位相群 G, G' に対して, 群として直積群, 位相空間として直積空間を考えれば, $G \times G'$ は位相群である.

◆**例 2.40** $K = \mathbf{R}, \mathbf{C}, \mathbf{H}$ とする. $GL(n, K)$ は位相群である.

$GL(n, K)$ が群であり, 距離空間として位相空間となることはすでに述べた (例 2.3). 位相群であることを示すには上述の (1), (2) が成り立つことを示せばよい. 距離空間は第一可算空間なので (例 2.22), 点列連続と連続は一致する (2.2 節). よって $A_i, B_i, A, B \in GL(n, K)$ のとき

(1) $\|A_i - A\| \to 0, \|B_i - B\| \to 0 \implies \|A_i B_i - AB\| \to 0$,
(2) $\|A_i - A\| \to 0 \implies \|A_i^{-1} - A^{-1}\| \to 0$

を示せばよい. 収束列は有界であるから, すべての i に対して $\|A_i\| \leq C$ とな

る C がとれる．このとき補題 1.49 に注意すると

$$\|A_i B_i - AB\| \le \|A_i B_i - A_i B\| + \|A_i B - AB\|$$
$$\le C\|B_i - B\| + \|A_i - A\|\|B\|$$

となり，(1) が得られる．(2) は A_i, A をそれぞれ $A^{-1}A_i$, I_n で置き換えて考えれば，$A = I_n$ のときに (2) を示せばよい．$\|A_i - I_n\| \to 0$ のとき，任意の $\epsilon > 0$ に対して i を十分大きくとれば $\|A_i - I_n\| < \epsilon < 1/2$ である．このとき

$$A_i^{-1} = I_n + \sum_{k=1}^{\infty} (I_n - A_i)^k$$

と書けることに注意すると

$$\|A_i^{-1} - I_n\| = \left\| \sum_{k=1}^{\infty} (I_n - A_i)^k \right\| \le \sum_{k=1}^{\infty} \|I_n - A_i\|^k$$
$$< \sum_{k=1}^{\infty} \epsilon^k = \frac{\epsilon}{1 - \epsilon} < 2\epsilon$$

となる．よって $\|A_i^{-1} - I_n\| \to 0$ である．

◆**例 2.41**　$GL(n, K)$ の部分群である古典群は，相対位相を入れることにより位相群としての部分群となる．

◆**例 2.42**　2×2 行列を

$$k(\theta) = \begin{pmatrix} \cos\theta & -\sin\theta \\ \sin\theta & \cos\theta \end{pmatrix}, \ a(t) = \begin{pmatrix} e^t & 0 \\ 0 & e^{-t} \end{pmatrix}, \ n(x) = \begin{pmatrix} 1 & x \\ 0 & 1 \end{pmatrix}$$

とする．このとき

$$SL(2, \mathbf{R}) = \{k(\theta)a(t)n(x) \mid 0 \le \theta \le 2\pi, \ t, x \in \mathbf{R}\}$$

となる [16]．このように群 G の要素 a が連続パラメータで $a = a(x_1, x_2, \ldots, x_n)$ と表され，さらに

---

[16] $SL(2, \mathbf{R})$ の岩沢分解である．4.1 節の $GL(n, \mathbf{C})$ の岩沢分解と同様にして得られる．

$$ab = a(x_1, x_2, \ldots, x_n)b(x_1, x_2, \ldots, x_n) = \phi(x_1, x_2, \ldots, x_n)$$
$$a^{-1} = a(x_1, x_2, \ldots, x_n)^{-1} = \psi(x_1, x_2, \ldots, x_n)$$

としたとき，ϕ, ψ が連続関数になるとする．このとき位相群の条件 $(1), (2)$ が満たされるので，G は位相群となる．このような位相群を**連続群**という [17]．

つぎに位相群の間の連続写像 $f : G \to G'$ について調べる．解析学の重要な定理に，バナッハの開写像定理がある．

定理 2.43 （**バナッハの開写像定理**）　X, Y を完備なノルム空間（バナッハ空間）とし，$f : X \to Y$ を全射な連続線形作用素とすれば f は開写像である．

この類型として位相群の場合はつぎの命題が成立する．

命題 2.44　G, G' を局所コンパクトでハウスドルフな位相群とし，G は可算開基をもつとする．$f : G \to G'$ を連続な全射準同型写像とすれば，f は開写像である．

証明　最初に U を単位元 $e \in G$ を含む G の開集合とする．$f(U)$ が空でない開集合を含むことを示す．G は局所コンパクトでハウスドルフであるから，命題 2.17 より，ある開集合 V でもって $e \in \overline{V} \subset U$ かつ $\overline{V}$ はコンパクトとなるものがとれる．$G = \bigcup_{x \in G} xV$ と G の開被覆を作れば，G は可算開基をもつので，可算個の xV で被覆できる．$G = \bigcup_{i=1}^{\infty} x_i V$ とする．このとき $G' = f(G) = \bigcup_{i=1}^{\infty} f(x_i V)$ である．$x_i \overline{V}$ はコンパクトなので，命題 2.30 より $f(x_i \overline{V})$ はコンパクトである．よって命題 2.14 より $f(x_i \overline{V})$ は閉集合である．よってベールの定理（定理 2.18）より，ある $f(x_j \overline{V})$ は G' の空でない開集合 W' を含んでいる．このとき

---

[17] クラインは幾何学を変換群の作用による不変量として捉えることを提起し（エルランゲン・プログラム），そのもとでリーは連続変換群の研究を行った．その後，ワイルや É. カルタンにより理論化が進み，有限次元の連続群はリー群とよばれるようになる．

$$f(x_j^{-1})W' \subset f(x_j^{-1})f(x_j\overline{V}) = f(\overline{V}) \subset f(U)$$

となる．よって $f(U)$ は空でない開集合を含む．

　O を G の任意の開集合とする．任意の $x' \in f(O)$ が $f(O)$ の内点であることを示す．$x \in O$ を $f(x) = x'$ なる点とする．このとき $x^{-1}O$ は e を含む開集合である．よって e の開集合 U で $U^{-1}U \subset x^{-1}O$ となるものがとれる [18]．前半の議論より，$f(U)$ は空でない開集合 U' を含む．$y' \neq e \in U'$ をとり，$y \in U$ を $y' = f(y)$ なる U の要素とすれば

$$e' \in y'^{-1}U' \subset f(y)^{-1}f(U) = f(y^{-1}U) \subset f(U^{-1}U)$$
$$\subset f(x^{-1}O) = x'^{-1}f(O)$$

となる．よって $x' \in x'y'^{-1}U' \subset f(O)$ となり，x' は $f(O)$ の内点であることがわかる．ゆえに $f(O)$ は開集合である． ■

　つぎの補題もバナッハ空間のときの類型である．

補題 2.45　位相群 G の任意の部分集合 S に対して

$$\overline{S} = \bigcap_{e \in V} SV.$$

ただし V は e を含むすべての開集合を動く．

証明　$x \in \partial S$ とする．xV^{-1} は x を含む開集合である．よってある $x' \in S$ がとれて $x' = xv^{-1}(v \in V)$ と書ける．$x \in SV$ である．$S \subset SV$ は明らかなので $\overline{S} \subset SV$ となる．よって $\overline{S} \subset \bigcap_{e \in V} SV$ である．逆向きは補集合をとって示す．$x \notin \overline{S}$ とすると，$x \in \overline{S}^c$ であり，$\overline{S}^c$ は開集合なので，逆元の連続性より，e を含む開集合 V で $xV^{-1} \subset \overline{S}^c$ となるものが選べる．$xV^{-1} \cap S \subset \overline{S}^c \cap S = \emptyset$ より，$x \notin SV$ である．したがって $x \notin \bigcap_{e \in V} SV$ となる． ■

---

[18]$G \times G \to G, (a,b) \mapsto a^{-1}b$ の連続性から，e の開集合 V, W で $V^{-1}W \subset x^{-1}O$ となるものがとれる．$U = V \cap W$ とすればよい．

補題 2.46 位相群 G の閉集合 S とコンパクト集合 K が $S \cap K = \emptyset$ であれば，e の開集合 V が存在して

$$SV \cap KV = VS \cap VK = \emptyset.$$

証明 e を含む任意の開集合 W に対して，e を含む開集合 U で $UU^{-1}U \subset W$ となるものを選ぶ．補題 2.45 の S を SUU^{-1} にとり，V を U にとれば，$\overline{SUU^{-1}} \subset SUU^{-1}U \subset SW$ であり

$$\bigcap_{e \in U \subset W} \left(\overline{SUU^{-1}} \cap K \right) \subset \bigcap_{e \in W} \overline{SW} \cap K = \overline{S} \cap K = S \cap K = \emptyset$$

となる．よって補集合をとれば $\bigcup_{e \in U \subset W} (\overline{SUU^{-1}})^c \supset K$ となり，$(\overline{SUU^{-1}})^c$ の全体が K の開被覆になっている．このとき K がコンパクトなので有限被覆が選べる．すなわち

$$\bigcap_{i=1}^{m} \left(\overline{SU_iU_i^{-1}} \cap K \right) = \emptyset$$

である．$V = \bigcap_{i=1}^{m} U_i$ とおけば V は e を含む開集合となり，さらに

$$SVV^{-1} \cap K \subset \bigcap_{i=1}^{m} \overline{SU_iU_i^{-1}} \cap K = \emptyset$$

となる．よって $SV \cap KV = \emptyset$ である．同様に e を含む開集合 V' が存在して $V'S \cap V'K = \emptyset$ となる．ここで $V \cap V'$ を考えれば求める結果を得る．∎

2.3.2 等質空間

位相群 G の部分群を H とし，同値関係 $x \sim y$ を $xH = yH$ で定義する．右剰余集合 $G/\sim = G/H$ の位相を商空間（2.1.1 項）として入れたものを G の H による**等質空間**とよび，G/H で表す．左剰余集合 $H \backslash G$ についても同様である．このとき標準的全射

$$p : G \to G/H$$

は連続であり，等質空間 G/H への作用

$$\mu : G \times G/H \to G/H$$

を $\mu(g, xH) = gxH$ と定めれば，μ は連続である．とくに H が正規部分群のとき，G/H は群構造をもち，位相群となる．

◆**例 2.47** 位相群 G が位相空間 X に連続に作用しているとき，$x_0 \in X$ の固定化群 $G_{x_0} = \{g \in G \mid gx_0 = x_0\}$ は G の閉部分群となる．このとき G/G_{x_0} なる等質空間については3.1.4 項および3.2 節で詳しく調べる．例えばつぎのような同相が得られる（例 3.19，例 3.20）．

$$O(n)/O(n-1) \simeq S^{n-1},$$
$$U(n)/U(n-1) \simeq S^{2n-1},$$
$$Sp(n)/Sp(n-1) \simeq S^{4n-1},$$
$$SO(n)/SO(n-1) \simeq S^{n-1},$$
$$SU(n)/SU(n-1) \simeq S^{2n-1},$$
$$O(n)/(O(n-1) \times S^0) \simeq P(n, \mathbf{R}),$$
$$U(n)/(U(n-1) \times S^1) \simeq P(n, \mathbf{C}),$$
$$Sp(n)/(Sp(n-1) \times S^3) \simeq P(n, \mathbf{H}).$$

◆**例 2.48** G, G' を位相群とし，$f : G \to G'$ を群としての準同型写像とする．このとき $\ker f$ は G の正規部分群であり，等質空間 $G/\ker f$ は群構造をもつ．このような等質空間については2.3.4 項で調べる．例えば $K = \mathbf{R}, \mathbf{C}$ のとき，つぎのような位相群の同型が得られる（例 2.58）．

$$O(n)/SO(n) \cong S^0,$$
$$U(n)/SU(n) \cong S^1,$$
$$GL(n, K)/SL(n, K) \cong K^*.$$

命題 2.49 標準的全射 $p : G \to G/H$ は開写像である．

証明 O を G の開集合とする．$p(O)$ が開集合となることを示す．$p^{-1}(p(O)) =$

OH であり，OH は開集合 Oh $(h \in H)$ の和集合であるから開集合である． ■

命題 2.50 H が閉部分群のとき，G/H はハウスドルフである．

証明 G/H の異なる 2 点を xH, yH とする．このとき $x \notin yH$ である．$\{x\}$ はコンパクト集合，yH は閉集合である．よって補題 2.46 より，e を含む開集合 V が存在し，$Vx \cap VyH = \emptyset$ である．$H = HH^{-1}$ より $VxH \cap VyH = \emptyset$ である．このとき Vx, Vy は G の開集合であり，命題 2.49 より VxH, VyH はそれぞれ G/H の 2 点 xH, yH を含む開集合である．よって G/H はハウスドルフである． ■

命題 2.51 G を位相群，H をその部分群とする．$H, G/H$ が連結のとき，G も連結となる．

証明 G を非連結として矛盾を導く．O_1, O_2 を G の空でない開集合とし，$G = O_1 \cup O_2$, $O_1 \cap O_2 = \emptyset$ とする [19]．射影 $p : G \to G/H$ は開写像であるから，$G/H = p(O_1) \cup p(O_2)$ のように開集合の和で書ける．いま $p(O_1) \cap p(O_2) \neq \emptyset$ とすると，ある $a_1, a_2 \in G$ が存在して

$$a_1 \in O_1,\ a_2 \in O_2,\quad a_1 H = a_2 H \in p(O_1) \cap p(O_2)$$

となる．このとき $G = O_1 \cup O_2$, $O_1 \cap O_2 = \emptyset$ より

$$a_1 H \subset O_1 \cup O_2,\quad a_1 H \cap O_1 \cap O_2 = \emptyset$$

である．H が連結なので，$a_1 H$ も連結である．よって $a_1 H \cap O_1 \neq \emptyset$ であるから，$a_1 H \subset O_1$ でなくてはならない．同様にして $a_2 H \subset O_2$ である．よって $a_1 H = a_2 H \in O_1 \cap O_2$ となり，$O_1 \cap O_2 = \emptyset$ に矛盾する．また $p(O_1) \cap p(O_2) = \emptyset$ とすると，$G/H = p(O_1) \cup p(O_2)$ に注意すれば，G/H が連結であることに矛盾する．いずれの場合も矛盾が生じる． ■

---

[19] 対偶をとると，X が非連結であるとは，ある空でない開集合 O_1, O_2 が存在して，$X = O_1 \cup O_2$, $O_1 \cap O_2 = \emptyset$ となることである．

2.3.3 連続断面と同型

命題 1.13（命題 1.36）を位相群 G の場合に拡張すると，つぎのようになる．

命題 2.52 標準的全射 $p: G \to G/H$ の連続な断面 $s: G/H \to G$ が存在すれば，位相空間として
$$G \simeq (G/H) \times H$$
である．

証明 命題 1.36 の証明で用いた f, g は連続である．実際，$p: G \to G/H$，$s: G/H \to G$ が連続なことから，f, g の連続性が得られる．よって f, g は同相写像となる． ■

◆例 2.53 4.3 節の極分解によれば，$GL(n, \mathbf{C})$ の要素 g は
$$g = hu, \ h \in \mathrm{Herm}_+(n, \mathbf{C}), \ u \in U(n)$$
と一意に分解する．$\mathrm{Herm}_+(n, \mathbf{C})$ は n 次正定値エルミート行列の全体である．射影 $p: G \to G/U(n)$ の断面 $s: G/U(n) \to G$ を
$$s(gU) = h$$
とすれば連続となる．よって，位相空間として
$$GL(n, \mathbf{C}) \simeq (GL(n, \mathbf{C})/U(n)) \times U(n)$$
$$\simeq \mathrm{Herm}_+(n, \mathbf{C}) \times U(n)$$
である．行列の指数写像（例6.8）により，n 次エルミート行列の全体 $\mathrm{Herm}(n, \mathbf{C})$ と $\mathrm{Herm}_+(n, \mathbf{C})$ は同相であり，前者は $\mathbf{R}^{n^2}$ と同相である [20]．よって
$$GL(n, \mathbf{C}) \simeq U(n) \times \mathbf{R}^{n^2}$$

---

[20] [27], 命題 97, 補題 98 参照．

となる. 同様に, 位相空間としてつぎの同型を得る.

$$GL(n, \mathbf{R}) \simeq O(n) \times \mathbf{R}^{n(n+1)/2},$$
$$GL(n, \mathbf{H}) \simeq Sp(n) \times \mathbf{R}^{n(2n-1)}.$$

✔**注意 2.54**　この例題のように非コンパクトな位相群 G をコンパクトな部分群 H とユークリッド空間 $\mathbf{R}^n$ の位相空間としての直積として

$$G \simeq H \times \mathbf{R}^n$$

と表すことを, **極分解**や**岩沢分解**などという. つぎのような分解が知られている[21].

$$SL(n, \mathbf{R}) \simeq SO(n) \times \mathbf{R}^{(n+2)(n-1)/2},$$
$$SL(n, \mathbf{C}) \simeq SU(n) \times \mathbf{R}^{n^2-1},$$
$$O(n, \mathbf{C}) \simeq O(n) \times \mathbf{R}^{n(n-1)/2},$$
$$Sp(n, \mathbf{R}) \simeq U(n) \times \mathbf{R}^{n(n+1)},$$
$$Sp(n, \mathbf{C}) \simeq Sp(n) \times \mathbf{R}^{n(2n+1)},$$
$$O(m, n) \simeq O(m) \times O(n) \times \mathbf{R}^{mn}.$$

2.3.4　位相群の同型

G, G' を位相群とする. 群としての準同型写像 $f : G \to G'$ が連続写像であるとき, f を**連続準同型写像**あるいは単に**準同型写像**とよぶ. さらに f が全単射で f^{-1} も連続準同型であるとき, G と G' は位相群として**同型**であるといい,

$$G \cong G'$$

と表す. f が連続かつ開写像であるとき, **開連続準同型写像**とよぶ. 群の準同型定理に対応する位相群の準同型定理はつぎの形になる.

---

[21] 一般の連結リー群に対しては, **カルタン・マルチェフ・岩澤の定理**として知られている.

定理 2.55 $f : G \to G'$ が全射な開連続準同型写像のとき, 位相群として

$$G/\ker f \cong G'$$

が成立する.

証明　群の準同型定理 (定理 1.24) より, 群の同型として $G/\ker f \cong G'$ が成立する. $\widetilde{f} : G/\ker f \to G'$ を $\widetilde{f}(x \ker f) = f(x)$ と定めれば [22], 命題 2.37 により $\widetilde{f}$ は連続である. $G/\ker f$ の開集合を O とすると, 商位相の定義より, 標準的全射 p に対して $p^{-1}(O)$ は G の開集合である. f が開写像なので, $\widetilde{f}(O) = f(p^{-1}(O))$ は開集合となる. よって $\widetilde{f}$ は開写像であり, 命題 2.34 より $\widetilde{f}$ は同相である.　∎

　以下の 2 つの定理は定理 2.55 において f が開写像であることの仮定を落とせる場合である.

定理 2.56 G をコンパクト群, G' をハウスドルフ群とする. $f : G \to G'$ が全射な連続準同型写像のとき, 位相群として

$$G/\ker f \cong G'$$

が成立する.

証明　命題 2.36 より $G/\ker f$ はコンパクトである. よって, 命題 2.35 より $\widetilde{f} : G/\ker f \to G'$ は同相である.　∎

定理 2.57 G, G' を局所コンパクトでハウスドルフな位相群とし, G は可算開基をもつとする. $f : G \to G'$ が全射な連続準同型写像のとき, 位相群として

$$G/\ker f \cong G'$$

が成立する.

---

[22] $\widetilde{f}$ がきちんと定義されるには代表元の取り方によらないことを示す必要がある. $x \ker f = y \ker f$ のとき, $y^{-1}x \in \ker f$ より $e = f(y^{-1}x) = f(y)^{-1}f(x)$ となり, $f(x) = f(y)$ である.

証明 命題 2.44 より f は開写像となる．よって定理 2.55 より明らかである． ∎

◆**例 2.58** $K = \mathbf{R}, \mathbf{C}$ のとき，行列式 $\det : GL(n, K) \to K$ は連続な準同型写像である．上述の定理を用いれば，位相群として

$$GL(n, K)/SL(n, K) \cong K^*$$

である．同様につぎの同型も得られる．

$$O(n)/SO(n) \cong S^0,$$
$$U(n)/SU(n) \cong S^1.$$

2.4　リー群

位相群 G には群と位相が定義され，群の積と逆元を対応させる写像が連続となることにより，群と位相の 2 つの概念が関係した．ここではこの連続性をより強い解析性で置き換えたリー群を紹介する．解析性を定義するには局所ユークリッド空間としての構造が必要となり，G は多様体であることが要求される．多様体に関しては 5.1 節で触れるが，本書では $GL(n, K)$ の閉部分群としての線形リー群を具体的に扱うので，多様体としての構造やその解析性を強く意識する必要はない．

2.4.1　リー群

集合 G が群であり，かつ解析多様体（5.1 節）であるとする．さらにつぎの条件を満たすとき，G は**リー群**とよばれる[23]．

(1)　$G \times G$ から G への写像 $(x, y) \mapsto xy$ は**解析的**である[24]．
(2)　G から G への写像 $x \mapsto x^{-1}$ は解析的である．

---

[23] 詳しくは [1], [6], [7], [12], [15] を参照されたい．
[24] 写像の解析性については，5.1.1 項で定義する．実関数において，関数がある近傍で解析的であるとは，C^∞ 級かつテイラー級数が収束することである．複素関数においては正則（近傍で微分可能）であることと解析的であること，すなわち C^∞ 級かつテイラー級数が収束することは同値である．

G が複素構造をもち，上述の 2 つの写像が複素解析的（正則）となるとき，G は**複素リー群**とよばれる．そうでないときは**実リー群**とよぶ．リー群 G の部分群 H が G の部分多様体でありかつ相対位相でリー群であるとき，**リー部分群** とよばれる．

　2 つのリー群 G, G' に対して位相群 $G \times G'$ はリー群となる．リー群の定義 (1), (2) に現れる解析的という条件を C^∞ 級あるいは単に C^0 級で置き換えることができる．実際，群と局所ユークリッド空間の構造があるので，C^0 級の条件から解析的な多様体の構造が一意に決まる[25]．またリー群 G の部分群 H が G の解析部分多様体であれば，H は G のリー部分群となる[26]．とくにつぎの定理により，H が実リー群 G の閉部分群であれば，H の部分多様体としての位相を G の相対位相にとれる．H は G の解析部分多様体となり，G のリー部分群となる．

定理 2.59（**フォン・ノイマン，カルタン**）　H を実リー群 G の閉部分群とする．このとき H を一意に G のリー部分群にすることができる[27]．

◆**例 2.60**　$K = \mathbf{R}, \mathbf{C}, \mathbf{H}$ とすると，K^n はリー群である．

◆**例 2.61**　リー群 G の単位元を含む連結成分 G_0 はリー群である．

◆**例 2.62**　$K = \mathbf{R}, \mathbf{C}, \mathbf{H}$ とする．$GL(n, K)$ はリー群である．実際，$M(n, K)$ はユークリッド空間 K^{n^2} と同相なので解析多様体であり，$GL(n, K)$ はその開集合なので解析多様体となる．さらに積と逆行列は各成分の有理式として書くことができるので，解析的である．

---

[25]ヒルベルトの第 5 問題「位相群が局所ユークリッド空間と同相であるとき，リー群となるか」については，1952 年にモントゴメリーとジッピンにより肯定的に解決された．[7], 1.4 節を参照されたい．

[26][15], 命題 3.6.2 参照．

[27]フォン・ノイマンは $G = GL(n, \mathbf{R})$ のとき，その閉部分群 H が解析多様体となることを示した．É. カルタンはその結果を一般のリー群に拡張した．[12], 2.2 節，[15], 定理 3.6.5, [7], 5.5 節，[31], 4.14 節を参照されたい．

◆**例 2.63** $F : GL(n, \mathbf{R}) \to \mathbf{R}^m$ を連続な写像とし，H を

$$H = \{g \in GL(n, \mathbf{R}) \mid F(g) = \mathbf{0}\}$$

で定義される閉部分群とする．H は $GL(n, \mathbf{R})$ のリー部分群となる．

2 つのリー群 G, G' に対して準同型写像

$$f : G \to G'$$

が解析的な写像であるとき，**解析的準同型写像**あるいは単に**準同型写像**とよぶ．さらに f が全単射で f^{-1} も解析的準同型であるとき，G と G' は**解析的同型**あるいは**リー群として同型**であるといい，

$$G \cong G'$$

と表す．f, f^{-1} の解析性を C^r 級に置き換えた場合は，$\boldsymbol{C^r}$ **級同型**という．C^0 級同型は位相群としての同型に他ならない（2.3.4 項）．

$GL(n, \mathbf{R})$ の閉部分群として得られるリー群を**線形リー群**とよぶ．

| **命題 2.64** | 線形リー群の直積は線形リー群である．

証明 $GL(m, \mathbf{R}) \times GL(n, \mathbf{R})$ は線形リー群である．実際 $GL(m, \mathbf{R}) \times GL(n, \mathbf{R})$ は $GL(m + n, \mathbf{R})$ に

$$\begin{pmatrix} A_m & \mathbf{0} \\ \mathbf{0} & A_n \end{pmatrix}, \quad A_m \in GL(m, K), \ A_n \in GL(n, K)$$

の形で解析的に埋め込める．$g \in GL(m + n, \mathbf{R})$ がこの部分群の要素となる必要十分条件は $gI_{m,n} = I_{m,n}g$（$I_{m,n}$ は 1.3.4 項）である．よって $GL(m, \mathbf{R}) \times GL(n, \mathbf{R})$ は $GL(m + n, \mathbf{R})$ の閉部分群となり，定理 2.59 より線形リー群である．ここで G, G' を線形リー群とすれば，それぞれ $GL(m, \mathbf{R})$, $GL(n, \mathbf{R})$ の閉部分群である．このとき $G \times G'$ は $GL(m, \mathbf{R}) \times GL(n, \mathbf{R})$ の閉部分群となり，したがって $GL(m + n, \mathbf{R})$ の閉部分群となる．よって定理 2.59 より $G \times G'$ は線形リー群である． ∎

◆**例 2.65**　$GL(n, \mathbf{C})$ は線形リー群であり，その閉部分群も線形リー群となる．
実際，写像 $f : GL(n, \mathbf{C}) \hookrightarrow GL(2n, \mathbf{R})$ を

$$f(X) = f(A + Bi) = \begin{pmatrix} A & -B \\ B & A \end{pmatrix}$$

で定義すれば，f は $GL(n, \mathbf{C})$ から $GL(2n, \mathbf{R})$ の閉部分群 $f(GL(n, \mathbf{C}))$ への
同型写像となる．よって $GL(n, \mathbf{C})$ は線形リー群である．$GL(n, \mathbf{C})$ の閉部分
群 G に対しても，$f(G) \cong G$ が $GL(2n, \mathbf{R})$ の閉部分群となり，G は線形リー
群である．

◆**例 2.66**　$G = GL(n, \mathbf{Q})$ をその成分が有理数からなる n 次正則行列の全体
とすれば，G は $GL(n, \mathbf{R})$ の部分群である．しかし，閉集合でないので線形リー
群ではない．

◆**例 2.67**　無理数 λ に対して

$$G_\lambda = \left\{ \begin{pmatrix} \cos\theta & -\sin\theta & 0 & 0 \\ \sin\theta & \cos\theta & 0 & 0 \\ 0 & 0 & \cos(\lambda\theta) & -\sin(\lambda\theta) \\ 0 & 0 & \sin(\lambda\theta) & \cos(\lambda\theta) \end{pmatrix} \,\middle|\, \theta \in \mathbf{R} \right\}$$

とすると，G_λ は線形リー群ではない．実際 G_λ は $GL(4, \mathbf{R})$ の閉部分群とはな
らない．その閉包は 2 次元トーラス $SO(2) \times SO(2)$ となる [28]．

◆**例 2.68**　3 次元の実ハイゼンベルグ群 G と $Z(G)$ に含まれる部分群 Γ を以
下のように与える [29]．

$$G = \left\{ \begin{pmatrix} 1 & x & z \\ 0 & 1 & y \\ 0 & 0 & 1 \end{pmatrix} \,\middle|\, x, y, z \in \mathbf{R} \right\} \supset \Gamma = \left\{ \begin{pmatrix} 1 & 0 & n \\ 0 & 1 & 0 \\ 0 & 0 & 1 \end{pmatrix} \,\middle|\, n \in \mathbf{Z} \right\}.$$

---

[28] [12], 第 4 章，第 5 章を参照のこと．
[29] G は**ハイゼンベルグ群**とよばれる．

G は線形リー群であり, Γ は G の正規部分群となる. このとき G/Γ はリー群となる (2.4.2 項参照). しかし G/Γ は行列の形で表すことができず, 線形リー群ではないことが知られている [30].

◆**例 2.69** $Sp(n, \mathbf{R})$ の 2 重被覆群, すなわち $Mp(n, \mathbf{R})/\{\pm I\} \cong Sp(n, \mathbf{R})$ となる**メタプレクティック群** $Mp(n, \mathbf{R})$ は行列の形で表すことができず, 線形リー群ではない [31].

2.4.2 リー群の等質空間

リー群 G に対して, 2.2.2 項の議論はつぎのように拡張される. G の閉部分群を H とする. このとき標準的全射

$$p : G \to G/H$$

および $\mu(g, xH) = gxH$ で定義される G の G/H への作用

$$\mu : G \times G/H \to G/H$$

が解析的になるように, G/H に解析多様体の構造を一意に入れることができる [32]. このような G/H を**等質多様体**あるいは**等質空間**とよぶ. G は G/H の**リー変換群**とよばれ, G/H に推移的に作用している (3.1.3 項). とくに H が正規部分群のとき, G/H はリー群となり, **商リー群**とよばれる. 左剰余集合に関しても同様である.

◆**例 2.70** 射影空間 (2.2.3 項), 旗多様体 (3.2.2 項), グラスマン多様体 (3.2.3

---

[30] G.Birkhoff, Lie groups simply isomorphic to no linear group, *Bull. Amer. Math. Soc.*, **42** (1936), 883–888.

[31] リー群が行列表示できるか否かは, 忠実な表現の存在問題である. 例えば複素半単純リー群は忠実な表現をもつ. 判定条件については [33], 第 18 章で述べられている.

[32] [7], 定理 6.28 を参照のこと. 6.1 節より G, H のリー環を $\mathfrak{g}, \mathfrak{h}$ とし, $\mathfrak{h}$ の補空間 $\mathfrak{q}$ を選び, $\mathfrak{g} = \mathfrak{h} + \mathfrak{q}$ とする. $\exp : \mathfrak{g} \to G$ を指数写像とし, $p \circ \exp : \mathfrak{q} \to G/H$ を考える. この写像は局所同相となり, G/H の H 近傍に局所ユークリッド空間の構造が入る. これを G の作用で移して G/H に多様体の構造を入れることができる.

項) などの空間は，リー群 G の閉部分群 H による等質多様体 G/H と同相となる．よって等質多様体である[33]．

　等質多様体 G/H への G の作用 $G \curvearrowright G/H$ の一般型として，解析多様体 M[34]への G の作用 $G \curvearrowright M$，すなわち

$$\tau : G \times M \to M$$

を考えるのは自然である．このとき G の作用が推移的でなめらかであれば，M は多様体としてある等質多様体 G/H と同型になる．本書では多様体としての同型は扱わないが，第 3 章では位相空間として $M \simeq G/H$ の同相を示す（3.2 節）．また M に距離と対称が定義され，M がリーマン対称空間になったときの M と等質空間 G/H との関係や M の分類については第 II 部の第 5 章，第 6 章で詳しく調べる．

---

[33]詳しくは [23]，第 4 章，§19 を参照されたい．
[34]5.1.2 項参照．

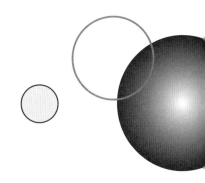

第3章

群の作用

　第1章と第2章では群と位相の定義を復習するとともに，位相群やリー群およびその等質空間を定義した．多くの例を扱ったが，この章ではそれらを群の作用という視点から見直していく．

3.1　位相変換群

　G を群とし，M を集合とする．1.1.8 項と同様に G が M へ作用すること，すなわち $G \curvearrowright M$ をつぎのように定義する[1]．

> **定義 3.1**　　写像 $\mu : G \times M \to M$ が G の M への**作用**であるとは
>
> (1)　すべての $g, h \in G$ とすべての $p \in M$ に対して，$\mu(gh, p) = \mu(g, \mu(h, p))$,
>
> (2)　すべての $p \in M$ に対して，$\mu(e, p) = p$
>
> が成り立つことである．

　このとき G を**変換群**，M を G **集合**という．群の積と同じ記号を用いて，$\mu(g, m) = g \cdot m$ あるいは gm と略す．とくに G が位相群，M が位相空間の場合に，$G \times M$ に直積位相を入れて $\mu : G \times M \to M$ が連続となるとき，G を位

---

[1] 以下では左作用で議論を進めるが，1.1.8 項と同様に右作用も定義できる．

相変換群, M を G **空間**とよぶ. 単に"位相群 G が位相空間 M に作用する"ともいう. 以下では位相変換群 G と G 空間 M の例を挙げる.

◆**例 3.2** $G = S_n$ (n 次対称群), $M = \{1, 2, \ldots, n\}$ [2)].

$$\mu(\sigma, i) = \sigma(i) \quad (\text{置換}).$$

◆**例 3.3** 線形リー群 $G \subset GL(n, K)$, $M = K^n$.

$$\mu(g, \boldsymbol{v}) = g\boldsymbol{v}.$$

◆**例 3.4** $G = O(n)$, $M = S^{n-1}$ ($n - 1$ 次元球面).

$$\mu(g, \boldsymbol{v}) = g\boldsymbol{v}.$$

◆**例 3.5** $G = O(n)$, $M = P(n, \mathbf{R})$ (実 $n - 1$ 次元射影空間 [3)]).

$$\mu(g, X) = gXg^*.$$

◆**例 3.6** $G = SL(2, \mathbf{R})$, $M = \{z = x + yi \in \mathbf{C} \mid y > 0\}$ (上半平面).

$$\mu(g, z) = \frac{az + b}{cz + d}, \quad g = \begin{pmatrix} a & b \\ c & d \end{pmatrix} \quad (\text{一次分数変換}).$$

◆**例 3.7** $G = M$ は位相群.

$$\mu(g, h) = gh \quad (\text{左作用}).$$

◆**例 3.8** $G = M$ は位相群.

$$\mu(g, h) = ghg^{-1} \quad (\text{内部自己同型}).$$

[2)] G, M には各点が開集合となる離散位相を入れる.
[3)] 2.2.3 項を参照のこと.

◈**例 3.9** $G = G_1 \times G_1$, G_1 は位相群, $M = G_1$.

$$\mu((g_1, g_2), g) = g_1 g g_2^{-1}.$$

◈**例 3.10** $G = GL(n, \mathbf{R})$, $M = \{\, n$ 次対称行列 $\}$.

$$\mu(g, v) = g v \, {}^t g.$$

◈**例 3.11** $G = O(n)$, $M = \{V \subset \mathbf{R}^n \mid V$ は k 次元線形部分空間 $\}$, $0 < k < n$ (実グラスマン多様体[4])).

$$\mu(g, V) = gV = \{gv \mid v \in V\}.$$

3.1.1 自由

$G \curvearrowright M$ とする. $g \in G$ の作用について

$$\text{"ある } M \text{ の点 } p \text{ に対して } g \cdot p = p\text{"} \implies g = e$$

が成り立つとき, その作用は**自由**であるという. 対偶をとれば, $g \neq e$ ならば, すべての点 p に対して $g \cdot p \neq p$ となること, すなわち $g \neq e$ の作用による不動点がないことである. 例えば G の $M = G$ への左作用 (例 3.7) は自由である.

3.1.2 効果的

$G \curvearrowright M$ とする. $g \in G$ の作用について

$$\text{"すべての } M \text{ の点 } p \text{ に対して } g \cdot p = p\text{"} \implies g = e$$

が成り立つとき, その作用は**効果的**であるという. 自由な作用は効果的である. 例えば $G = O(n)$ の $M = S^{n-1}$ への作用 (例 3.4) は効果的である. 実際, S^{n-1} の任意の要素 $\boldsymbol{v}$ に対して, $g \in G$ が $g\boldsymbol{v} = \boldsymbol{v}$ を満たすとする. このとき

---

[4] 3.2.3 項を参照のこと.

$\mathbf{R}^n$ の任意の $\boldsymbol{u} \neq \boldsymbol{0}$ に対して

$$g\boldsymbol{u} = g\left(\|\boldsymbol{u}\|\frac{\boldsymbol{u}}{\|\boldsymbol{u}\|}\right) = \|\boldsymbol{u}\|g\left(\frac{\boldsymbol{u}}{\|\boldsymbol{u}\|}\right) = \|\boldsymbol{u}\|\frac{\boldsymbol{u}}{\|\boldsymbol{u}\|} = \boldsymbol{u}$$

となる．したがって $g = e = I_n$（単位行列）である．

ところで $n \geq 2$ のとき，この作用は自由ではない．実際，S^{n-1} の任意の点 $\boldsymbol{p}$ に対して，原点と $\boldsymbol{p}$ を結ぶ直線を軸とする回転を $g_{\boldsymbol{p}} \in O(n)$ とすると [5]，$g_{\boldsymbol{p}}\boldsymbol{p} = \boldsymbol{p}$ である．よって，この作用は自由ではない．

3.1.3 推移的

$G \curvearrowright M$ とする．任意の $p, q \in M$ に対して，ある $g \in G$ が存在して

$$g \cdot p = q$$

が成り立つとき，その作用は**推移的**であるという．例えば例 3.2，例 3.4〜例 3.7，例 3.9，例 3.11 は推移的な作用であるが，例 3.3 や $G = \{e\}$ でないときの例 3.8 は推移的ではない．実際，それぞれの零ベクトル $\boldsymbol{0}$ と単位元 e は固定されるので，別の要素に移すことはできない．

集合 M に群が推移的に作用しているとき，M は**等質**である，あるいは**等質集合**という．M が等質集合とよばれる理由は，次節の命題 3.17 により，等質集合（1.1.3 項）として $M \approx G/H$ と表されることによる．

3.1.4 固定化群と等質集合

群 G が集合 M に推移的に作用しているとき，$p_0 \in M$ に対して

$$G_{p_0} = \{g \in G \mid gp_0 = p_0\}$$

とする．G_{p_0} は G の部分群となる．この群を p_0 の**等方部分群**，**固定部分群**あるいは**固定化群**という．

---

[5] $n = 2$ のとき，$g_{\boldsymbol{p}}$ は直線を軸とする線対称である．

◆**例 3.12**　$G = \mathbf{R}$, $M = S^1$.

$$\mu(\theta, a) = e^{2\pi i\theta}a \quad (\theta \in \mathbf{R},\ a \in S^1)$$

とする．この作用は推移的である．実際，任意の 2 点 $a = e^{2\pi i\theta_a}$, $b = e^{2\pi i\theta_b} \in S^1$ に対して $e^{2\pi i(\theta_b - \theta_a)}a = b$ となる．このとき任意の $a \in S^1$ に対して $G_a = \mathbf{Z}$ である．

◆**例 3.13**　$O(n) \curvearrowright S^{n-1}$ の作用 $g\boldsymbol{v}$（例 3.4）は推移的である．実際，任意の 2 点を $\boldsymbol{a}, \boldsymbol{b} \in S^{n-1}$ とする．$\boldsymbol{a} \in S^{n-1}$ に対して，$\mathbf{R}^n$ の正規直交基底を $\boldsymbol{a}_1, \boldsymbol{a}_2, \ldots, \boldsymbol{a}_{n-1}, \boldsymbol{a}$ のようにとることができる．このとき，これらの縦ベクトルを横に並べた $n \times n$ 行列 $A = (\boldsymbol{a}_1\boldsymbol{a}_2\ldots\boldsymbol{a}_{n-1}\boldsymbol{a})$ は $O(n)$ の要素である．$\boldsymbol{e}_n = (0, 0, \ldots, 0, 1) \in S^{n-1}$ とすると $A\boldsymbol{e}_n = \boldsymbol{a}$ である．同様に $B\boldsymbol{e}_n = \boldsymbol{b}$ となる $B \in O(n)$ をとる．このとき $BA^{-1}\boldsymbol{a} = B\boldsymbol{e}_n = \boldsymbol{b}$ である．よって作用は推移的である．$\boldsymbol{e}_n$ の固定化群はつぎのようになる．

$$G_{\boldsymbol{e}_n} = \begin{pmatrix} O(n-1) & \boldsymbol{0} \\ \boldsymbol{0} & 1 \end{pmatrix} \cong O(n-1).$$

◆**例 3.14**　$O(n) \curvearrowright P(n, \mathbf{R})$ の作用（例 3.5）は推移的である．実際，任意の $X, Y \in P(n, \mathbf{R})$ に対して 2.2.3 項に注意すれば，$X = AE_{nn}A^*$, $Y = BE_{nn}B^*$ なる $A, B \in O(n)$ がとれる．このとき $BA^{-1} \in O(n)$ に対して，$(BA^{-1})\, X\, (BA^{-1})^* = BE_{nn}B^* = Y$ となる．よって作用は推移的である．E_{nn} の固定化群はつぎのようになる．

$$G_{E_{nn}} = \begin{pmatrix} O(n-1) & \boldsymbol{0} \\ \boldsymbol{0} & S^0 \end{pmatrix} \cong O(n-1) \times S^0, \quad S^0 = \{\pm 1\}.$$

◆**例 3.15**　$SL(2, \mathbf{R}) \curvearrowright H_+$（上半平面）の作用（例 3.6）は推移的である．実際，任意の 2 点を $z, z' \in H_+$ とする．以下では $\mu(g, z)$ を $g \cdot z$ で表すことにする．例 2.42 より $a(t), n(x) \in SL(2, \mathbf{R})$ である．このとき $z \in H_+$ に対して $n(x) \cdot z = z + x$, $a(t) \cdot z = e^{2t}z$ と作用する．よって，ある $x, x', t, t' \in \mathbf{R}$ が

存在して $z = n(x)a(t) \cdot i$, $z' = n(x')a(t') \cdot i$ となる. このとき

$$n(x')a(t')(n(x)a(t))^{-1} \cdot z = n(x')a(t') \cdot i = z'$$

となり, 作用は推移的である.

つぎに i の固定化群を求める.

$$g \cdot i = \frac{ac + bd}{c^2 + d^2} + \frac{1}{c^2 + d^2} i, \quad g = \begin{pmatrix} a & b \\ c & d \end{pmatrix}, \ ad - bc = 1$$

より, $g \cdot i = i$ とすると $ac + bd = 0$, $c^2 + d^2 = 1$ となる. よって $c = \sin\theta$, $d = \cos\theta$ とおくことができ, $g = k(\theta)$ と書けることがわかる. i の固定化群は $SO(2)$ である.

$SL(2, \mathbf{R}) \curvearrowright H_+$ の作用は効果的ではない. 実際, $(-I_2) \cdot z = z$ である.

◆**例 3.16** 群 G の部分群を H とし, $M = G/H$ を G の H による剰余集合とする. G は G/H に

$$\mu(g, xH) = gxH$$

と作用する. この作用は推移的である. 実際, 任意の $xH, yH \in G/H$ に対して, $(yx^{-1})xH = yH$ である. また $G_H = H$ である.

群が推移的に作用している意味での等質集合 (3.1.3 項) は, すべて剰余集合の形に書ける. つぎの命題はこのことを保証する.

命題 3.17 群 G が集合 M に推移的に作用していれば, 任意の $x_0 \in M$ に対して集合として

$$G/G_{x_0} \approx M$$

となる.

証明 $\widetilde{p} : G/G_{x_0} \to M$ を $\widetilde{p}(gG_{x_0}) = gx_0$ と定める. $\widetilde{p}$ がきちんと定義されるには代表元の取り方によらないことを示す必要がある. $gG_{x_0} = hG_{x_0}$ とする

と，$h^{-1}g \in G_{x_0}$ となり，$h^{-1}gx_0 = x_0$ である．よって $gx_0 = hx_0$ となる．つぎに単射であることを示す．$gx_0 = g'x_0$ とすると，$g'^{-1}g \in G_{x_0}$ となるので $g'G_{x_0} = gG_{x_0}$ となる．よって $\widetilde{p}$ は単射である．G の M への作用は推移的なので，任意の $x \in M$ に対して $g \in G$ を $gx_0 = x$ と選ぶことができる．このとき $\widetilde{p}(gG_{x_0}) = gx_0 = x$ となるので，$\widetilde{p}$ は全射である． ■

3.2 等質空間

位相空間 X に G が推移的に作用すると，命題 3.17 により，集合として $G/G_{x_0} \approx X$ であった．この節ではこの集合としての同型がどのようなときに位相空間として同型（同相）となるかを考える．

命題 3.18 コンパクト群 G がハウスドルフ空間 X に推移的に作用していれば，任意の $x_0 \in X$ に対して位相空間として

$$G/G_{x_0} \simeq X$$

となる．

証明 命題 3.17 で示したように，$\widetilde{p} : G/G_{x_0} \to X$ を $\widetilde{p}(gG_{x_0}) = gx_0$ と定めれば，集合としての同型を与える．$p : G \to X$ を $p(g) = gx_0$ と定めれば連続である．また $q : G \to G/G_{x_0}$ を $q(g) = gG_{x_0}$ と定めれば連続である．このとき $p = \widetilde{p} \circ q$ であり，命題 2.37 より $\widetilde{p}$ は連続である．命題 2.36 より G/G_{x_0} はコンパクトであり，仮定により X はハウスドルフである．よって命題 2.35 より $\widetilde{p}$ は同相写像である． ■

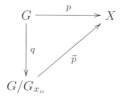

◆**例 3.19**　例 3.13 の $O(n) \curvearrowright S^{n-1}$ の推移性は $O(n)$ を $G(n, K)$ (1.3.2 項),
S^{n-1} を S_K^{n-1} (1.3.7 項) に置き換えても成立する. よって,命題 3.18 よりつ
ぎの同相を得る.

$$O(n)/O(n-1) \simeq SO(n)/SO(n-1) \simeq S^{n-1},$$
$$U(n)/U(n-1) \simeq SU(n)/SU(n-1) \simeq S^{2n-1},$$
$$Sp(n)/Sp(n-1) \simeq S^{4n-1}.$$

◆**例 3.20**　例 3.14 の $O(n)$ の $P(n, \mathbf{R})$ への作用の推移性は,$O(n)$ を $G(n, K)$,
$P(n, \mathbf{R})$ を $P(n, K)$ に置き換えても成立する. S^0, S^1, S^3 を 1.3.7 項のように
定めれば,命題 3.18 より位相空間として以下のように同相となる.

$$O(n)/(O(n-1) \times S^0) \simeq P(n, \mathbf{R}),$$
$$U(n)/(U(n-1) \times S^1) \simeq P(n, \mathbf{C}),$$
$$Sp(n)/(Sp(n-1) \times S^3) \simeq P(n, \mathbf{H}).$$

$\boxed{\textbf{命題 3.21}}$　可算開基をもつ局所コンパクトでハウスドルフな位相群 G が,
局所コンパクトでハウスドルフな位相空間 X に推移的に作用していれば,任意
の $x_0 \in G$ に対して位相空間として

$$G/G_{x_0} \simeq X$$

となる.

証明　命題 3.18 の証明と同様に $p, q, \widetilde{p}$ を定めれば,$\widetilde{p} : G/G_{x_0} \to X$ は連続で,
集合としての同型を与え,$p : G \to X$ は連続で全射である. よって命題 2.44
と同様の証明を適用すれば,$\widetilde{p}$ は開写像となる. よって命題 2.34 より $\widetilde{p}$ は同相
写像となる.　　　　　　　　　　　　　　　　　　　　　　　　　　　■

◆**例 3.22**　例 3.6 の作用 $SL(2, \mathbf{R}) \curvearrowright H_+$（上半平面）は推移的であり,$i \in H_+$
の固定化群は $SO(2)$ である（例 3.15）. 命題 3.21 により位相空間として以下の

ように同相となる.

$$SL(2, \mathbf{R})/SO(2) \simeq H_+.$$

3.2.1 連続断面と同相

位相群 G の部分群を H とする. G は等質空間 G/H に推移的に作用した (例 3.16). さらに命題 2.52 によれば, 標準的全射 $p : G \to G/H$ の連続な断面が存在するとき, 位相空間として $G \simeq (G/H) \times H$ となった. このことを, G が推移的に作用する一般の位相空間 X に拡張する.

| **命題 3.23** | 位相群 G が位相空間 X に推移的に作用しているとする. $x_0 \in X$ に対して G_{x_0} をその固定化群, $p : G \to X$ を $p(g) = gx_0$ と定める. もし p の連続な断面 $s : X \to G$ が存在するならば, 位相空間として

$$G \simeq X \times G_{x_0}$$

である.

証明 命題 1.36 を参考に, $u : G \to X \times G_{x_0}$ および $v : X \times G_{x_0} \to G$ を

$$u(g) = (p(g), (s(p(g)))^{-1}g),$$
$$v(p(g), h) = s(gG_{x_0})h$$

とすれば, 命題 1.36, 命題 2.52 と同様に証明できる. ∎

◆**例 3.24** $G = U(n)$ の S^1 への作用を

$$\mu(A, a) = (\det A)a \quad (A \in U(n),\ a \in S^1)$$

と定める. $x_0 = 1 \in S^1$ として, $p : U(n) \to S^1$ を $p(A) = \mu(A, 1) = \det A$ とすれば, $G_{x_0} = SU(n)$ となる. また $s : S^1 \to U(n)$ を

$$s(a) = \begin{pmatrix} a & & & \\ & 1 & & \mathbf{0} \\ & & \ddots & \\ \mathbf{0} & & & 1 \end{pmatrix}$$

とすれば，s は p の連続な断面である．よって命題 3.23 より，位相空間として

$$U(n) \simeq S^1 \times SU(n)$$

となる．これは位相群としての同型にはならない．同様に位相空間として

$$O(n) \simeq S^0 \times SO(n)$$

となる．

3.2.2 旗多様体

等質空間 G/G_{x_0} の例として，例 2.69 で触れた旗多様体とグラスマン多様体
(3.2.3 項) を定義する．

$V = \mathbf{C}^n$ を n 次元ベクトル空間とし，$\dim V_i = i$ なる部分空間の列

$$\{\mathbf{0}\} \subset V_1 \subset V_2 \subset \cdots \subset V_{n-1} \subset V_n = V$$

を考える．このような部分空間の列を**旗**とよび，

$$F = (V_k)$$

と表す．このとき V の基底 $\boldsymbol{v}_1, \boldsymbol{v}_2, \ldots, \boldsymbol{v}_n$ を V_1 の基底 $\boldsymbol{v}_1$ から順次増やして

$$V_k \text{ の基底： } \boldsymbol{v}_1, \boldsymbol{v}_2, \ldots, \boldsymbol{v}_k$$

となるようにとる．これらの縦ベクトルを横に並べた $g = (\boldsymbol{v}_1 \boldsymbol{v}_2 \cdots \boldsymbol{v}_n)$ は正
則行列である．逆に正則行列 g を与えたとき，その縦ベクトルから旗を作るこ
とができる．この旗を

$$F^g$$

と書くことにする．旗全体を

$$\mathrm{Flag}(n, \mathbf{C})$$

と書き，**旗多様体**という．

$G = GL(n, \mathbf{C})$ を $\mathrm{Flag}(n, \mathbf{C})$ に

$$gF = g(V_k) = (gV_k), \quad g \in G, \ F \in \mathrm{Flag}(n, \mathbf{C})$$

として作用させる．

ここで F_0 という旗を $F_0 = F^{I_n}$ と定義する．すなわち，n 次単位行列 I_n の各列に対応する V の正規直交基底を $e_1, e_2, \ldots, e_n$ とし，$\mathbf{C}^i = \mathbf{C}e_1 \oplus \mathbf{C}e_2 \oplus \cdots \oplus \mathbf{C}e_i$ $(1 \le i \le n)$ とすれば，

$$F_0 : \{\mathbf{0}\} \subset \mathbf{C}^1 \subset \mathbf{C}^2 \subset \cdots \subset \mathbf{C}^n$$

である．このとき容易に

$$gF_0 = F^g$$

となる．よって G は $\mathrm{Flag}(n, \mathbf{C})$ に推移的に作用する．F_0 の固定化群 G_{F_0} を求める．$g \in G_{F_0}$ とすると，$gF_0 = F_0$ より

$$g(\mathbf{C}e_1 \oplus \mathbf{C}e_2 \oplus \cdots \oplus \mathbf{C}e_k) = \mathbf{C}e_1 \oplus \mathbf{C}e_2 \oplus \cdots \oplus \mathbf{C}e_k$$

でなくてはならない．よって g は上三角行列である．すなわち

$$G_{F_0} = \left\{ \begin{pmatrix} a_1 & n_{12} & n_{13} & \ldots & n_{1n} \\ & a_2 & n_{23} & \ldots & n_{2n} \\ & & a_3 & \ldots & n_{3n} \\ & \mathbf{0} & & \ddots & \vdots \\ & & & & a_n \end{pmatrix} \in G \ \middle| \ a_i \in \mathbf{C}^*, \ n_{ij} \in \mathbf{C}, \ i < j \right\}$$

であり，この群を B で表す．B は G の**ボレル部分群**とよばれる．よって

$$GL(n, \mathbf{C})/B \simeq \mathrm{Flag}(n, \mathbf{C})$$

である．

$GL(n, \mathbf{C})$ の代わりに $SL(n, \mathbf{C})$ を $\mathrm{Flag}(n, \mathbf{C})$ に作用させても同様なので,

$$SL(n, \mathbf{C})/B' \simeq \mathrm{Flag}(n, \mathbf{C})$$

となる. ただし $B' = B \cap SL(n, \mathbf{C})$ である. $SU(n)$ を作用させれば

$$SU(n)/T \simeq \mathrm{Flag}(n, \mathbf{C})$$

である. ただし $T = B \cap SU(n)$ は $SU(n)$ の対角行列からなる部分群である.

3.2.3　グラスマン多様体

　旗多様体を一般化し, グラスマン多様体を定義する. $V = \mathbf{C}^n$ を n 次元ベクトル空間とする.

$$\boldsymbol{k} = (k_1, k_2, \dots, k_m), \quad 1 \le k_1 < k_2 < \cdots < k_m < n$$

に対して, V の部分空間の列

$$\{\boldsymbol{0}\} \subset V_{k_1} \subset V_{k_2} \subset \cdots \subset V_{k_{m-1}} \subset V_{k_m}$$

が $\dim V_{k_i} = k_i$ となるとき, このような部分空間の列を $\boldsymbol{k}$ 旗とよび,

$$F_{\boldsymbol{k}} = (V_k)$$

と表す. V の基底 $\boldsymbol{v}_1, \boldsymbol{v}_2, \dots, \boldsymbol{v}_n$ を V_{k_1} の基底 $\boldsymbol{v}_1, \boldsymbol{v}_2, \dots, \boldsymbol{v}_{k_1}$ から順次増やして

$$V_{k_i} \text{ の基底}: \ \boldsymbol{v}_1, \boldsymbol{v}_2, \dots, \boldsymbol{v}_{k_i}$$

となるようにとる. これらの縦ベクトルを横に並べた $g = (\boldsymbol{v}_1 \boldsymbol{v}_2 \cdots \boldsymbol{v}_n)$ は正則行列である. 逆に正則行列 g を与えたとき, その縦ベクトルから $\boldsymbol{k}$ 旗を作ることができる. この $\boldsymbol{k}$ 旗を

$$F_{\boldsymbol{k}}^{g}$$

と書くことにする.

$\boldsymbol{k}$ 旗全体を

$$\mathrm{Flag}_{\boldsymbol{k}}(n, \mathbf{C})$$

と書くことにする. $\boldsymbol{k} = (1, 2, \ldots, n)$ のとき

$$\mathrm{Flag}_{\boldsymbol{k}}(n, \mathbf{C}) = \mathrm{Flag}(n, \mathbf{C})$$

であることが容易にわかる. また $\boldsymbol{k} = (j)$ のとき

$$\mathrm{Flag}_{\boldsymbol{k}}(n, \mathbf{C}) = \mathrm{Grass}_j(n, \mathbf{C})$$

と書き, これを**グラスマン多様体**という. これは V の j 次元部分空間全体からなる空間である. とくに $\boldsymbol{k} = (1)$ のとき

$$\mathrm{Flag}_{\boldsymbol{k}}(n, \mathbf{C}) = \mathrm{Grass}_1(n, \mathbf{C}) = P^{n-1}(\mathbf{C})$$

である.

$G = GL(n, \mathbf{C})$ を $\mathrm{Flag}_{\boldsymbol{k}}(n, \mathbf{C})$ に

$$gF = g(V_{k_i}) = (gV_{k_i})$$

として作用させる.

ここで $F_0 = F_{\boldsymbol{k}}^{I_n}$ とする. すなわち F_0 は

$$\{\mathbf{0}\} \subset \mathbf{C}^{k_1} \subset \mathbf{C}^{k_2} \subset \cdots \subset \mathbf{C}^{k_m} \subset \mathbf{C}^n$$

である. このとき

$$gF_{\boldsymbol{k}}^{I_n} = F_{\boldsymbol{k}}^{g}$$

であるから, G は $\mathrm{Flag}_{\boldsymbol{k}}(n, \mathbf{C})$ に推移的に作用する. 一方, $g \in G_{F_0}$ とすると $gF_0 = F_0$ より, 各 $1 \leq i \leq m$ に対して

$$g(\mathbf{C}^{k_i}) = \mathbf{C}^{k_i}$$

でなくてはならない．よって $g \in G_{F_0}$ はつぎの形をした行列になる．

$$
\begin{pmatrix} A_1 & & & N_{ij} \\ & A_2 & & \\ & & \ddots & \\ \mathbf{0} & & & A_m \end{pmatrix}, \quad \begin{array}{l} A_i \in GL(k_i - k_{i-1}, \mathbf{C}), \\ N_{ij} \in M(k_i - k_{i-1}, k_j - k_{j-1}, \mathbf{C}), \end{array}
$$

ただし $k_0 = 0$, $1 \le i \le m$, $i < j$．$M(m, n, \mathbf{C})$ は複素 $m \times n$ 行列の全体である．これらの全体を $P_{\boldsymbol{k}}$ とすれば

$$
GL(n, \mathbf{C})/P_{\boldsymbol{k}} \simeq \mathrm{Flag}_{\boldsymbol{k}}(n, \mathbf{C})
$$

である．

　前節と同様に $GL(n, \mathbf{C})$ の作用を $SL(n, \mathbf{C})$, $SU(n)$, $U(n)$ で置き換えることもできる．例えばグラスマン多様体 $\mathrm{Grass}_j(n, \mathbf{C})$ にこれらを作用させたとき，P_j を

$$
\begin{pmatrix} A_1 & N_{12} \\ \mathbf{0} & A_2 \end{pmatrix}, \quad \begin{array}{l} A_1 \in GL(j, \mathbf{C}), \ A_2 \in GL(n-j, \mathbf{C}), \\ N_{12} \in M(j, n-j, \mathbf{C}) \end{array}
$$

なる行列の全体とすれば

$$
\begin{aligned}
\mathrm{Grass}_j(n, \mathbf{C}) &\simeq GL(n, \mathbf{C})/P_j \\
&\simeq SL(n, \mathbf{C})/P_j' \\
&\simeq SU(n)/S(U(j) \times U(n-j)) \\
&\simeq U(n)/(U(n) \times U(n-j))
\end{aligned}
$$

となる．ただし，$P_j' = P_j \cap SL(n, \mathbf{C})$, $S(U(j) \times U(n-j)) = SU(n) \cap (U(j) \times U(n-j)) = SU(n) \cap P_j$ である．

3.3　軌道空間

　3.1.4 項と 3.2 節では位相群 G が位相空間 X に推移的に作用する場合を扱ったが，ここでは G が X に推移的に作用しない場合を考える．

G が X に作用しているとき,X 上の同値関係を

$$x \sim y \iff \text{ある } g \in G \text{ が存在して } x = g \cdot y \text{ となる}$$

と定める.このときの商 $X/\sim$ を $G \backslash X$ と書き [6],X の G による**軌道集合**という.その要素である同値類 Gx を x を通る G **軌道**という.Gx は $G \cdot x$,$O(x)$ とも表される.このとき X は同値類の和として

$$X = \bigsqcup_{x \in I} Gx$$

と表される.すなわち,X は G 軌道の和に分解され,これを X の G **軌道分解**という.I は $G \backslash X$ の代表系である.$|I| = 1$ のとき,すなわち $X = Gx$ と書けるとき,G の作用は推移的であり,X は等質集合となる(命題 3.17).逆に X が等質集合であれば $|I| = 1$ である.一般に G は各軌道 Gx に推移的に作用し,Gx は等質集合となる.

軌道集合 $G \backslash X$ に X の商位相空間(2.1.1 項)としての商位相を入れたとき,**軌道空間**とよぶ.命題 2.49 の一般化として,つぎの命題が成り立つ.

命題 3.25 $\quad p : X \to G \backslash X$ を $p(x) = Gx$ と定めれば,p は開写像である.

証明 O を X の任意の開集合とし,$p(O)$ が開集合となることを示す.このとき

$$p^{-1}(p(O)) = GO = \bigcup_{g \in G} gO$$

となる.各 gO は開集合である.商位相の定義より,$p(O)$ は開集合である. ∎

命題 3.26 $\quad G$ がコンパクト,X がハウスドルフであれば,$G \backslash X$ もハウスドルフである.

証明 $G \backslash X$ の異なる 2 点を $[x], [y]$ とする.$Gx \cap Gy = \emptyset$ であり,それぞれコンパクトであるので,X の開集合 O_x, O_y で

---

[6] 右作用で考えるときは X/G とする.

$$Gx \subset O_x, \ Gy \subset O_y, \ O_x \cap O_y = \emptyset$$

なるものがとれる (命題 2.15). 各 $g \in G$ に対して $gx \in O_x$ であり, 作用は連続であるから, g を含む G の開集合 U_g, x を含む X の開集合 V_g を $gx \in U_g V_g \subset O_x$ にとることができる. $G \subset \bigcup_{g \in G} U_g$ は G の開被覆である. G がコンパクトなので有限被覆をとることができ, $G = \bigcup_{i=1}^{n} U_{g_i}$ とできる. $V_x = \bigcap_{i=1}^{n} V_{g_i}$ とすれば, V_x は開集合で

$$Gx \subset GV_x \subset \bigcup_{i=1}^{n} U_{g_i} V_{g_i} \subset O_x$$

となる. Gy に対しても同様に開集合 V_y をとることができる. このとき

$$GV_x \cap GV_y \subset O_x \cap O_y = \emptyset$$

である. p は命題 3.25 より開写像なので, $p(V_x), p(V_y)$ はそれぞれ $[x], [y]$ を含む開集合である. 上述の結果より $p(V_x) \cap p(V_y) = \emptyset$ となり, $G \setminus X$ はハウスドルフである. ■

◆例 3.27 群 G の部分群を H とする. H の G への右作用を gh ($g \in G$, $h \in H$) とする (例 1.38). $g \in G$ を通る H 軌道は gH であり, 軌道集合は

$$G/\sim = G/H$$

である. 右辺は 1.1.3 項の右剰余集合であり, 軌道集合の記号 G/H と一致する. また G の H 軌道分解は

$$G = \bigsqcup_{g \in I} gH$$

であり, G の H による右剰余類への分解に他ならない. 各軌道 gH において H は推移的に作用し, $gH \simeq H/\{e\}$ である.

◆例 3.28 $G = SO(n)$ を $\mathbf{R}^n$ に $A\boldsymbol{x}$ ($A \in SO(n)$, $\boldsymbol{x} \in \mathbf{R}^n$) と作用させる. $\|A\boldsymbol{x}\| = \|\boldsymbol{x}\|$ であるから, $\|\boldsymbol{x}\| \neq \|\boldsymbol{y}\|$ であれば, $\boldsymbol{x}$ と $\boldsymbol{y}$ は $SO(n)$ の要素で移

り合うことはない. $S^{n-1}(r)$ を半径 $r > 0$ の球面とすれば

$$S^{n-1}(r) = SO(n)r\boldsymbol{e}_n, \quad r\boldsymbol{e}_n = \begin{pmatrix} 0 \\ \vdots \\ 0 \\ r \end{pmatrix} \in S^{n-1}(r)$$

である. $SO(n)$ は $S^{n-1}(r)$ に推移的に作用し, $S^{n-1}(r)$ は G 軌道である. このことから $\mathbf{R}^n$ の G 軌道分解と軌道空間は

$$\mathbf{R}^n = \left(\bigsqcup_{r>0} S^{n-1}(r) \right) \sqcup \{\boldsymbol{0}\},$$

$$\mathbf{R}^n/\sim = SO(n)\backslash\mathbf{R}^n$$

となる. $\mathbf{R}^n/\sim$ の代表系は $I = \{r\boldsymbol{e}_1 \mid r > 0\} \cup \{\boldsymbol{0}\}$ である. このとき $r\boldsymbol{e}_n$ の固定化群 $G_{r\boldsymbol{e}_n}$ は $\begin{pmatrix} SO(n-1) & \boldsymbol{0} \\ \boldsymbol{0} & 1 \end{pmatrix}$ である. よって

$$S^{n-1}(r) \simeq SO(n)/SO(n-1)$$

となる ($n = 3$ のときは例 1.20).

◆**例 3.29**　$G = SO_0(1, n)$ を $\mathbf{R}^{n+1}$ に $A\boldsymbol{x}$ ($A \in SO_0(1, n), \boldsymbol{x} \in \mathbf{R}^{n+1}$) と作用させる. ここで $\|\boldsymbol{x}\|_{1,n}$ をつぎのように定める [7].

$$\|\boldsymbol{x}\|_{1,n}^2 = \langle \boldsymbol{x}, \boldsymbol{x} \rangle_{1,n} = -x_0^2 + x_1^2 + \cdots + x_n^2.$$

このとき $\|A\boldsymbol{x}\|_{1,n} = \|\boldsymbol{x}\|_{1,n}$ である. このことから $r > 0$ に対して

---

[7] 1.3.4 項と符号を変えている. 物理学では $(x_1, x_2, \ldots, x_n)$ を空間座標, x_0 を時間軸に対応させ, この空間を**ミンコフスキー空間**とよぶ.

$$X_-^+(r) = \{\boldsymbol{x} \in \mathbf{R}^{n+1} \mid \|\boldsymbol{x}\|_{1,n}^2 = -r^2, \ x_0 > 0\},$$

$$X_-^-(r) = \{\boldsymbol{x} \in \mathbf{R}^{n+1} \mid \|\boldsymbol{x}\|_{1,n}^2 = -r^2, \ x_0 < 0\},$$

$$X_+(r) = \{\boldsymbol{x} \in \mathbf{R}^{n+1} \mid \|\boldsymbol{x}\|_{1,n}^2 = r^2\},$$

$$X_0^+ = \{\boldsymbol{x} \in \mathbf{R}^{n+1} \mid \|\boldsymbol{x}\|_{1,n}^2 = 0, \ x_0 > 0\},$$

$$X_0^- = \{\boldsymbol{x} \in \mathbf{R}^{n+1} \mid \|\boldsymbol{x}\|_{1,n}^2 = 0, \ x_0 < 0\}$$

とおけば，各集合は G 軌道である．以上のことから $\mathbf{R}^{n+1}$ の G 軌道分解は

$$\mathbf{R}^{n+1} = \left(\bigsqcup_{r>0} X_-^+(r)\right) \sqcup \left(\bigsqcup_{r>0} X_-^-(r)\right) \sqcup \left(\bigsqcup_{r>0} X_+(r)\right) \sqcup X_0^+ \sqcup X_0^- \sqcup \{\boldsymbol{0}\}$$

となる．$X_-^\pm(r)$ は二葉双曲面の上と下，$X_+(r)$ は一葉双曲面，$X_0^\pm$ は円錐の上と下である（図 3.1）．このとき各軌道が等質空間となることは 7.1 節で具体的な計算により確認する．

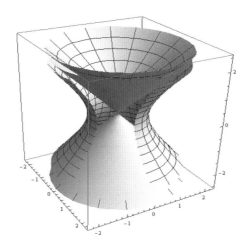

図 3.1　$X_-^\pm(1), X_+(1), X_0^\pm$．$x_0$ 軸は垂直方向

◆**例 3.30**　$M = P^1(\mathbf{R})$ を 1 次元実射影空間とする（2.2.3 項）．$M = (\mathbf{R}^2 - \{\boldsymbol{0}\})/\sim$ は原点を通る直線の全体である．$G = GL(2, \mathbf{R})$ の作用を

$$g[\boldsymbol{a}] = [g\boldsymbol{a}]$$

で定義する. ここで $a \in \mathbf{R}^2 - \{\mathbf{0}\}$ に対して, $[a]$ はその剰余類である. このとき $GL(2, \mathbf{R})$ は M に推移的に作用する. $m_0 = [e_1]$ (x 軸) は $P^1(\mathbf{R})$ の要素であり, その固定化群は $G_{m_0} = \left\{ \begin{pmatrix} a & b \\ 0 & d \end{pmatrix} \middle| ad \neq 0,\ a,b,d \in \mathbf{R} \right\} = B_{\mathbf{R}}$ となる. よって

$$G/B_{\mathbf{R}} \simeq P^1(\mathbf{R})$$

である. つぎに G のいくつかの部分群を M へ作用させ, その軌道分解を調べる. 以下では $m_0 = [e_1]$ (x 軸), $m_1 = [e_2]$ (y 軸), m_2 を直線 $y = x$ とする.

(a) $H = SO(2)$ とすると, H は S^1 に推移的に作用するので, $M = P^1(\mathbf{R}) \simeq S^1/\sim$ にも推移的に作用する. よって

$$M = Hm_0.$$

  m_0 の固定化群は $H_{m_0} = \{\pm I_2\}$ であり, $SO(2)/\{\pm I_2\} \simeq M$ となる.

(b) $H = \{g \in G \mid ge_1 = e_1\} = B_{\mathbf{R}}$ とすると, M の H 軌道分解[8]は

$$M = Hm_0 \sqcup Hm_1 = \{m_0\} \sqcup (M - \{m_0\}).$$

(c) $H = \left\{ \begin{pmatrix} a & 0 \\ 0 & d \end{pmatrix} \middle| ad \neq 0,\ a,d \in \mathbf{R} \right\}$ とすると, M の H 軌道分解は

$$M = Hm_0 \sqcup Hm_1 \sqcup Hm_2 = \{m_0\} \sqcup \{m_1\} \sqcup (M - \{m_0, m_1\}).$$

◆**例 3.31** $M = P^1(\mathbf{C}) = \mathbf{C} \sqcup \{\infty\}$ をリーマン球面とする (注意 2.39). $G = SL(2, \mathbf{C})$ の M への作用を**メービウス変換**[9]で与える. すなわち $z \in \mathbf{C}$ のとき

$$g \cdot z = \frac{az + b}{cz + d}, \quad g = \begin{pmatrix} a & b \\ c & d \end{pmatrix} \in SL(2, \mathbf{C}),$$

---

[8] この分解と $G/B_{\mathbf{R}} \simeq M$ を組み合わせれば, $GL(2, \mathbf{R})$ のブリュア分解 (4.5.1 項) が得られる.
[9] 複素変数の一次分数変換である.

$z = \infty$ のとき

$$g \cdot \infty = \begin{cases} \infty & (c = 0), \\ \dfrac{a}{c} & (c \neq 0) \end{cases}$$

とする．このとき G は M に推移的に作用し，0 の固定化群は

$$G_0 = \left\{ \begin{pmatrix} a & 0 \\ c & d \end{pmatrix} \,\middle|\, ad \neq 1, \ a, c, d \in \mathbf{C} \right\} = B$$

である．よって

$$SL(2, \mathbf{C})/B \simeq M$$

となる．つぎに G の部分群 $SO(2, \mathbf{C})$ と $SL(2, \mathbf{R})$ の M への作用を調べる．

(a) $H = SO(2, \mathbf{C}) = \left\{ \begin{pmatrix} a & -b \\ b & a \end{pmatrix} \,\middle|\, a^2 + b^2 = 1, \ a, b \in \mathbf{C} \right\}$ とすると，
   M の H 軌道分解は

$$M = \{i\} \sqcup \{-i\} \sqcup (P^1(\mathbf{C}) - \{\pm i\})$$

   である（図 3.2）．

(b) $H = SL(2, \mathbf{R}) = \left\{ \begin{pmatrix} a & b \\ c & d \end{pmatrix} \,\middle|\, ad - bc = 1, \ a, b, c, d \in \mathbf{R} \right\}$ とする
   と，M の H 軌道分解は，z の虚部を $\Im z$ で表せば

$$M = \{z \in \mathbf{C} \mid \Im z > 0\} \sqcup \{z \in \mathbf{C} \mid \Im z < 0\} \sqcup (\mathbf{R} \sqcup \{\infty\})$$

   となる（図 3.3）．ここで $P^1(\mathbf{R}) = \mathbf{R} \sqcup \{\infty\}$ である．各軌道が等質空間
   となることの詳しい計算は 7.3.1 項で行う．

◆例 3.32 $P^{n-1}(K) \simeq S_K^{n-1}/\sim$ であった（2.2.3 項）．S_K^0 の S_K^{n-1} への右
作用を $\boldsymbol{x}\lambda$ （$\boldsymbol{x} \in S_K^{n-1}$, $\lambda \in S_K^0$）と定義すれば，$\boldsymbol{x}, \boldsymbol{y}$ が同じ軌道に入ること
と，$\boldsymbol{x} \sim \boldsymbol{y}$ が同値である．よって軌道集合は

$$S_K^{n-1}/S_K^0 \simeq P^{n-1}(K)$$

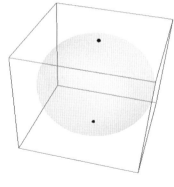

図 **3.2** $SO(2, \mathbf{C}) \curvearrowright M$

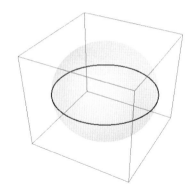

図 **3.3** $SL(2, \mathbf{R}) \curvearrowright M$

となる．左辺は軌道集合の意味であるが，剰余集合と一致する．命題 2.36 と命題 3.26 により，$P^{n-1}(K)$ はコンパクトなハウスドルフ空間である[10]．

◆**例 3.33** $G = SO(3)$ は $M = S^2$ に推移的に作用する．$\boldsymbol{e}_3$ の固定化群は

$$H = \begin{pmatrix} SO(2) & \boldsymbol{0} \\ \boldsymbol{0} & 1 \end{pmatrix}$$ であり，位相空間として

$$G/H = G/G_{\boldsymbol{e}_3} = SO(3)/SO(2) \simeq S^2$$

であった（例 3.28）．つぎに $H \cong SO(2)$ の S^2 への作用を考える．例 1.20 の議論により軌道分解は

$$S^2 = \bigsqcup_{0 \le \theta \le \pi} SO(2) a_\theta \boldsymbol{e}_3$$

である．このことから S^2 の軌道集合は

$$S^2/\sim = H \backslash S^2 = \{ H a_\theta \boldsymbol{e}_3 \}$$

となる．$H \backslash S^2 \to H \backslash G/H$ を $H a_\theta \boldsymbol{e}_3 \mapsto H a_\theta H$ と定義すれば全単射となり，軌道集合 $H \backslash S^2$ は両側剰余集合 $H \backslash G/H$ に他ならない．

---

[10]命題 2.38 では $P^{n-1}(K) \simeq P(n, K)$ よりハウスドルフとなることを示した．

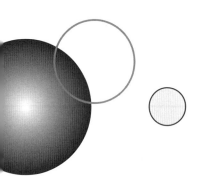

第4章

群の分解

　この章では線形代数の知識や前章の軌道分解を用いて，古典群 G をいろいろな部分群の積の形に分解する．ここで，G がその部分群 G_1, G_2 の積 $G = G_1 G_2$ に分解するとは，$f : G_1 \times G_2 \to G$ を $(g_1, g_2) \mapsto g_1 g_2$ としたとき，f が同相となることである．このような分解は古典群の特性を理解したり，応用したりする上でも重要である．

　以下では $K = \mathbf{R}, \mathbf{C}$ とし，K^n は K 左加群とする．各節では $g \in G$ を積の形 $g = g_1 g_2$ に一意的に分解できることを示す．f は全単射となり，さらに同相となることは g の分解の過程から明らかなので，G の分解 $G = G_1 G_2$ が得られる．

4.1　$GL(n, \mathbf{C})$ の岩沢分解

　$G = GL(n, \mathbf{C})$ とする．このとき G は

$$G = KAN$$

と一意的に分解する．この分解を G の**岩沢分解**とよぶ．ただし

$$K = U(n),$$

$$A = \left\{ \left. \begin{pmatrix} a_1 & & \mathbf{0} \\ & \ddots & \\ \mathbf{0} & & a_n \end{pmatrix} \right| a_i \in \mathbf{R}_+ \right\},$$

$$N = \left\{ \left. \begin{pmatrix} 1 & & n_{ij} \\ & \ddots & \\ \mathbf{0} & & 1 \end{pmatrix} \right| n_{ij} \in \mathbf{C}, \ 1 \le i < j \le n \right\}$$

である. $g \in G$ が $g = kan$ ($k \in K$, $a \in A$, $n \in N$) と一意に分解できることを証明するために,線形代数で習うグラム・シュミットの直交化法を復習する[1].

4.1.1 グラム・シュミットの直交化法

$\boldsymbol{v}_1, \boldsymbol{v}_2, \ldots, \boldsymbol{v}_n$ を $\mathbf{C}^n$ の基底とする.すなわち n 個の一次独立な n 次縦ベクトルである.この $\boldsymbol{v}_1, \boldsymbol{v}_2, \ldots, \boldsymbol{v}_n$ の一次結合を考えて,$\boldsymbol{u}_1, \boldsymbol{u}_2, \ldots, \boldsymbol{u}_n$ なる正規直交基底,すなわち

$$\langle \boldsymbol{u}_i, \boldsymbol{u}_j \rangle = \delta_{ij}$$

を満たすものを作るアルゴリズムが,**グラム・シュミットの直交化法**である.

(1) $\boldsymbol{u}_1 = \dfrac{\boldsymbol{v}_1}{\|\boldsymbol{v}_1\|}$ とする.

(2) $\boldsymbol{u}_1, \boldsymbol{u}_2, \ldots, \boldsymbol{u}_{k-1}$ が求まったとき

$$\boldsymbol{v}_k' = \boldsymbol{v}_k - \sum_{1 \le j < k} \langle \boldsymbol{v}_k, \boldsymbol{u}_j \rangle \boldsymbol{u}_j,$$

$$\boldsymbol{u}_k = \frac{\boldsymbol{v}_k'}{\|\boldsymbol{v}_k'\|}$$

として $\boldsymbol{u}_k$ を決める.

---

[1] 線形代数に関する事項は [9], [11] を参照されたい.

このアルゴリズムは $\|\boldsymbol{v}_k'\|$ で商をとる操作があるので，$\boldsymbol{v}_k' \neq \boldsymbol{0}$ でないと機能しないが，$\boldsymbol{v}_k'$ は $\boldsymbol{v}_k' \neq \boldsymbol{0}$ である．実際，$\boldsymbol{v}_k'$ が $\boldsymbol{v}_1, \boldsymbol{v}_2, \ldots, \boldsymbol{v}_k$ の一次結合として定義されていることに注意する．したがって，もし $\boldsymbol{v}_k' = \boldsymbol{0}$ となると，$\boldsymbol{v}_k$ が $\boldsymbol{v}_1, \boldsymbol{v}_2, \ldots, \boldsymbol{v}_{k-1}$ の一次結合で書けることになり，$\boldsymbol{v}_1, \boldsymbol{v}_2, \ldots, \boldsymbol{v}_n$ が一次独立であることに矛盾する．よって $\boldsymbol{v}_k' \neq \boldsymbol{0}$ である．

このように $\boldsymbol{u}_k$ を帰納的に定義すると，$\boldsymbol{u}_1, \boldsymbol{u}_2, \ldots, \boldsymbol{u}_n$ は正規直交基底である．実際，

$$\|\boldsymbol{u}_k\| = 1$$

は明らかである．また $\boldsymbol{u}_1, \boldsymbol{u}_2, \ldots, \boldsymbol{u}_{k-1}$ が互いに直交すると，$\boldsymbol{u}_k$ は $1 \leq j < k$ に対して

$$\langle \boldsymbol{u}_k, \boldsymbol{u}_j \rangle = \frac{1}{\|\boldsymbol{v}_k'\|} \langle \boldsymbol{v}_k', \boldsymbol{u}_j \rangle = \frac{1}{\|\boldsymbol{v}_k'\|} (\langle \boldsymbol{v}_k, \boldsymbol{u}_j \rangle - \langle \boldsymbol{v}_k, \boldsymbol{u}_j \rangle) = 0$$

となる．よって $\langle \boldsymbol{u}_i, \boldsymbol{u}_j \rangle = \delta_{ij}\ (1 \leq i, j \leq n)$ である．

◆例 4.1

$$\boldsymbol{v}_1 = \begin{pmatrix} 1 \\ 0 \\ 1 \end{pmatrix}, \quad \boldsymbol{v}_2 = \begin{pmatrix} 1 \\ 1 \\ 0 \end{pmatrix}, \quad \boldsymbol{v}_3 = \begin{pmatrix} 1 \\ 1 \\ 1 \end{pmatrix}$$

からグラム・シュミットの直交化法を用いて正規直交基底を求める．

$\|\boldsymbol{v}_1\| = \sqrt{2}$ より

$$\boldsymbol{u}_1 = \frac{1}{\sqrt{2}} \begin{pmatrix} 1 \\ 0 \\ 1 \end{pmatrix},$$

$$\boldsymbol{v}_2' = \begin{pmatrix} 1 \\ 1 \\ 0 \end{pmatrix} - \left\langle \begin{pmatrix} 1 \\ 1 \\ 0 \end{pmatrix}, \frac{1}{\sqrt{2}} \begin{pmatrix} 1 \\ 0 \\ 1 \end{pmatrix} \right\rangle \frac{1}{\sqrt{2}} \begin{pmatrix} 1 \\ 0 \\ 1 \end{pmatrix} = \frac{1}{2} \begin{pmatrix} 1 \\ 2 \\ -1 \end{pmatrix}.$$

したがって

$$\boldsymbol{u}_2 = \frac{1}{\sqrt{6}} \begin{pmatrix} 1 \\ 2 \\ -1 \end{pmatrix},$$

$$\boldsymbol{v}_3' = \begin{pmatrix} 1 \\ 1 \\ 1 \end{pmatrix} - \left\langle \begin{pmatrix} 1 \\ 1 \\ 1 \end{pmatrix}, \frac{1}{\sqrt{2}} \begin{pmatrix} 1 \\ 0 \\ 1 \end{pmatrix} \right\rangle \frac{1}{\sqrt{2}} \begin{pmatrix} 1 \\ 0 \\ 1 \end{pmatrix}$$

$$- \left\langle \begin{pmatrix} 1 \\ 1 \\ 1 \end{pmatrix}, \frac{1}{\sqrt{6}} \begin{pmatrix} 1 \\ 2 \\ -1 \end{pmatrix} \right\rangle \frac{1}{\sqrt{6}} \begin{pmatrix} 1 \\ 2 \\ -1 \end{pmatrix} = \frac{1}{3} \begin{pmatrix} -1 \\ 1 \\ 1 \end{pmatrix}.$$

したがって

$$\boldsymbol{u}_3 = \frac{1}{\sqrt{3}} \begin{pmatrix} -1 \\ 1 \\ 1 \end{pmatrix}$$

である. よって

$$\boldsymbol{u}_1 = \frac{1}{\sqrt{2}} \begin{pmatrix} 1 \\ 0 \\ 1 \end{pmatrix}, \quad \boldsymbol{u}_2 = \frac{1}{\sqrt{6}} \begin{pmatrix} 1 \\ 2 \\ -1 \end{pmatrix}, \quad \boldsymbol{u}_3 = \frac{1}{\sqrt{3}} \begin{pmatrix} -1 \\ 1 \\ 1 \end{pmatrix}$$

は正規直交基底である.

このとき

$$(\boldsymbol{u}_1 \boldsymbol{u}_2 \boldsymbol{u}_3) = \begin{pmatrix} \dfrac{1}{\sqrt{2}} & \dfrac{1}{\sqrt{6}} & -\dfrac{1}{\sqrt{3}} \\ 0 & \dfrac{2}{\sqrt{6}} & \dfrac{1}{\sqrt{3}} \\ \dfrac{1}{\sqrt{2}} & -\dfrac{1}{\sqrt{6}} & \dfrac{1}{\sqrt{3}} \end{pmatrix}$$

$$= \begin{pmatrix} 1 & 1 & 1 \\ 0 & 1 & 1 \\ 1 & 0 & 1 \end{pmatrix} \begin{pmatrix} \dfrac{1}{\sqrt{2}} & -\dfrac{1}{\sqrt{6}} & -\dfrac{2}{\sqrt{3}} \\ 0 & \dfrac{2}{\sqrt{6}} & -\dfrac{2}{\sqrt{3}} \\ 0 & 0 & \sqrt{3} \end{pmatrix} = (\boldsymbol{v}_1 \boldsymbol{v}_2 \boldsymbol{v}_3)n$$

であり，n^{-1} を右から掛ければ

$$(\boldsymbol{v}_1\boldsymbol{v}_2\boldsymbol{v}_3) = (\boldsymbol{u}_1\boldsymbol{u}_2\boldsymbol{u}_3)n^{-1}$$

$$= (\boldsymbol{u}_1\boldsymbol{u}_2\boldsymbol{u}_3)\begin{pmatrix} \sqrt{2} & \dfrac{1}{\sqrt{2}} & \sqrt{2} \\ 0 & \dfrac{\sqrt{6}}{2} & \dfrac{\sqrt{6}}{3} \\ 0 & 0 & \dfrac{1}{\sqrt{3}} \end{pmatrix}$$

となることに注意する．

4.1.2 岩沢分解

例 4.1 で見たように，$\boldsymbol{v}_1, \boldsymbol{v}_2, \ldots, \boldsymbol{v}_n$ が一次独立のとき，グラム・シュミットの直交化法から，正規直交基底 $\boldsymbol{u}_1, \boldsymbol{u}_2, \ldots, \boldsymbol{u}_n$ が

$$\boldsymbol{u}_k = a_k\boldsymbol{v}_k + \sum_{1 \le j < k} n_{jk}\boldsymbol{v}_j, \quad a_k > 0,\ n_{jk} \in \mathbf{C}$$

の形に書けることがわかる．すなわち

$$(\boldsymbol{u}_1\boldsymbol{u}_2\cdots\boldsymbol{u}_n) = (\boldsymbol{v}_1\boldsymbol{v}_2\cdots\boldsymbol{v}_n)\begin{pmatrix} a_1 & n_{12} & n_{13} & \cdots & n_{1n} \\ & a_2 & n_{23} & \cdots & n_{2n} \\ & & \ddots & n_{jk} & \vdots \\ & \mathbf{0} & & \ddots & \vdots \\ & & & & a_n \end{pmatrix}$$

となる．よって

$(\boldsymbol{v}_1 \boldsymbol{v}_2 \cdots \boldsymbol{v}_n)$

$$
= (\boldsymbol{u}_1 \boldsymbol{u}_2 \cdots \boldsymbol{u}_n)
\begin{pmatrix}
a_1^{-1} & & & & \\
& a_2^{-1} & & \mathbf{0} & \\
& & \ddots & & \\
& \mathbf{0} & & \ddots & \\
& & & & a_n^{-1}
\end{pmatrix}
\begin{pmatrix}
1 & n'_{12} & n'_{13} & \cdots & n'_{1n} \\
& 1 & n'_{23} & \cdots & n'_{2n} \\
& & \ddots & n'_{jk} & \vdots \\
& \mathbf{0} & & \ddots & \vdots \\
& & & & 1
\end{pmatrix}
$$

$= kan$

となる. k は $\mathbf{C}^n$ の正規直交基底を並べた n 次正方行列なので, $U(n)$ の要素である. $a \in A$, $n \in N$ は明らかである.

g を $GL(n, \mathbf{C})$ の任意の要素とすれば, $\det g \neq 0$ より g は正則, すなわち rank $g = n$ であり, g の n 個の縦ベクトルは一次独立である. よって上述の議論により $g = kan$ と分解できる. この分解が一意であることは

$$
K \cap AN = \{I_n\}, \quad A \cap N = \{I_n\}
$$

に注意すれば得られる. 実際 $g = kan = k'a'n'$ とすれば, $aNa^{-1} \subset N$ に注意して, $k'^{-1}k = a'n'n^{-1}a^{-1} = a'a^{-1}(an'n^{-1}a^{-1}) \in K \cap AN = \{I_n\}$ より, $k = k'$ を得る. ここでつぎに $an = a'n'$ とすると, $a'^{-1}a = n'n^{-1} \in A \cap N = \{I_n\}$ より, $a = a'$, $n = n'$ となる.

◆**例 4.2** 例 4.1 の $(\boldsymbol{v}_1 \boldsymbol{v}_2 \boldsymbol{v}_3)$ の岩沢分解はつぎのようになる.

$$
\begin{pmatrix}
1 & 1 & 1 \\
0 & 1 & 1 \\
1 & 0 & 1
\end{pmatrix}
= \frac{1}{\sqrt{6}}
\begin{pmatrix}
\sqrt{3} & 1 & -\sqrt{2} \\
0 & 2 & \sqrt{2} \\
\sqrt{3} & -1 & \sqrt{2}
\end{pmatrix}
\begin{pmatrix}
\sqrt{2} & 0 & 0 \\
0 & \dfrac{\sqrt{6}}{2} & 0 \\
0 & 0 & \dfrac{\sqrt{3}}{3}
\end{pmatrix}
\begin{pmatrix}
1 & \dfrac{1}{2} & 1 \\
0 & 1 & \dfrac{2}{3} \\
0 & 0 & 1
\end{pmatrix}.
$$

4.2 $GL(n, \mathbf{C})$ のカルタン分解

$G = GL(n, \mathbf{C})$ とする. このとき G は

$$G = KAK = KA_+K$$

と分解する. この分解を G の**カルタン分解**とよぶ. ただし

$$K = U(n),$$

$$A_+ = \left\{ \begin{pmatrix} a_1 & & \mathbf{0} \\ & \ddots & \\ \mathbf{0} & & a_n \end{pmatrix} \middle| \; a_1 \geq a_2 \geq \cdots \geq a_n > 0 \right\}$$

である. $f : K \times A \times K \to G$ は全射であるが, 単射ではない. したがって, 章の冒頭に述べた意味での G の分解ではない.

実際, この分解は一意でない. 例えば $n = 2$ のとき

$$\begin{pmatrix} 2 & 0 \\ 0 & 1 \end{pmatrix} = \begin{pmatrix} 0 & -1 \\ 1 & 0 \end{pmatrix} \begin{pmatrix} 1 & 0 \\ 0 & 2 \end{pmatrix} \begin{pmatrix} 0 & 1 \\ -1 & 0 \end{pmatrix}$$

である. しかし $g \notin K$ のとき, $g = kak'$ $(k, k' \in K, \; a \in A_+)$ とすれば, a は一意に決まる. 以下ではこの分解を証明するために行列の対角化を復習する.

4.2.1   行列の対角化

正方行列 A に対して, ある正則行列 P が存在して

$$P^{-1}AP = \begin{pmatrix} \lambda_1 & & & \mathbf{0} \\ & \lambda_2 & & \\ & & \ddots & \\ \mathbf{0} & & & \lambda_n \end{pmatrix}$$

の形にできるとき, A は**対角化可能**という. ここで P の n 個の縦ベクトルを $\boldsymbol{v}_1, \boldsymbol{v}_2, \ldots, \boldsymbol{v}_n$ とすれば, $P = (\boldsymbol{v}_1 \boldsymbol{v}_2 \cdots \boldsymbol{v}_n)$ が正則なので, これらの n 個の

縦ベクトルは一次独立で $\mathbf{C}^n$ の基底となる．さらに

$$AP = P \begin{pmatrix} \lambda_1 & & & \mathbf{0} \\ & \lambda_2 & & \\ & & \ddots & \\ \mathbf{0} & & & \lambda_n \end{pmatrix}$$

より

$$A\boldsymbol{v}_i = \lambda_i \boldsymbol{v}_i \quad (1 \leq i \leq n)$$

となる．すなわち $\boldsymbol{v}_1, \boldsymbol{v}_2, \ldots, \boldsymbol{v}_n$ は n 個の一次独立な A の固有ベクトルである．逆に A が n 個の一次独立な固有ベクトルをもつとき，それらを並べて P を作れば，P は正則で，$P^{-1}AP$ は固有値が並ぶ対角行列となる．したがってつぎが成り立つ．

命題 4.3　n 次正方行列 A が対角化できる必要十分条件は A が n 個の一次独立な固有ベクトルをもつことである．

とくにユニタリー行列で対角化できる行列はどのようなものであろうか？　前述の議論で P をユニタリー行列とすると

$$P^{-1}AP = P^*AP = \Lambda$$

となる．Λ は対角行列である．このとき $\overline{\Lambda} = \Lambda^* = P^*A^*P = P^{-1}A^*P$ に注意すると

$$AA^* = PP^{-1}AP(P^{-1}A^*P)P^{-1} = P\Lambda\overline{\Lambda}P^{-1},$$
$$A^*A = P(P^{-1}A^*P)P^{-1}APP^{-1} = P\overline{\Lambda}\Lambda P^{-1}$$

となる．$\Lambda\overline{\Lambda} = \overline{\Lambda}\Lambda$ なので

$$AA^* = A^*A$$

となる．この条件を満たす行列を**正規行列**という．逆も成立し，つぎの命題が成り立つ．

$\boxed{\textbf{命題 4.4}}$ n 次正方行列 A がユニタリー行列で対角化できる必要十分条件は A が正規行列となることである.

◆**例 4.5** (a) **エルミート行列** $(A^* = A)$, **歪エルミート行列** $(A^* = -A)$ は正規行列である.

(b) ユニタリー行列 $(A^* = A^{-1})$, 実直交行列 $({}^t A = A^{-1})$ は正規行列である.

4.2.2 正定値エルミート行列

$A^* = A$ となる n 次のエルミート行列の全体を

$$\mathrm{Herm}(n, \mathbf{C})$$

と表す. A の固有値はすべて実数である. 実際, λ を固有値, $\boldsymbol{x} \neq \boldsymbol{0}$ をその固有ベクトルとすれば, $\lambda \langle \boldsymbol{x}, \boldsymbol{x} \rangle = \langle A\boldsymbol{x}, \boldsymbol{x} \rangle = \langle \boldsymbol{x}, A^*\boldsymbol{x} \rangle = \langle \boldsymbol{x}, A\boldsymbol{x} \rangle = \bar{\lambda} \langle \boldsymbol{x}, \boldsymbol{x} \rangle$ である. よって $\lambda = \bar{\lambda}$ である.

A が, すべての $\boldsymbol{0}$ でない n 次ベクトル $\boldsymbol{x}$ に対して

$$\langle \boldsymbol{x}, A\boldsymbol{x} \rangle = {}^t\boldsymbol{x} \overline{A\boldsymbol{x}} > 0$$

となるとき**正定値**といい,

$$\langle \boldsymbol{x}, A\boldsymbol{x} \rangle = {}^t\boldsymbol{x} \overline{A\boldsymbol{x}} \geq 0$$

となるとき**半正定値**という. A が正定値となる必要十分条件は A の固有値がすべて正となることであり, 半正定値となる必要十分条件は A の固有値がすべて非負となることである.

正定値エルミート行列の全体を

$$\mathrm{Herm}_+(n, \mathbf{C})$$

と書く. とくに任意の $g \in GL(n, \mathbf{C})$ に対して

$$A = g^* g$$

とすると，$A^* = A$ となり，A はエルミート行列である．また

$$\langle \boldsymbol{x}, A\boldsymbol{x} \rangle = \langle g\boldsymbol{x}, g\boldsymbol{x} \rangle = \|g\boldsymbol{x}\|^2 \geq 0$$

である．これより A の固有値は非負である．すなわち A は半正定値である．さらに $\det A \neq 0$ に注意すれば，A の固有値は 0 にならない．よって A は正定値となり，$A \in \mathrm{Herm}_+(n, \mathbf{C})$ である．逆に $A \in \mathrm{Herm}_+(n, \mathbf{C})$ であれば，$A = g^*g$，$g \in GL(n, \mathbf{C})$ と書くことができる．実際，A は正規行列であり，あるユニタリー行列 $u \in U(n)$ が存在して

$$u^{-1}Au = \begin{pmatrix} \lambda_1 & & & \mathbf{0} \\ & \lambda_2 & & \\ & & \ddots & \\ \mathbf{0} & & & \lambda_n \end{pmatrix} = \Lambda, \quad \lambda_i > 0,\ 1 \leq i \leq n$$

となる．ここで

$$\sqrt{\Lambda} = \begin{pmatrix} \sqrt{\lambda_1} & & & \mathbf{0} \\ & \sqrt{\lambda_2} & & \\ & & \ddots & \\ \mathbf{0} & & & \sqrt{\lambda_n} \end{pmatrix}$$

とし，$g = \sqrt{\Lambda}u^*$ とすれば，$g^*g = u\sqrt{\Lambda}\sqrt{\Lambda}u^* = u\Lambda u^{-1} = A$ となる．

4.2.3 カルタン分解

任意の $g \in GL(n, \mathbf{C})$ に対して $A = g^*g$ とすれば，前項で述べたように $A \in \mathrm{Herm}_+(n, \mathbf{C})$ となる．あるユニタリー行列 u と各成分が正の対角行列 Λ が存在し，$A = u\Lambda u^{-1}$ である．$a = (\sqrt{\Lambda})^{-1}$ とする．これは対角成分が $\sqrt{\lambda_i}^{-1}$ $(1 \leq i \leq n)$ の対角行列である．ここで $\tilde{u} = u^{-1}gua$ とおくと，$\tilde{u}$ はユニタリー行列である．実際，$g^*g = A$，$u^{-1}Au = a^{-2}$ に注意すれば

$$\tilde{u}^*\tilde{u} = (u^{-1}gua)^* u^{-1}gua = au^*g^*uu^{-1}gua = au^{-1}g^*gua$$
$$= au^{-1}Aua = aa^{-2}a = I_n$$

となる. よって

$$g = u\tilde{u}a^{-1}u^{-1} = u'a^{-1}u'', \quad u', u'' \in U(n)$$

となる.

ここで

第 i 列　　第 j 列
↓　　　　↓

$$u_{ij} = \begin{pmatrix} 1 & & & & & & & & \\ & \ddots & & & & & \mathbf{0} & & \\ & & 1 & & & & & & \\ & & & 0 & 1 & & & & \\ & & & & \ddots & & & & \\ & & & 1 & 0 & & & & \\ & & & & & 1 & & & \\ & \mathbf{0} & & & & & \ddots & \\ & & & & & & & 1 \end{pmatrix} \begin{array}{l} \\ \\ \\ \leftarrow 第 i 行 \\ \\ \leftarrow 第 j 行 \\ \\ \\ \\ \end{array}$$

とする. $u_{ij} \in U(n)$ である. このとき

$$g = u'u_{ij}^{-1}(u_{ij}a^{-1}u_{ij})u_{ij}^{-1}u''$$

とすると, $u_{ij}a^{-1}u_{ij}$ は a^{-1} の i 番目と j 番目の対角成分を入れ替えた行列である. 以上のことに注意すると, ある $u_1, u_2 \in U(n)$ が存在して

$$g = u_1 a u_2,$$

$$a = \begin{pmatrix} a_1 & & & \mathbf{0} \\ & a_2 & & \\ & & \ddots & \\ \mathbf{0} & & & a_n \end{pmatrix}, \quad a_1 \geq a_2 \geq \cdots \geq a_n > 0$$

とできる. よって $a \in A_+$ である.

つぎに $g = u_1 a u_2 \in KA_+K$ なる分解について，a の一意性を示す．$g = u_1 a u_2 = u_1' a' u_2'$ とすると，$(u_1')^{-1} u_1 a u_2 (u_2')^{-1} = a'$ である．このとき $a = a'$ となることはつぎの補題から得られる．

補題 4.6 $u_1 a u_2 = a'$, $u_1, u_2 \in U(n)$, $a, a' \in A_+$ ならば $a = a'$, $u_2 = u_1^{-1}$ である．とくに $u_1 a = a u_1$ となる．

証明

$$a'^2 = a' a'^* = (u_1 a u_2)(u_1 a u_2)^* = u_1 a^2 u_1^{-1}$$

より，a^2 と a'^2 は同じ固有値をもつ．よって $a, a' \in A_+$ に注意すれば $a = a'$ である．$a^2 = u_1 a^2 u_1^{-1}$ より a^2 と u_1 は可換である．このとき関係式を成分表示すれば a と u_1 が可換となる．よって $u_1 u_2 = I_n$ となり，$u_2 = u_1^{-1}$ である． ■

◆**例 4.7** カルタン分解の例を挙げる．$g^* g$ の固有値の平方根をとるので，数値は複雑になる．

$$\begin{pmatrix} 1 & 2 \\ 0 & 1 \end{pmatrix} = \frac{\sqrt{2+\sqrt{2}}}{2} \begin{pmatrix} 1 & \sqrt{2}-1 \\ \sqrt{2}-1 & -1 \end{pmatrix} \times \begin{pmatrix} \sqrt{3+2\sqrt{2}} & 0 \\ 0 & \sqrt{3-2\sqrt{2}} \end{pmatrix} \times \frac{\sqrt{2-\sqrt{2}}}{2} \begin{pmatrix} 1 & \sqrt{3+2\sqrt{2}} \\ \sqrt{3+2\sqrt{2}} & -1 \end{pmatrix}.$$

4.3 $GL(n,\mathbf{C})$ の極分解

前節のカルタン分解を変形して，極分解を導く．

4.3.1 $GL(n,\mathbf{C})$ の極分解

$G = GL(n,\mathbf{C})$ とする．このとき G は

$$\boxed{G = U(n)\mathrm{Herm}_+(n, \mathbf{C})}$$

と分解する. この分解を G の**極分解**とよぶ. $n = 1$ のときは複素数 $z \neq 0$ の極分解 $z = re^{i\theta}$ に他ならない. 実際, $z \in GL(1, \mathbf{C}) \cong \mathbf{C}^*$, $r \in \mathrm{Herm}_+(1, \mathbf{C}) \cong \mathbf{R}_+$, $e^{i\theta} \in U(1)$ である. また $g = uh$, $u \in U(n)$, $h \in \mathrm{Herm}_+(n, \mathbf{C})$ としたとき, u, h は一意に決まる. 以下ではこの G の極分解を証明する.

g を $GL(n, \mathbf{C})$ の任意の要素とすると, カルタン分解により $g = u_1 a u_2$, $u_1, u_2 \in U(n)$, $a \in A_+$ と書ける. このとき

$$g = u_1 a u_2 = (u_1 u_2)(u_2^* a u_2)$$

となる. $u_1 u_2 \in U(n)$, $u_2^* a u_2 \in \mathrm{Herm}(n, \mathbf{C})$ である. $u_2^* a u_2$ の固有値はすべて正なので, $u_2^* a u_2 \in \mathrm{Herm}_+(n, \mathbf{C})$ である. つぎに分解の一意性を示す. $g = u_1 h_1 = u_2 h_2$ とする. $u_2^{-1} u_1 h_1 = h_2$ となるので, $u h_1 = h_2$ のとき, $u = I_n$ となることを示せば十分である. h_i の対角化を $a_i = u_i h_i u_i^{-1} = u_i h_i u_i^*$, $a_i \in A_+$ とする.

$$h_2^2 = h_2^* h_2 = h_1^* u^* u h_1 = h_1^2$$

より

$$u_1^* a_1^2 u_1 = h_1^2 = h_2^2 = u_2^* a_2^2 u_2$$

となる. よって補題 4.6 を用いると $a_1^2 = a_2^2$, $u_1 u_2^{-1} = (u_2 u_1^*)^{-1}$ は a_1^2 と可換である. $a_1, a_2 \in A_+$ より $a_1 = a_2 (= a)$ となる. このとき $u_2 u_1^* = u_2 u_1^{-1}$ と a は可換である. よって $u h_1 = h_2$ は $u u_1^* a u_1 = u_2^* a u_2$ と書けるので,

$$u u_1^* a = u_2^* a (u_2 u_1^{-1}) = u_2^* (u_2 u_1^{-1}) a = u_1^* a$$

となる. よって $u = I_n$ を得る. 以上により g の極分解が得られた.

◆**例 4.8**　例 4.7 の行列の極分解はつぎのようになる.

$$\begin{pmatrix} 1 & 2 \\ 0 & 1 \end{pmatrix} = \frac{1}{\sqrt{2}} \begin{pmatrix} 1 & 1 \\ -1 & 1 \end{pmatrix} \cdot \frac{1}{\sqrt{2}} \begin{pmatrix} 1 & 1 \\ 1 & 3 \end{pmatrix}.$$

4.3.2　$GL(n, \mathbf{C}) \curvearrowright \mathrm{Herm}_+(n, \mathbf{C})$

4.2 節で学んだカルタン分解 $GL(n, \mathbf{C}) = U(n) A_+ U(n)$ と極分解 $GL(n, \mathbf{C}) = U(n) \mathrm{Herm}_+(n, \mathbf{C})$ を群の作用とその軌道分解の視点で見直してみる. $G = GL(n, \mathbf{C})$ の $M = \mathrm{Herm}(n, \mathbf{C})$ への作用を

$$g \cdot m = gmg^*, \quad m \in M, \ g \in G$$

で定義する. m の G 軌道を $G \cdot m$ で表すことにする. ここで m はユニタリー行列で対角化可能であり, ある $u \in U(n)$ が存在して, $u^{-1}mu = u^*mu$ は実数の固有値が並んだ対角行列 Λ となる [2]. すなわち u^* の作用で m は Λ に移る. さらに対角成分の入れ替え (4.2.3 項) と $\mathbf{R}_+$ 倍 (4.4.1 項) も G の作用となることに注意すれば, $p + q \leq n$ に対して

$$I_{p,q} = \begin{pmatrix} I_p & & \mathbf{0} \\ & \mathbf{0} & \\ \mathbf{0} & & -I_q \end{pmatrix}$$

としたとき, ある p, q が存在して

$$G \cdot m = G \cdot \Lambda = G \cdot I_{p,q}$$

となる. 以上のことから

$$M = \bigsqcup_{p+q \leq n} G \cdot I_{p,q}$$

である.

軌道が互いに交差しないことは固有値が異なることからわかる. とくに

$$G \cdot I_{n,0} = \mathrm{Herm}_+(n, \mathbf{C})$$

であり, $I_n = I_{n,0} \in G \cdot I_{n,0}$ である. G はこの軌道に推移的に作用しており

$$G_{I_n} = \{g \in G \mid g I_n g^* = I_n\} = U(n)$$

---

[2] [27], 命題 2.3.

である. よって

$$G/U(n) = \text{Herm}_+(n, \mathbf{C})$$

を得る.

つぎに

$$U(n) \curvearrowright \text{Herm}_+(n, \mathbf{C})$$

の軌道分解を考える. $\text{Herm}_+(n, \mathbf{C})$ の要素 m はユニタリー行列による対角化とユニタリー行列による対角成分の並べ替えにより, $u^{-1}mu = u^*mu = a \in A_+$ となる. $\sqrt{a}$ を a の各成分 a_i を $\sqrt{a_i}$ で置き換えた対角行列とすれば

$$\sqrt{a} \cdot I_n = \sqrt{a}I_n\sqrt{a}^* = a$$

である. よって $A_+ = \{\sqrt{a} \mid a \in A_+\}$ に注意すると, $m = uau^* = u \cdot a = u \cdot \sqrt{a} \cdot I_n$ より

$$\text{Herm}_+(n, \mathbf{C}) = \bigsqcup_{a \in A_+} U(n) \cdot \sqrt{a} \cdot I_n$$
$$= \bigsqcup_{a \in A_+} U(n) \cdot a$$

となる. これは $\text{Herm}_+(n, \mathbf{C})$ の $U(n)$ 軌道分解である.

ここで $G/U(n) \cong \text{Herm}_+(n, \mathbf{C})$, $gU(n) \mapsto g \cdot I_n$ に注意すれば, $U(n) \curvearrowright \text{Herm}_+(n, \mathbf{C})$ は $U(n) \curvearrowright G/U(n)$ とみなすことができ, $U(n)$ の作用は左からの積に対応する. よって $\text{Herm}_+(n, \mathbf{C})$ の $U(n)$ 軌道分解は $G/U(n)$ の $U(n)$ 軌道分解に対応する. このことから G の $U(n) \times U(n)$ 軌道分解

$$G = \bigsqcup_{a \in A_+} U(n)aU(n)$$

が得られる. これは G のカルタン分解に他ならない.

$$U(n)\backslash G/U(n) = A_+$$

である. さらに

$$G = \text{Herm}_+(n, \mathbf{C})U(n)$$

が得られる. これは G の極分解に他ならない.

4.4　$GL(n, \mathbf{C})$ のブリュア分解

前節の 4.3.1 項からわかるように，群やその部分群が空間に作用すると，その空間が軌道分解し，その分解から群の分解が得られる．

4.4.1　$GL(n, \mathbf{C})$ のブリュア分解

$G = GL(n, \mathbf{R})$ のボレル部分群 B を 3.2.2 項の旗多様体に作用させることにより，つぎの**ブリュア分解**を導く．

$$G = \bigsqcup_{w \in W} BwB$$

ただし

$$B = \left\{ \begin{pmatrix} a_1 & & & n_{ij} \\ & a_2 & & \\ & & \ddots & \\ \mathbf{0} & & & a_n \end{pmatrix} \in G \;\middle|\; a_i \in \mathbf{C}^*,\, n_{ij} \in \mathbf{C},\, i < j \right\}$$

であった．また W は n 次の置換行列の全体，すなわち各列，各行に重複することなく n 個の 1 が配置された n 次正方行列の全体である．

◆**例 4.9**　$n = 3$ のとき

$$w_1 = \begin{pmatrix} 0 & 1 & 0 \\ 1 & 0 & 0 \\ 0 & 0 & 1 \end{pmatrix}, \quad w_2 = \begin{pmatrix} 1 & 0 & 0 \\ 0 & 0 & 1 \\ 0 & 1 & 0 \end{pmatrix}$$

とする．$A = (\boldsymbol{a}_1 \boldsymbol{a}_2 \boldsymbol{a}_3)$ を 3 次の正方行列とし，$\boldsymbol{a}_i$ をその縦ベクトルとする．A に w_1 を右から Aw_1 のように作用させると（右からの作用），$(\boldsymbol{a}_1 \boldsymbol{a}_2 \boldsymbol{a}_3)$ は $(\boldsymbol{a}_2 \boldsymbol{a}_1 \boldsymbol{a}_3)$ となり，$\boldsymbol{a}_1$ と $\boldsymbol{a}_2$ が入れ替わる．w_2 は $\boldsymbol{a}_2$ と $\boldsymbol{a}_3$ を入れ替える置換行列である．この 2 つの作用によって生成される群 $\{I_3, w_1, w_2, w_1w_2, w_2w_1, w_1w_2w_1\}$ が $n = 3$ のときの置換行列の全体 W であり，これは 3 次対称群 S_3（例 1.8）と同型である．

4.4.2　$B \curvearrowright \mathrm{Flag}(n, \mathbf{C})$

$\mathrm{Flag}(n, \mathbf{C})$ を 3.2.2 項で扱った旗多様体とする. G は $\mathrm{Flag}(n, \mathbf{C})$ に推移的に作用し, $G/B \simeq \mathrm{Flag}(n, \mathbf{C})$ であった. ここで

$$B \curvearrowright G/B$$

の軌道分解を考える. 最初に剰余類 gB の代表元, すなわち $gB = g'B$ となる g' で, 各 j 列に対して, ある成分が 1 で, その下の各成分が 0 となるものを探す.

ここで行列の基本変形に注意する. $g = (\boldsymbol{v}_1 \boldsymbol{v}_2 \cdots \boldsymbol{v}_n)$ に右から

$$
\overset{\substack{\text{第 } j \text{ 列} \\ \downarrow}}{
\begin{pmatrix}
1 & & & & & & \\
& \ddots & & & & & \\
& & 1 & & c & & \\
& & & \ddots & & & \\
& & \mathbf{0} & & 1 & & \\
& & & & & \ddots & \\
& & & & & & 1
\end{pmatrix}}
\begin{matrix} \\ \\ \leftarrow \text{第 } i \text{ 行} \\ (i < j) \\ \\ \\ \end{matrix}
$$

を掛ければ, j 列に i 列の c 倍を加える基本変形になる. また

$$
\overset{\substack{\text{第 } i \text{ 列} \\ \downarrow}}{
\begin{pmatrix}
1 & & & & & & \\
& \ddots & & & \mathbf{0} & & \\
& & 1 & & & & \\
& & & c & & & \\
& \mathbf{0} & & & 1 & & \\
& & & & & \ddots & \\
& & & & & & 1
\end{pmatrix}}
\begin{matrix} \\ \\ \\ \\ \leftarrow \text{第 } i \text{ 行} \\ \\ \\ \end{matrix}
$$

を掛ければ，i 列を c 倍する基本変形である．これらが B の要素であることに注意すれば，gB を基本変形で $g'B$ に変えることができる．

　実際につぎの基本変形のアルゴリズムにより g' を決めることができる[3]．

(1)　第 n 行を左から見て最初に 0 でない列を第 i_n 列とする．この列の定数倍を加えて第 n 行の残りの部分を 0 とする．定数倍して (n, i_n) 成分を 1 とする．

(2)　第 $n-1$ 行を左から見て最初に 0 でない列を第 i_{n-1} 列とする．ただし，第 i_n 列は除く．(1) と同様にして $(n-1, i_{n-1})$ 成分を 1 とし，$(n-1, i_n)$ 成分を除く他の成分を 0 とする．

これを繰り返す．すなわち第 $n-k+1$ 行まで進めば，つぎに以下の操作をする．

(3)　第 $n-k$ 行を左から見て最初に 0 でない列を第 i_{n-k} 列とする．ただし，第 $i_n, i_{n-1}, \ldots, i_{n-k+1}$ 列は除く．(1) と同様にして $(n-k, i_{n-k})$ 成分を 1 とし，$(n-k, i_j)$ 成分 $(n-k+1 \leq j \leq n)$ を除く他の成分を 0 とする．

　このようにすると，g は $g' = (\boldsymbol{a}'_1 \boldsymbol{a}'_2 \cdots \boldsymbol{a}'_n)$ と変形され，g' は $(n-k, i_{n-k})$ 成分が 1 でその下に 0 が並んだ行列になる．これらの縦ベクトル $\boldsymbol{a}'_k$ を W の作用で並び替えれば対角線に 1 が並ぶ上三角行列 $b \in B$ になる．すなわち

$$g'w = b, \quad w \in W,\ b \in B$$

である．よって

$$gB = g'B = bw^{-1}B$$

となる．このことから $gB \in G/B$ の B 軌道 BgB は

$$O(g) = O(w^{-1})$$

となる．よって G の $B \times B$ 軌道分解は

---

[3]後述の例 4.10 を参照すると各ステップを理解できる．

$$G = \bigsqcup_{w \in W} BwB$$

となり，ブリュア分解が得られる．

軌道が互いに交差しないことは，$wb = b'w'$, $b, b' \in B$, $w, w' \in W$ としたとき，w' の作用が b' の列を並べ替えて，w の作用が b の行を並べ替えることに注意すれば $w = w'$ となることからわかる．このとき

$$B \backslash G / B \cong W$$

である．ここで $G/B \simeq \mathrm{Flag}(n, \mathbf{C})$, $gB \mapsto gF_0$ に注意すれば，$B \curvearrowright G/B$ を $B \curvearrowright \mathrm{Flag}(n, \mathbf{C})$ とみなすことができ，B は旗多様体へ左から作用する．よって $\mathrm{Flag}(n, \mathbf{C})$ の軌道分解はつぎのようになる．

$$\mathrm{Flag}(n, \mathbf{C}) = \bigsqcup_{w \in W} BwF_0.$$

◆**例 4.10** 基本変形により $g \to g'$, $g'w = b$ とするプロセスを以下の例で確かめる．

$$g = \begin{pmatrix} 2 & 0 & 1 \\ 1 & 1 & 1 \\ 0 & 1 & 2 \end{pmatrix} \longrightarrow \ i_3 = 2, \quad \begin{pmatrix} 2 & 0 & 1 \\ 1 & 1 & -1 \\ 0 & 1 & 0 \end{pmatrix}$$

$$\longrightarrow \ i_2 = 1, \quad \begin{pmatrix} 2 & 0 & 3 \\ 1 & 1 & 0 \\ 0 & 1 & 0 \end{pmatrix}$$

$$\longrightarrow \ i_1 = 3, \quad \begin{pmatrix} 2 & 0 & 1 \\ 1 & 1 & 0 \\ 0 & 1 & 0 \end{pmatrix} = g'.$$

このとき

$$g'w = \begin{pmatrix} 2 & 0 & 1 \\ 1 & 1 & 0 \\ 0 & 1 & 0 \end{pmatrix} \begin{pmatrix} 0 & 1 & 0 \\ 0 & 0 & 1 \\ 1 & 0 & 0 \end{pmatrix} = \begin{pmatrix} 1 & 2 & 0 \\ 0 & 1 & 1 \\ 0 & 0 & 1 \end{pmatrix} = b.$$

◆**例 4.11** 例 4.10 により g のブリュア分解はつぎのようになる.

$$
\begin{pmatrix} 2 & 0 & 1 \\ 1 & 1 & 1 \\ 0 & 1 & 2 \end{pmatrix} = \begin{pmatrix} 1 & 2 & 0 \\ 0 & 1 & 1 \\ 0 & 0 & 1 \end{pmatrix} \begin{pmatrix} 0 & 0 & 1 \\ 1 & 0 & 0 \\ 0 & 1 & 0 \end{pmatrix} \begin{pmatrix} 1 & 0 & -1 \\ 0 & 1 & 2 \\ 0 & 0 & 3 \end{pmatrix} .
$$

4.5 その他の群の分解と軌道分解

前節まででは $GL(n, \mathbf{C})$ の各種の分解を線形代数や群の作用による軌道分解を使って求めた. この節では他のいくつかの群に対しても同様の方法で群の分解を求める.

4.5.1 $GL(n, \mathbf{R}) \curvearrowright \mathrm{Flag}(n, \mathbf{R})$

$G = GL(n, \mathbf{R})$ の旗多様体 $\mathrm{Flag}(n, \mathbf{R})$ への作用をもとに, G の岩沢分解とブリュア分解を求める. つぎのようになる.

$$
GL(n, \mathbf{R}) = O(n)AN = \bigsqcup_{w \in W} BwB
$$

3.2.2 項の旗多様体 $\mathrm{Flag}(n, \mathbf{C})$ の議論を, $\mathbf{C}$ を $\mathbf{R}$ に替えて行うことにより $\mathrm{Flag}(n, \mathbf{R})$ を定義する.

$$
F_0 : \{\mathbf{0}\} \subset \mathbf{R}e_1 \subset \mathbf{R}e_1 \oplus \mathbf{R}e_2 \subset \cdots \subset \mathbf{R}^n
$$

である. ここで $GL(n, \mathbf{R}) \curvearrowright \mathrm{Flag}(n, \mathbf{R})$ を

$$
gF = g(V_k) = (gV_k)
$$

と定義し, $gF_0 = F^g$ と表す. G は $\mathrm{Flag}(n, \mathbf{R})$ に推移的に作用し, F_0 の固定化群は

$$
G_{F_0} = B = \left\{ \begin{pmatrix} a_1 & & & n_{ij} \\ & a_2 & & \\ & & \ddots & \\ \mathbf{0} & & & a_n \end{pmatrix} \in G \ \middle| \ a_i \in \mathbf{R}^*, \ n_{ij} \in \mathbf{R}, \ i < j \right\}
$$

である. よって
$$G/B \simeq \mathrm{Flag}(n, \mathbf{R})$$
となる.

つぎに $\mathrm{Flag}(n, \mathbf{R})$ に左から $K = O(n)$ を作用させ,

$$O(n) \curvearrowright \mathrm{Flag}(n, \mathbf{R})$$

の $O(n)$ 軌道分解を考える. 任意の旗 F に対して, ある $k \in K = O(n)$ が存在して $F = kF_0$ と書けることに注意する. 実際, $F = (V_l)$ としたとき, V_n の基底 $\boldsymbol{v}_1, \boldsymbol{v}_2, \ldots, \boldsymbol{v}_n$ を, 各 l に対して $\boldsymbol{v}_1, \boldsymbol{v}_2, \ldots, \boldsymbol{v}_l$ が V_l の正規直交基底になるようにとる. このとき $k = (\boldsymbol{v}_1 \boldsymbol{v}_2 \cdots \boldsymbol{v}_n) \in O(n)$ であり, $F = F^k = kF_0$ となる. このことから
$$\mathrm{Flag}(n, \mathbf{R}) = KF_0$$
であり, K は $\mathrm{Flag}(n, \mathbf{R})$ に推移的に作用する. このとき

$$K_{F_0} = K \cap B = \left\{ \begin{pmatrix} \epsilon_1 & & & \mathbf{0} \\ & \epsilon_2 & & \\ & & \ddots & \\ \mathbf{0} & & & \epsilon_n \end{pmatrix} \middle| \epsilon_i = \pm 1 \right\}$$

となる. したがって
$$K/K_{F_0} \simeq \mathrm{Flag}(n, \mathbf{R})$$
である. $\mathrm{Flag}(n, \mathbf{R}) \simeq G/B$ に注意すれば, G/B に K は推移的に作用し, $G/B = KB$ であり, $G = KB$ となる.

さらに K_{F_0} の要素を掛けることにより B の要素の対角成分の符号を変えることができるので
$$B = K_{F_0} B_0$$
となる. ここで

$$B_0 = \left\{ \begin{pmatrix} a_1 & & & n_{ij} \\ & a_2 & & \\ & & \ddots & \\ \mathbf{0} & & & a_n \end{pmatrix} \in G \;\middle|\; a_i > 0,\ n_{ij} \in \mathbf{R},\ i < j \right\}$$

である. このときつぎが成り立つ.

補題 4.12 $f : K \times B_0 \to G$ を $f(k, b) = kb$ と定めれば全単射である.

証明 $G = KB = KK_{F_0}B_0 = KB_0$ より全射である. $K \cap B_0 = \{I_n\}$ より単射である. ∎

ここで

$$B_0 = AN,$$

$$A = \left\{ \begin{pmatrix} a_1 & & & \mathbf{0} \\ & a_2 & & \\ & & \ddots & \\ \mathbf{0} & & & a_n \end{pmatrix} \;\middle|\; a_i > 0 \right\},$$

$$N = \left\{ \begin{pmatrix} 1 & & & n_{ij} \\ & 1 & & \\ & & \ddots & \\ \mathbf{0} & & & 1 \end{pmatrix} \;\middle|\; n_{ij} \in \mathbf{R},\ i < j \right\}$$

と書くことができ, さらに

$$A \times N \to B_0$$

が全単射であることに注意する. よって $f : K \times A \times N \to G$ を $f(k, a, n) = kan$ と定めれば全単射となり, つぎの $GL(n, \mathbf{R})$ の岩沢分解を得る.

$$GL(n, \mathbf{R}) = O(n)AN.$$

つぎに

$$B \curvearrowright \mathrm{Flag}(n, \mathbf{R})$$

の軌道分解を考える. $K \curvearrowright \mathrm{Flag}(n, \mathbf{R})$ の作用は推移的であったが, B を作用させたときはいくつかの軌道に分かれる. このとき 4.4 節と同様の議論により $GL(n, \mathbf{R})$ のブリュア分解, すなわち $B \times B$ 軌道分解

$$GL(n, \mathbf{R}) = \bigsqcup_{w \in W} BwB$$

を得る. これにより

$$\mathrm{Flag}(n, \mathbf{R}) = \bigsqcup_{w \in W} BwF_0$$

となる.

4.5.2 $GL(n, \mathbf{R}) \curvearrowright \mathrm{Sym}(n, \mathbf{R})$

4.3.1 項の議論を $K = \mathbf{R}$ の場合に行う. $M = \mathrm{Sym}(n, \mathbf{R})$ を n 次実対称行列の全体, $G = GL(n, \mathbf{R})$ とする. つぎの $GL(n, \mathbf{R})$ の極分解とカルタン分解が得られる.

$$GL(n, \mathbf{R}) = \mathrm{Sym}_+(n, \mathbf{R})O(n) = \bigsqcup_{a \in A_+} O(n)aO(n)$$

さらに一般化して, $p + q = n$ に対して

$$GL(n, \mathbf{R}) = \mathrm{Sym}_{p,q}(n, \mathbf{R})O(p, q) = \bigsqcup_{a \in A_{p,q}^+} O(n)aO(p, q)$$

となる. ここで $\mathrm{Sym}_{p,q}(n, \mathbf{R})$ は正の固有値を p 個, 負の固有値を q 個もつ実対称行列の全体, $\mathrm{Sym}_+(n, \mathbf{R}) = \mathrm{Sym}_{n,0}(n, \mathbf{R})$ である. A_+ は 4.2 節と同様に定め, $A_{p,q}^+$ の定義は後述する.

　$GL(n, \mathbf{R}) \curvearrowright \mathrm{Sym}(n, \mathbf{R})$ を

$$g \cdot m = gm\, {}^t g, \quad m \in M, \ g \in G$$

と定義すると, 4.3.1 項と同様にして, M の G 軌道分解は

$$M = \bigsqcup_{p+q \leq n} O(I_{p,q})$$

となる. 軌道が互いに交差しないことは固有値が異なることからわかる. とくに

$$O(I_{p,q}) = \mathrm{Sym}_{p,q}(n, \mathbf{R}),$$

$$O(I_{n,0}) = \mathrm{Sym}_+(n, \mathbf{R})$$

である.

ここで $GL(n, \mathbf{R})$ あるいは $O(n)$ の $O(I_{n,0})$ への作用を考える. $G = GL(n, \mathbf{R})$ は $O(I_{n,0})$ に推移的に作用し, $I_n = I_{n,0} \in O(I_{n,0})$ に注意すれば

$$G_{I_n} = \{g \in G \mid gI_n{}^t g = I_n\} = O(n)$$

である. よって

$$G/O(n) \simeq \mathrm{Sym}_+(n, \mathbf{R})$$

となる. $O(n)$ は $O(I_{n,0})$ に推移的に作用せず

$$O(n) \curvearrowright \mathrm{Sym}_+(n, \mathbf{R})$$

の軌道分解を考える. $\mathrm{Sym}_+(n, \mathbf{R})$ の任意の要素が直交行列によって対角化できること, さらに直交行列によって対角成分の並べ替えができることに注意すれば

$$\mathrm{Sym}_+(n, \mathbf{R}) = G \cdot I_n = O(n) \cdot A_+ \cdot I_n = \bigsqcup_{a \in A_+} O(n) \cdot a$$

となる. この分解は $\mathrm{Sym}_+(n, \mathbf{R})$ の $O(n)$ 軌道分解である.

ここで $G/O(n) \simeq \mathrm{Sym}_+(n, \mathbf{R})$, $gO(n) \mapsto g \cdot I_n$ に注意すれば, $O(n) \curvearrowright \mathrm{Sym}_+(n, \mathbf{R})$ は

$$O(n) \curvearrowright G/O(n)$$

とみなすことができ, $O(n)$ の作用は左からの積に対応する. 4.3.1 項と同様に G の $O(n) \times O(n)$ 軌道分解

$$GL(n, \mathbf{R}) = \bigsqcup_{a \in A_+} O(n)aO(n)$$

が得られる. これは G のカルタン分解に他ならない.

$$O(n)\backslash G/O(n) = A_+$$

である．さらに $G = \mathrm{Sym}_+(n, \mathbf{R}) O(n)$ である．

つぎに $\mathrm{Sym}(n, \mathbf{R})$ の別の軌道

$$O(I_{p,q}) = \mathrm{Sym}_{p,q}(n, \mathbf{R}), \quad p + q = n$$

へ $GL(n, \mathbf{R})$ あるいは $O(n)$ を作用させる．$G = GL(n, \mathbf{R})$ は $O(I_{p,q})$ に推移的に作用し，$I_{p,q} \in O(I_{p,q})$ に注意すれば

$$G_{I_{p,q}} = \{ g \in G \mid g I_{p,q}\, {}^t g = I_{p,q} \} = O(p, q)$$

である．よって

$$G/O(p, q) \simeq \mathrm{Sym}_{p,q}(n, \mathbf{R})$$

となる．$O(n)$ は $O(I_{p,q})$ に推移的に作用せず

$$O(n) \curvearrowright \mathrm{Sym}_{p,q}(n, \mathbf{R})$$

の軌道分解を考える．$\mathrm{Sym}_{p,q}(n, \mathbf{R})$ の任意の要素 m は，直交行列による対角化および直交行列による対角成分の並べ替えにより，$u \in O(n)$ が存在して，$u^{-1} m u = {}^t u m u = a$ とできる．ただし a は

$$\begin{pmatrix} a_1 & & & \mathbf{0} \\ & a_2 & & \\ & & \ddots & \\ \mathbf{0} & & & a_n \end{pmatrix}, \quad a_1 \geq a_2 \geq a_p > 0 > a_{p+1} \geq \cdots \geq a_n$$

である．このような a の全体を $A_{p,q}$ とする．ここで

$$A_{p,q}^+ = \left\{ \begin{pmatrix} a_1 & & & \mathbf{0} \\ & a_2 & & \\ & & \ddots & \\ \mathbf{0} & & & a_n \end{pmatrix} \;\middle|\; a_1 \geq a_2 \geq a_p > 0,\ 0 < a_{p+1} \leq \cdots \leq a_n \right\}$$

とする．このとき $a \in A_{p,q}^+$ に対して

$$\phi(a) = a \cdot I_{p,q} = aI_{p,q}a = \begin{pmatrix} a_1^2 & & & & & & \\ & \ddots & & & & \mathbf{0} & \\ & & a_p^2 & & & & \\ & & & -a_{p+1}^2 & & & \\ & \mathbf{0} & & & \ddots & \\ & & & & & -a_n^2 \end{pmatrix} \in A_{p,q}$$

とすれば，明らかに

$$\phi : A_{p,q}^+ \to A_{p,q}$$

は全単射である．よって $a \in A_{p,q}$ に対して，g_a を $\phi^{-1}(a)$ の各対角成分の
ルートをとったものとすれば，$\phi(g_a) = g_a \cdot I_{p,q} = a$ である．これにより
$m = ua^tu = ug_a I_{p,q}{}^t g_a{}^t u = u \cdot g_a \cdot I_{p,q}$ となる．このことから

$$\mathrm{Sym}_{p,q}(n, \mathbf{R}) = \bigsqcup_{a \in A_{p,q}} O(n) \cdot g_a \cdot I_{p,q}$$

$$= \bigsqcup_{a \in A_{p,q}^+} O(n) \cdot a$$

となる．これは $\mathrm{Sym}_{p,q}(n, \mathbf{R})$ の $O(n)$ 軌道分解である．

ここで $G/O(p,q) \simeq \mathrm{Sym}_{p,q}(n, \mathbf{R})$, $gO(p,q) \mapsto g \cdot I_{p,q}$ に注意すれば，
$O(n) \curvearrowright \mathrm{Sym}_{p,q}(n, \mathbf{R})$ は

$$O(n) \curvearrowright G/O(p,q)$$

とみなすことができ，$O(n)$ の作用は左からの積に対応する．よって G の $O(n) \times O(p,q)$ 軌道分解は

$$GL(n, \mathbf{R}) = \bigsqcup_{a \in A_{p,q}^+} O(n)aO(p,q)$$

となる．

4.5.3　$SL(2, \mathbf{C}) \curvearrowright P^1(\mathbf{C})$

今までの議論を $G = SL(2, \mathbf{C})$ に適用すれば，G のブリュア分解，岩沢分解，
カルタン分解を求めることができる．

$$SL(2, \mathbf{C}) = N_{\mathbf{C}} w B \sqcup B = SU(2) A N_{\mathbf{C}} = SU(2) A SU(2)$$

ここでは例 3.31 のメービウス変換

$$g \cdot z = \frac{\alpha z + \beta}{\gamma z + \delta}, \quad z \in P^1(\mathbf{C}), \ g = \begin{pmatrix} \alpha & \beta \\ \gamma & \delta \end{pmatrix} \in SL(2, \mathbf{C})$$

を用いてこれらの分解を求める．ただし G の各部分群と要素 w はつぎのように定める．

$$T = S(U(1) \times U(1)) = \left\{ k(\theta) = \begin{pmatrix} e^{i\theta} & 0 \\ 0 & e^{-i\theta} \end{pmatrix} \ \middle| \ \theta \in \mathbf{R} \right\},$$

$$A = \left\{ a(t) = \begin{pmatrix} t & 0 \\ 0 & t^{-1} \end{pmatrix} \ \middle| \ t > 0 \right\},$$

$$N_{\mathbf{C}} = \left\{ n(z) = \begin{pmatrix} 1 & z \\ 0 & 1 \end{pmatrix} \ \middle| \ z \in \mathbf{C} \right\}, \quad N_{\mathbf{C}}^- = {}^t N_{\mathbf{C}},$$

$$B = \left\{ \begin{pmatrix} \alpha & \gamma \\ 0 & \alpha^{-1} \end{pmatrix} \ \middle| \ \alpha \neq 0, \ \alpha, \gamma \in \mathbf{C} \right\}, \quad B^- = {}^t B,$$

$$w = \begin{pmatrix} 0 & -1 \\ 1 & 0 \end{pmatrix}.$$

ここで $B = N_{\mathbf{C}} A T = T A N_{\mathbf{C}}$ である．$SL(2, \mathbf{C}) \curvearrowright P^1(\mathbf{C})$ は推移的に作用する．実際，$P^1(\mathbf{C})$ をリーマン球面 $\mathbf{C} \sqcup \{\infty\}$ と同一視すれば

$$n(z) \cdot 0 = z, \quad w^{-1} \cdot 0 = \infty$$

である．0 の固定化群は B^- である．よって

$$P^1(\mathbf{C}) \simeq SL(2, \mathbf{C}) / B^-$$

となる．$P^1(\mathbf{C}) = \mathbf{C} \sqcup \{\infty\} = N_{\mathbf{C}} \cdot 0 \sqcup \{w^{-1} \cdot 0\}$ に注意すれば

$$SL(2, \mathbf{C}) = N_{\mathbf{C}} B^- \sqcup w^{-1} B^-$$

である. ここで集合として $SL(2, \mathbf{C}) = SL(2, \mathbf{C})w$, $w^{-1}B^- w = B$ なので

$$SL(2, \mathbf{C}) = N_{\mathbf{C}} w w^{-1} B^- w \sqcup w^{-1} B^- w$$
$$= N_{\mathbf{C}} w B \sqcup B$$

となり, ブリュア分解が得られる.

つぎに

$$SU(2) \curvearrowright P^1(\mathbf{C})$$

の軌道分解を考える. $z \in \mathbf{C}$ に対して

$$g(z) = \frac{1}{\sqrt{1 + |z|^2}} \begin{pmatrix} 1 & z \\ -\overline{z} & 1 \end{pmatrix}$$

とすると $g(z) \in SU(2)$ であり,

$$g(z) \cdot 0 = z$$

である. また $w \in SU(2)$ であり, $w^{-1} \cdot 0 = \infty$ である. このことから $SU(2)$ も $P^1(\mathbf{C})$ に推移的に作用し, 0 の固定化群は T である. よって

$$P^1(\mathbf{C}) \simeq SU(2)/T$$

である.

$SU(2)$ が $P^1(\mathbf{C})$ に推移的に作用しているので, 任意の $g \in SL(2, \mathbf{C})$ に対して, ある $u \in SU(2)$ が存在して

$$g \cdot 0 = u \cdot 0$$

となる. このとき $u^{-1} g \cdot 0 = 0$ となり, $b = u^{-1} g \in B^-$ である. したがって

$$g = ub \in SU(2)B^- = SU(2)AN_{\mathbf{C}}^-$$

となる. よって $k \in SU(2)$, $a(t) \in A$, $n(z) \in N_{\mathbf{C}}$ が存在して

$$g = ka(t)\,{}^t n(z)$$

と書ける．このとき $^t g^{-1} = \, ^t k^{-1} a(-t) n(-z)$ である．$G = SL(2, \mathbf{C})$ は転置と
逆元をとる操作で変わらないので，$h = \, ^t g^{-1} \in SL(2, \mathbf{C})$ であるため $g = \, ^t h^{-1}$
もこの形に分解できることがわかる．また，これらの分解が一意であることは
容易に確かめられる．よって

$$SL(2, \mathbf{C}) = SU(2) A N_{\mathbf{C}}^{-} = SU(2) A N_{\mathbf{C}}$$

となり，G の岩沢分解が得られた．

つぎに $SL(2, \mathbf{C})$ の要素 g に対して $X = g^* g$ とすれば，X は行列式が正のエ
ルミート行列である（4.2.2 項）．よって，ある $u \in SU(2)$ が存在して $u^{-1} X u$
は対角行列となり，$u^{-1} X u \in A$ がわかる．以下，4.2.3 項と同様の議論により，
G のカルタン分解

$$SL(2, \mathbf{C}) = SU(2) A SU(2)$$

が得られる．

本章では $GL(n, \mathbf{C})$ を中心に，その岩沢分解，カルタン分解，ブリュア分解
を調べた．古典群，さらには連結リー群に対しても同様の分解を得ることがで
きる．詳しくは [27]，第 2 章，[6]，第 13 章，[1]，[32]，第 6 章を参照されたい．

リー群と対称空間

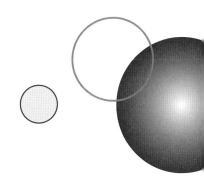

第5章

リーマン対称空間

　多様体の中で距離が定まるものがリーマン多様体であり，さらに測地線による対称性をもつものがリーマン対称空間 M である．このとき，あるリー群 G が M に推移的に作用し，$M \simeq G/H$ となる．H は M の点 p の固定化群である．本章では多様体に関する基礎を復習し（5.1 節），リーマン対称空間 M を定義する（5.2 節）．つぎにリー群 G の M への作用 $G \curvearrowright M$ を構成し，同相 $M \simeq G/H$ を導く．とくにつぎの対応が全射となることを示す（5.3 節）．

$$\{\,\text{リーマン対称対}\,(G, H, \sigma)\,\} \rightleftarrows \{\,\text{リーマン対称空間}\,(M, s_p)\,\}$$

5.1　多様体

　最初に写像の微分について考える．

5.1.1　写像の微分

　$\mathbf{R}^n$ の開集合 U 上で定義された写像 $f : U \to \mathbf{R}^m$ が $\boldsymbol{p} \in U$ で**微分可能**であるとは [1]，ある $m \times n$ 行列 A が存在して

$$f(\boldsymbol{x}) = f(\boldsymbol{p}) + A(\boldsymbol{x} - \boldsymbol{p}) + o(\|\boldsymbol{x} - \boldsymbol{p}\|)$$

---

[1] $n = m = 1$ のとき，ここでの定義は，通常の接線の傾きの存在による定義と同値であることを確かめよ．しかし多変数関数に拡張すると同値でなくなる．例えば $n = 2$, $m = 1$ のときは，ここでの定義は接平面の存在を意味し，**全微分可能**とよばれる．一方，各座標軸方向の傾きの存在は**偏微分可能**とよばれる．

を満たすことである. ここで $o(\|\boldsymbol{x} - \boldsymbol{p}\|)$ はランダウ記号で

$$\lim_{\boldsymbol{x} \to \boldsymbol{p}} \frac{o(\|\boldsymbol{x} - \boldsymbol{p}\|)}{\|\boldsymbol{x} - \boldsymbol{p}\|} = 0$$

を意味する. このとき $A = df(\boldsymbol{p})$ と書く.

$\boldsymbol{x} = (x_i)$, $f(\boldsymbol{x}) = (f_j(\boldsymbol{x}))$ と縦ベクトルで成分表示すれば, A は

$$df(\boldsymbol{p}) = \left(\frac{\partial f_j}{\partial x_i}(\boldsymbol{p}) \right)_{1 \leq j \leq m,\, 1 \leq i \leq n} \tag{5.1}$$

なる $m \times n$ 行列である. これは f の**ヤコビ行列**とよばれる. よって $df(\boldsymbol{p})$ は $df(\boldsymbol{p}) : \mathbf{R}^n \to \mathbf{R}^m$ なる線形写像であり, (5.1) はその表現行列である.

このとき

$$f(\boldsymbol{p}) + df(\boldsymbol{p})(\boldsymbol{x} - \boldsymbol{p}) \tag{5.2}$$

は $\boldsymbol{p}$ の近傍で $f(\boldsymbol{x})$ を**線形近似**するという. f のグラフ $\{(\boldsymbol{x}, f(\boldsymbol{x})) \in \mathbf{R}^n \times \mathbf{R}^m \mid \boldsymbol{x} \in \mathbf{R}^n\}$ を考えたとき

$$\{(\boldsymbol{x}, f(\boldsymbol{p}) + df(\boldsymbol{p})(\boldsymbol{x} - \boldsymbol{p})) \in \mathbf{R}^n \times \mathbf{R}^m \mid \boldsymbol{x} \in \mathbf{R}^n\}$$

は $\boldsymbol{p}$ における**接空間**とよばれる.

◆**例 5.1**　$n = m = 1$ のとき, f が微分可能であることは $f'(p)$ の存在と一致し, $df(\boldsymbol{p}) = f'(p)$ である. このとき (5.2) は接線の方程式であり, 接空間は p を通る接線のグラフである. $n = 2$, $m = 1$ のとき, f が微分可能であることは f が $\boldsymbol{p}$ で全微分可能であることに他ならない. このとき $\frac{\partial f}{\partial x_1}(\boldsymbol{p})$, $\frac{\partial f}{\partial x_2}(\boldsymbol{p})$ が存在し, $df(\boldsymbol{p})$ は $\boldsymbol{p}$ における勾配ベクトルである. また (5.2) は接平面の方程式であり, 接空間は $\boldsymbol{p}$ を通る接平面のグラフである [2].

f が U の各点で微分可能なとき, f は U 上で微分可能であるという. f の各成分関数 f_j が C^r 級, すなわち r 階までの各偏導関数が存在して連続であると

---

[2] [4], 第 2〜4 章を参照されたい.

き，f は C^r 級とよぶ．f が C^∞ 級のとき，f は "滑らか" ともいう．f を C^r 級とし，$\boldsymbol{x}$ と $\boldsymbol{p}$ を結ぶ線分が U に含まれるとき，テイラー展開

$$f_j(\boldsymbol{x}) = \sum_{k=0}^{r-1} \frac{1}{k!} \left(\sum_{i=1}^{n} (x_i - p_i) \frac{\partial}{\partial x_i} \right)^k f_j(\boldsymbol{p}) + R_{j,r}(\boldsymbol{x})$$

が成立する [3]．$R_{j,r}$ は f_j の r 階偏導関数を用いて表される．f が C^∞ 級で各 j に対して U の各点 $\boldsymbol{x}$ で $\lim_{r \to \infty} R_{j,r}(\boldsymbol{x}) = 0$ のとき，f は**解析的**あるいは C^ω 級という．

いま M を位相空間とする．M の開集合 U 上で定義された写像

$$F : U \to \mathbf{R}^m$$

に対して，微分の概念を拡張する．もし U が $\mathbf{R}^n$ の開集合と同相であれば，すなわち

$$\phi : U \to \phi(U) \subset \mathbf{R}^n$$

なる同相写像があれば，F の微分を，前半の議論を用いて $F \circ \phi^{-1} : \phi(U) \to \mathbf{R}^m$ の微分として定義することができる．ただし，この定義は U 上に限られ，かつ ϕ の選び方に依存する．F の C^r 級や解析性についても U 上で同様に定義する．このことから位相空間全体に微分の概念を拡張する場合，空間が局所的にユークリッド空間と同相であるのみならず，微分可能性が局所同相に依存しないことが必要である．次項の可微分多様体はそのような条件を満たすように局所構造を空間全体に貼り合わせたものである．

5.1.2 多様体

位相空間 M が n 次元**可微分多様体** [4] であるとは

(1) M はハウスドルフ空間であり，かつ可算開基をもつ．

(2) 開集合 $U_\alpha \subset M$ と連続写像 $\phi_\alpha : U_\alpha \to \mathbf{R}^n$ の組からなる族 $\{(U_\alpha, \phi_\alpha)\}$ で，つぎの条件を満たすものが存在する．

---

[3] $n = 2$，$m = 1$ のときは，[4]，第 4 章を参照されたい．
[4] 詳しくは [23]，[24] を参照のこと．

(a)　$M = \bigcup_\alpha U_\alpha$.

(b)　$\phi_\alpha : U_\alpha \to \phi_\alpha(U_\alpha)$ は同相である.

(c)　座標変換 $\phi_\beta \circ \phi_\alpha^{-1} : \phi_\alpha(U_\alpha \cap U_\beta) \to \mathbf{R}^n$ は C^∞ 級である.

このとき $\{(U_\alpha, \phi_\alpha)\}$ を**座標近傍系**または**アトラス**とよぶ. 以下では (b) によっ て定まる U_α の座標近傍を $(U_\alpha, (x_1, x_2, \ldots, x_n))$ と表すことにする.

(c) の C^∞ 級を C^r 級に置き換えたものを C^r 級多様体, とくに $r = 0$ のと きは**位相多様体**という. また C^ω 級, すなわち $\phi_\beta \circ \phi_\alpha^{-1}$ が解析的となるとき は**解析多様体**という. さらに上述の多様体の定義における $\mathbf{R}^n$ を $\mathbf{C}^n$ で置き換 え, (c) の C^∞ 級を複素解析的に置き換えたものを**複素多様体**とよぶ.

n 次元可微分多様体 M の開集合を N とすると, N も n 次元可微分多様体で ある. 実際, N は相対位相により位相空間となり, $\{(U_\alpha \cap N, \phi_\alpha|_{U_\alpha \cap N})\}$ が座 標近傍系となる. N は M の開部分多様体とよばれる. 以下では, 単に多様体 といえば可微分多様体を表すこととする.

◆**例 5.2**　$\mathbf{R}^n$ は n 次元多様体である.

◆**例 5.3**　円周 S^1 は 1 次元多様体である. 実際, S^1 は $x^2 + y^2 = 1$ で定義さ れる ${}^t(x, y) \in \mathbf{R}^2$ の全体である. それを, $\{{}^t(x, y) \in S^1 \mid x > 0\}$, $\{{}^t(x, y) \in S^1 \mid x < 0\}$, $\{{}^t(x, y) \in S^1 \mid y > 0\}$, $\{{}^t(x, y) \in S^1 \mid y < 0\}$ で定義される 4 つの開集合 (半円) の和集合として表せば, 可微分多様体の定義における (2) を満たす同相写像を構成できる. よって S^1 は多様体である. 同様に n 次元球 面 S^n も多様体である. 実際, $U_i^+ = \{{}^t(x_1, x_2, \ldots, x_{n+1}) \in S^n \mid x_i > 0\}$, $U_i^- = \{{}^t(x_1, x_2, \ldots, x_{n+1}) \in S^n \mid x_i < 0\}$, $1 \le i \le n+1$ とすれば, S^n は これらの開集合の和で表される. このとき (2) を満たす同相写像 ϕ_i を構成でき る. よって S^n も多様体である.

◆**例 5.4**　$U \subset \mathbf{R}^n$ を開集合とし, $f : U \to \mathbf{R}^m$ をその上の C^∞ 級写像とす る. このとき f のグラフ

$$G(f) = \{(\boldsymbol{x}, f(\boldsymbol{x})) \mid \boldsymbol{x} \in U\}$$

は n 次元多様体である. 実際, $p : G(f) \to \mathbf{R}^n$ を $p(\boldsymbol{x}, \boldsymbol{y}) = \boldsymbol{x}$ とすれば, 座標近傍系は (U, p) の 1 つにとれて, 座標近傍は $(x_1, x_2, \ldots, x_n)$ である.

◆例 5.5 $U \subset \mathbf{R}^n$ を開集合とし, $f : U \to \mathbf{R}^m$ をその上の C^∞ 級写像とする. $\boldsymbol{x} = {}^t(x_1, x_2, \ldots, x_n), f(\boldsymbol{x}) = {}^t(f_1(\boldsymbol{x}), f_2(\boldsymbol{x}), \ldots, f_m(\boldsymbol{x}))$ と成分表示したとき, 写像 f の微分 df は $m \times n$ 行列

$$df(\boldsymbol{x}) = \left(\frac{\partial f_j}{\partial x_i}(\boldsymbol{x}) \right)_{1 \leq j \leq m,\, 1 \leq i \leq n}$$

で与えられる [5)]. いま, 任意の $\boldsymbol{x} \in U$ で

$$\mathrm{rank}\ df(\boldsymbol{x}) = n - k$$

と一定であるとする. このとき

$$\ker f = f^{-1}(\boldsymbol{0}) = \{ \boldsymbol{x} \in U \mid f(\boldsymbol{x}) = 0 \}$$

は陰関数定理により $f(\boldsymbol{x}) = \boldsymbol{0}$ で定まる陰関数のグラフとして表示される [6)]. (5.2) による線形近似および次元公式 (定理 1.47) に注意すれば, $\ker f$ の各点での接空間は k 次元ベクトル空間である. このことから $\ker f$ は k 次元多様体となる.

◆例 5.6 n 次の実正方行列の全体 $M(n, \mathbf{R})$ は $\mathbf{R}^{n^2}$ と同相なので, n^2 次元多様体である. 実際, $A = (a_{ij})$ に対して

$$\Phi(A) = (a_{11}, a_{12}, \ldots, a_{1n}, a_{21}, a_{22}, \ldots, a_{2n}, \ldots, a_{n1}, \ldots, a_{nn-1}, a_{nn})$$

とすれば, $\Phi : M(n, \mathbf{R}) \to \mathbf{R}^{n^2}$ は同相写像となる. $GL(n, \mathbf{R})$ は $M(n, \mathbf{R})$ の開集合であり, よって多様体となる.

◆例 5.7 $f : GL(n, \mathbf{R}) \to \mathbf{R}^m$ を C^∞ 級の写像とする. $GL(n, \mathbf{R})$ は $\mathbf{R}^{n^2}$ の開集合と同相であるから (例 5.6), $f \circ \Phi^{-1}$ の微分 $d(f \circ \Phi^{-1})$ を定義できる.

[5)](5.1) を参照のこと.
[6)][24], 第 3 章, 定理 10.2 および注意 1, 2, [4], 定理 6.2 を参照されたい.

各点 $\boldsymbol{x} \in \mathbf{R}^{n^2}$ で $\dim \ker d(f \circ \Phi^{-1})(\boldsymbol{x}) = k$ が一定であれば，例 5.5 により $\ker f \circ \Phi^{-1} \simeq \ker f$ は k 次元多様体となる．例えば

$$O(n) = \{g \in GL(n, \mathbf{R}) \mid {}^t gg = I_n\}$$

に対して，$f(g) = {}^t gg - I_n$ とすれば，$O(n) = \ker f$ である．6.1 節のリー環の議論を用いると，$O(n)$ の各点での接空間はベクトル空間として $\{X \in M(n, \mathbf{R}) \mid {}^t X + X = 0\}$ と線形同型となり，その次元は $\frac{1}{2}n(n-1)$ となる．よって $O(n)$ は $\frac{1}{2}n(n-1)$ 次元多様体である．同様に $SL(n, \mathbf{R})$, $SO(n)$ なども多様体となる．

◆**例 5.8** 射影空間 $P^{n-1}(\mathbf{R})$ は $n-1$ 次元多様体である．実際，$\boldsymbol{x} \in \mathbf{R}^n - \{\boldsymbol{0}\}$ の同値類を $[\boldsymbol{x}]$ で表したとき

$$U_i = \{[\boldsymbol{x}] \mid x_i \neq 0\},$$
$$\phi_i([\boldsymbol{x}]) = \left(\frac{x_1}{x_i}, \ldots, \frac{x_{i-1}}{x_i}, \frac{x_{i+1}}{x_i}, \ldots, \frac{x_n}{x_i}\right)$$

とすれば，$\{(U_i, \phi_i)\}$ が座標近傍系となる．同様に $P^{n-1}(\mathbf{C})$ は $2(n-1)$ 次元可微分多様体である．

5.1.1 項の最後で述べたように M 上の関数 $f : M \to \mathbf{R}$ が $p \in M$ で**微分可能**であるとは，p を含むすべての (U_α, ϕ_α) に対して

$$f \circ \phi_\alpha^{-1} : \phi_\alpha(U_\alpha) \to \mathbf{R}$$

が $\phi_\alpha(p)$ で微分可能となることである．多様体の定義 (c) により "p を含むある (U_α, ϕ_α) に対して" といっても同じである．M のすべての点で微分可能なとき，f は M 上で微分可能という．

同様に N を m 次元多様体としたとき，写像

$$F : M \to N$$

が $p \in M$ で**微分可能**であるとは, $p \in U$ となる M の座標近傍 (U, ϕ) と $p \in F^{-1}(V)$ となる N の座標近傍 (V, ψ) に対して

$$\psi \circ F \circ \phi^{-1} : \phi(U \cap F^{-1}(V)) \to \mathbf{R}^m$$

が $\phi(p)$ で微分可能な写像となることである. M の任意の点で微分可能なとき, F は M 上で微分可能という. F の C^r 級や解析性についても同様に定義する. $C^r(M)$ を M 上で C^r 級となる関数の全体とする.

$F : M \to N$ が C^∞ 級のとき

$$F^* : C^\infty(N) \to C^\infty(M)$$

を $F^*(f) = f \circ F,\ f \in C^\infty(N)$ で定義する. この F^* を F による**引き戻し**とよぶ. $n = m$ で F が全単射, F^{-1} も C^∞ 級となるとき, M と N は**微分同相**という. また M の各点 p においてある開集合 U が存在して, $F : U \to F(U)$ が微分同相となるとき, M と N は**局所微分同相**という.

5.1.3 接空間

5.1.1 項の接平面の概念を可微分多様体に拡張する. M を n 次元可微分多様体とし, $p \in M$ の近傍を U とする. $X : C^\infty(U) \to \mathbf{R}$ で, U 上で定義された C^∞ 級関数 f, g と $\lambda \in \mathbf{R}$ に対して

(1) $X(f + g) = X(f) + X(g)$,

(2) $X(\lambda f) = \lambda X(f)$,

(3) $X(fg) = X(f)g(p) + f(p)X(g)$

を満たすものを**接ベクトル**という. このとき多様体の定義から接ベクトルは U の取り方に依存しない. この接ベクトルの全体を p での M の**接空間**といい,

$$T_p M$$

と表す. U として p の座標近傍 $(U_\alpha, (x_1, x_2, \ldots, x_n))$ をとり,

$$\left(\frac{\partial}{\partial x_i} \right)_p : f \mapsto \frac{\partial f \circ \phi_\alpha^{-1}}{\partial x_i}(\phi_\alpha(p))$$

とすると，$\left(\dfrac{\partial}{\partial x_i}\right)_p, 1 \leq i \leq n$ は一次独立な接ベクトルとなる．これらの接ベクトルで張る空間と T_pM を同一視することができる．T_pM は n 次元ベクトル空間である [7]．

◆例 5.9　p を通る M 上の滑らかな曲線を c とする．すなわち，$a < 0 < b$ として $I = [a, b]$ 上で定義された滑らかな関数 $c : I \to M$ を考え，$c(0) = p$ とする．このとき p の近傍で定義された C^∞ 級関数 f に対して

$$\boldsymbol{v}_c(f) = \frac{d}{dt} f(c(t))|_{t=0}$$

を f の c に沿う $t = 0$ での**方向微分**とよぶ．$\boldsymbol{v}_c$ は p の近傍の取り方によらない．p の座標近傍 U_α を用いて $c(t) = (c_1(t), c_2(t), \ldots, c_n(t))$ とすると

$$\begin{aligned}
\boldsymbol{v}_c(f) &= \frac{d}{dt} f(c(t))|_{t=0} \\
&= \sum_{i=1}^{n} \frac{\partial f}{\partial x_i}(c(0)) \frac{dc_i}{dt}(0) \\
&= \sum_{i=1}^{n} \frac{dc_i}{dt}(0) \left(\frac{\partial}{\partial x_i}\right)_p (f)
\end{aligned}$$

となる．上述の形から $\boldsymbol{v}_c \in T_pM$ である．このとき

$$\dot{c}(0) = (\dot{c}_1(0), \dot{c}_2(0), \ldots, \dot{c}_n(0))$$

を曲線 c の $t = 0$ での**速度ベクトル**とよぶ．逆に任意の $X_p = \sum_i a_i \left(\dfrac{\partial}{\partial x_i}\right)_p$ に対して，$c_i(t) = c_i(0) + a_i t$ として $c(t)$ を定めれば，c は滑らかな曲線で $\boldsymbol{v}_c = X_p$ となる．このような速度ベクトル全体と T_pM を同一視できる．

　$F : M \to N$ を微分可能な写像とし，$p \in M$, $q = F(p)$ とする．$X \in T_pM$ に対して，$(dF)_p(X) = X \circ F^*$ と定義すれば

$$(dF)_p : T_pM \to T_qN$$

---

[7] [24], 第 3 章を参照のこと．C^r 多様体 $(r < \infty)$ においては $\left(\dfrac{\partial}{\partial x_i}\right)_p, 1 \leq i \leq n$ の張る空間は T_pM の真の部分空間となる．

である. これを F の**微分**とよぶ. T_pM の基底を $\left(\dfrac{\partial}{\partial x_i}\right)_p$, $1 \le i \le n$, T_qN の基底を $\left(\dfrac{\partial}{\partial y_j}\right)_q$, $1 \le j \le m$ とする. $F(x) = (F_j(x)) = (y_j)$ とすると

$$(dF)_p\left(\left(\frac{\partial}{\partial x_i}\right)_p\right)(f) = \left(\frac{\partial}{\partial x_i}\right)_p F^*(f)$$

$$= \left(\frac{\partial}{\partial x_i}\right)_p (f \circ F) = \sum_{j=1}^m \left(\frac{\partial f}{\partial y_j}\right)_q \frac{\partial F_j}{\partial x_i}(p)$$

となるので

$$(dF)_p\left(\left(\frac{\partial}{\partial x_i}\right)_p\right) = \sum_{j=1}^m \frac{\partial F_j}{\partial x_i}(p)\left(\frac{\partial}{\partial y_j}\right)_q$$

$$= \left(\frac{\partial F_1}{\partial x_i}(p), \ldots, \frac{\partial F_m}{\partial x_i}(p)\right)\begin{pmatrix}\left(\dfrac{\partial}{\partial y_1}\right)_q \\ \vdots \\ \left(\dfrac{\partial}{\partial y_m}\right)_q\end{pmatrix}$$

である. よって $(dF)_p$ の表現行列は

$$\left(\frac{\partial F_j}{\partial x_i}(p)\right)_{1 \le j \le m,\, 1 \le i \le n} \tag{5.3}$$

である[8]. とくに $f : M \to \mathbf{R}$ を微分可能な関数とすると, $(df)_p : T_pM \to T_q\mathbf{R}$ となる.

ここで $T_q\mathbf{R}$ を $\mathbf{R}$ と同一視すると[9], $(df)_p$ は $(df)_p : T_pM \to \mathbf{R}$ なる線形写像となる. このような線形写像の全体, すなわち T_pM の双対空間を**余接空間**といい, T_p^*M で表す.

$$T_p^*M = \{\gamma : T_pM \to \mathbf{R} \mid \gamma \text{ は線形}\}$$

である. p の座標近傍を $(U_\alpha, (x_1, x_2, \ldots, x_n))$ とし, $(dx_i)_p$, $1 \le i \le n$ を

$$(dx_i)_p\left(\frac{\partial}{\partial x_j}\right)_p = \delta_{ij}$$

---

[8] $M = \mathbf{R}^n, N = \mathbf{R}^m$ のときは, (5.1) に他ならない.

[9] $a\frac{\partial}{\partial y_1}$ に a を対応させればよい.

と定義すると，$(dx_i)_p, 1 \leq i \leq n$ は $T_p^* M$ の基底となる.

5.1.4　ベクトル場と積分曲線

可微分多様性 M の各点での接空間を集めたもの

$$TM = \bigcup_{p \in M} T_p M$$

を M の**接束**という．各点 p に，p における接ベクトル $X_p \in T_p M$ を対応させる写像

$$X : M \to TM$$

を M 上の**ベクトル場**という．$X(p)$ を X_p と書く．p のまわりの座標近傍系 $(U_\alpha, (x_1, x_2, \ldots, x_n))$ を用いれば，$T_p M$ の基底は $\left(\dfrac{\partial}{\partial x_1}\right)_p, \left(\dfrac{\partial}{\partial x_2}\right)_p, \ldots, \left(\dfrac{\partial}{\partial x_n}\right)_p$ となるので，X_q は

$$X_q = \sum_{i=1}^n a_i(q) \left(\frac{\partial}{\partial x_i}\right)_q, \quad q \in U_\alpha$$

と表される.

各 $a_i(q)$ が各点 p の近傍 U_α で C^∞ 級関数となるとき，X を C^∞ 級ベクトル場という．C^∞ 級ベクトル場の全体を $\mathfrak{X}(M)$ とする．このとき $\mathfrak{X}(M)$ の $C^\infty(M)$ への作用を，$f \in C^\infty(M)$ に対して

$$(Xf)(p) = X_p f$$

と定める．これにより 1 階の微分作用素 $X : C^\infty(M) \to C^\infty(M)$ が定まる．接ベクトルの定義から，$f, g \in C^\infty(M), a, b \in \mathbf{R}$ に対して

$$X(af + bg) = aXf + bXg,$$
$$X(fg) = (Xf)g + fXg$$

である.

$X \in \mathfrak{X}(M), p \in M$ とする. このとき 0 を含む $\mathbf{R}$ の開区間 I を定義域とする曲線 $c : I \to M$ が存在し,

$$c(0) = p, \ \dot{c}(t) = X_{c(t)}, \ t \in I$$

となる. この曲線を, X の p における**積分曲線**という. とくに区間 I が包含関係で極大となるものが一意に存在し, **極大積分曲線**とよばれる [10].

任意の点 p における X の極大積分曲線の定義域が $\mathbf{R}$ 全体になるとき, X は**完備**とよばれる. このとき $c(0) = p$ を満たす極大積分曲線を $c_p(t)$ と表せば, 上述の一意性より

$$c_{c_p(s)}(t) = c_p(s + t), \quad s, t \in \mathbf{R}$$

となる.

ここで $t \in \mathbf{R}$ に対して $\Phi_t : M \to M$ を

$$\Phi_t(p) = c_p(t)$$

と定めれば,

(1) $\Phi_0 = I$,

(2) $\Phi_{s+t} = \Phi_t \circ \Phi_s$,

(3) $\Phi_{-t} = (\Phi_t)^{-1}$

となる. とくに Φ_t は微分同相である [11]. このように $t \in \mathbf{R}$ に対して微分同相 $\Phi_t : M \to M$ が存在し, $\mathbf{R} \times M \to M, (t, p) \mapsto \Phi_t(p)$ が C^∞ 級写像となり, 上述の $(1), (2), (3)$ を満たすとき, $\{\Phi_t\}_{t \in \mathbf{R}}$ を **1 パラメータ変換群**という. 完備なベクトル場 X に対して 1 パラメータ変換群 Φ_t が構成できた. 逆に 1 パラメータ変換群 $\{\Phi_t\}_{t \in \mathbf{R}}$ に対して, 曲線 c_p を $c_p(t) = \Phi_t(p)$ と定め, ベクトル場 X を

$$X_p = \boldsymbol{v}_{c_p} = \left. \frac{d\Phi_t(p)}{dt} \right|_{t=0}$$

---

[10] [24], 5.17 節, [21], 第 3 節を参照されたい.

[11] [24], 第 5 章, 定理 17.7 を参照されたい.

とすれば，X は完備なベクトル場となる．ただし $\Phi_t(p)f = f \circ \Phi_t(p)$ であり，

$$(Xf)(p) = X_p f = \frac{d}{dt} f \circ \Phi_t(p)|_{t=0}$$

である．

　以上のように，完備なベクトル場の全体と 1 パラメータ変換群の全体は集合として同型である．X が完備でないときは，p のある近傍で 1 パラメータ変換群を定義できる．このように局所的に定まる 1 パラメータ変換群 $\{\Phi_t\}_{t \in I}$ を

$$\Phi_t = \mathrm{Exp}\, tX, \quad t \in I$$

と書く．このとき，点 p のある近傍 U で $\mathrm{Exp}\, tX : U \to M$ が定義でき，

$$\mathrm{Exp}\, tX : U \to \mathrm{Exp}\, tX(U)$$

は微分同相となる．よって

$$(d\mathrm{Exp}\, tX)_p : T_p M \to T_{\mathrm{Exp}\, tX(p)} M$$

は線形同型である．この $d\mathrm{Exp}\, tX : TM \to TM$ を用いて

$$L_X : \mathfrak{X}(M) \to \mathfrak{X}(M)$$

なる作用素を

$$L_X Y = \frac{d}{dt} (d\mathrm{Exp}\, tX)^{-1} Y \,|_{t=0}$$

で定める．これを Y の X による**リー微分**とよぶ．リー微分はつぎの性質を満たす．

命題 5.10　$X, Y \in \mathfrak{X}(M)$ に対して

$$[X, Y] = XY - YX$$

とすれば $L_X Y = [X, Y]$ となる [12]．

---

[12] $[X, Y]$ を X, Y の**ブラケット積**とよぶ．XY, YX は 1 階の微分作用素 X, Y の合成であり，2 階の微分作用素となる．差をとることにより，1 階の微分作用素となる（[24], 第 5 章, 16, 17 節）．

5.1.5 リーマン多様体

M を連結な n 次元可微分多様体とし，M に距離を入れることを考える．各点 p の接空間 T_pM に内積 $\langle\ ,\ \rangle_p$ が存在するとする．さらに M 上の任意の C^∞ 級ベクトル場 X, Y に対して

$$q \mapsto \langle X_q, Y_q \rangle_q$$

が M 上で C^∞ 級になるとする．各点 p でこのような内積 $\langle\ ,\ \rangle_p = g_p(\ ,\ )$ が存在するとき，M は**リーマン構造**をもつといい，多様体とリーマン計量の組 (M, g) を**リーマン多様体**という．$g(\ ,\ ) = \langle\ ,\ \rangle$ を**リーマン計量**とよぶ[13]．座標近傍 $(U_\alpha, (x_1, x_2, \ldots, x_n))$ を用いて表せば，U_α の点 q において

$$g_{ij}(q) = \left\langle \left(\frac{\partial}{\partial x_i}\right)_q, \left(\frac{\partial}{\partial x_j}\right)_q \right\rangle_q$$

としたとき，$g_{ij} : U_\alpha \to \mathbf{R}$ が C^∞ 級関数となることである．このとき n 次正方行列 $(g_{ij}(q))$ は正定値対称行列となる．

リーマン構造があるとき，曲線の長さをつぎのように定義することができる．c を M 上の滑らかな曲線，すなわち

$$c : [a, b] \to M$$

なる C^∞ 級関数とする．曲線 c の長さは，$\dot{c}(t) = \left(\frac{dc_i(t)}{dt}\right)$ と書けば

$$L(c) = \int_a^b \sqrt{\langle \dot{c}(t), \dot{c}(t)\rangle}\, dt$$

で定義される．ただし右辺はつぎのように定義する．$\{(U_k, \phi_k)\}$ を座標近傍系とし，g^k を g の U_k への制限とする．このとき $[a, b]$ の分割 $a = t_1 < t_2 < \cdots < t_{n-1} < t_n = b$ を $c([t_k, t_{k+1}]) \subset U_k$ となるようにとる．すると g^k を用

---

[13] 可微分多様体には常にリーマン構造が存在する．一般にパラコンパクト多様体には 1 の分解が存在するので，局所ユークリッド計量を M 全体で貼り合わせることができる．M が σ コンパクトのときの証明は [24]，第 6 章，定理 19.2 を参照されたい．

いて $c([t_k, t_{k+1}])$ の長さが求まるので，c 全体の長さ $L(c)$ はそれらの和をとれ
ばよい．実際

$$\phi_k(c(t)) = (c_1^k(t), c_2^k(t), \ldots, c_n^k(t))$$

とすれば

$$L(c) = \sum_{k=1}^{n-1} \int_{t_k}^{t_{k+1}} \sqrt{\sum_{i,j} g_{ij}^k(c(t)) \frac{dc_i^k(t)}{dt} \frac{dc_j^k(t)}{dt}} \, dt$$

である．

　曲線の長さが定まると，2 点間の距離 $d(\ ,\ )$ を，その 2 点を結ぶ曲線の長さ
の下限として定義することができる．よってリーマン多様体は距離空間となる．
この距離空間としての位相はもともとの多様体としての位相と一致する．

5.1.6　測地線

　M に距離が定義されれば，2 点を結ぶ曲線 $\gamma(t)$ で局所的に最短距離をもつも
のを定義できる．これを**測地線**とよぶ．ここで $\gamma(t)$ が満たす微分方程式につい
て考えてみる．通常は最短距離の概念を変分原理で表すことにより $\gamma(t)$ の微分
方程式が得られる．しかし距離の定義が局所座標系に依存しているので，この
ような方法では微分方程式も局所座標系に依存してしまう．

　ところでユークリッド空間の場合，測地線は直線であり，$\dot{\gamma}(t)$ が一定，すな
わち $\ddot{\gamma}(t) = 0$ として定義できる．この加速度ベクトルが 0 となること，すなわ
ち速度ベクトルの微分が 0 となることの概念を拡張して測地線を定義すること
ができる．

　双線形写像 $\nabla : \mathfrak{X}(M) \times \mathfrak{X}(M) \to \mathfrak{X}(M), (X, Y) \mapsto \nabla_X Y$ が

$$\nabla_{fX} Y = f \nabla_X Y$$

$$\nabla_X (fY) = df(X)Y + f \nabla_X Y$$

を満たすとき，∇ はアフィン接続とよばれる．とくにリーマン多様体 (M, g) に
は，$Z\langle X, Y \rangle = \langle \nabla_Z X, Y \rangle + \langle X, \nabla_Z Y \rangle$ および $\nabla_X Y - \nabla_Y X - [X, Y] = 0$
を満たすアフィン接続が一意に存在し[14]，**レヴィ・チヴィタ接続**あるいは**リー**

---

[14] [16], 定理 1.3 参照.

マン接続とよばれる$^{15)}$. $X \in T_p M$ に対して $\widetilde{X} \in \mathfrak{X}(M)$ を $\widetilde{X}_p = X$ にとる. このとき $\widetilde{Y} \in \mathfrak{X}(M)$ に対して $\nabla_X \widetilde{Y} = (\nabla_{\widetilde{X}} \widetilde{Y})_p \in T_p M$ と定め, $\widetilde{Y}$ の X 方向の**共変微分**という. これは $\widetilde{X}$ の取り方によらない.

$\gamma : I = [a, b] \to M$ を滑らかな曲線とし, $TM \to \bigcup_{t \in I} T_{\gamma(t)} M$ の滑らかな断面の全体を $\mathfrak{X}(\gamma)$ とする. すなわち $Y \in \mathfrak{X}(\gamma)$ とすると, $t \mapsto Y(t) \in T_{\gamma(t)} M$ が I 上で滑らかとなる. ここで $X \in \mathfrak{X}(\gamma)$ を $X_{\gamma(t)} = d\gamma(d/dt)_t = \dot{\gamma}(t)$ となるものとする. このとき $\xi \in T_{\gamma(a)} M$ に対して, ξ を γ に沿って平行移動し, γ に沿ったベクトル場 $Y \in \mathfrak{X}(\gamma)$ を作ることができる. このようなベクトル場 Y は

$$Y_{\gamma(a)} = \xi, \quad \nabla_X(Y)_{\gamma(t)} = 0, \quad t \in I$$

と表される. これは X の取り方によらない. とくに

$$\nabla_X(X)_{\gamma(t)} = 0, \quad t \in I$$

となるとき, γ は**測地線**とよばれ, 局所的に 2 点 p, q を結ぶ弧長を最短にする$^{16)}$.

このとき $p \in M$ を始点とし, $X \in T_p M$ を初速度とする測地線, すなわち $\gamma(0) = p, \dot{\gamma}(0) = X$ となる測地線 γ で, つぎの条件を満たすものが一意に存在する.

"0 を含む区間 J で定義された測地線 $\alpha : J \to M$ が
$\alpha(0) = p, \dot{\alpha}(0) = X$ ならば $J \subset I$ となる."

この γ を, p を通り X に接する**極大測地線**といい, γ_X で表す. とくに $\gamma_X(t)$ が $I = \mathbf{R}$ で定義できるとき, X は**完備**であるという.

U を $T_p M$ の要素で $\gamma_X(1)$ が定義できるもの全体とすれば, U は $T_p M$ の 0 を含む開集合となる. このとき $X \in U \subset T_p M$ に対して $\mathrm{Exp}_p(X) = \gamma_X(1)$ とすれば

$$\mathrm{Exp}_p : U \to M$$

$^{15)}$[16], 第 1 章. [19], 3.8 節, 4.1 節を参照されたい.

$^{16)}$$\widetilde{\nabla}_{d/dt} = \nabla_{d\gamma(d/dt)}$ は $\widetilde{\nabla} : \mathfrak{X}(I) \times \mathfrak{X}(\gamma) \to \mathfrak{X}(\gamma)$ を定義する. これを ∇ で記せば, γ が測地線であることは, $\nabla_{d/dt} \dot{\gamma}(t) = 0, t \in I$ となることである ([16], 1.2 節).

なる写像を定義できる. これを**指数写像**という. 指数写像は $0 \in T_pM$ の十分小さな近傍上で微分同相を与える. また M が距離空間として完備 (2.1.7 項) となる必要十分条件は, すべての点 p で Exp_p が T_pM 全体で定義できること, すなわちすべての $X \in T_pM$ が完備となることである [17]. $X \in T_pM$ を初速度とする測地線は $\mathrm{Exp}_p(tX)$ と表される.

以下, リーマン計量とその測地線の例を紹介するが, 測地線の方程式の導入など詳しい計算は [19], 4.5 節を参照されたい.

◆**例 5.11** n 次元ユークリッド空間 $\mathbf{R}^n$ は多様体であり, $\mathbf{R}^n$ 自身を各点の座標近傍とみなせる. このとき $T_p\mathbf{R}^n$ の計量を

$$\left\langle \frac{\partial}{\partial x_i}, \frac{\partial}{\partial x_j} \right\rangle = \delta_{ij}$$

とすれば, リーマン計量となる. これを**標準計量**とよぶ. このとき 2 点間の距離の定義は通常の距離の定義と一致する. 測地線 $\boldsymbol{c}(t)$ は

$$\frac{d^2\boldsymbol{c}}{dt^2} = \mathbf{0}$$

を満たす. よって $\boldsymbol{c}(t) = \boldsymbol{\alpha}t + \boldsymbol{\beta}$, $\boldsymbol{\alpha}, \boldsymbol{\beta} \in \mathbf{R}^n$ となり, 2 点を結ぶ測地線は線分となる.

◆**例 5.12** n 次元球面 S^n は $\mathbf{R}^{n+1}$ へ包含写像で埋め込むことができる. このとき

$$T_pS^n = \{x \in \mathbf{R}^{n+1} \mid \langle p, x \rangle = 0\}$$

と同一視できる. $T_p\mathbf{R}^{n+1}$ の標準計量をここに制限すれば, T_pS^n の計量を定義できる. これを S^n の標準計量とよぶ. このとき測地線 $\boldsymbol{c}(t)$ は

$$\frac{d^2\boldsymbol{c}}{dt^2} + \lambda^2\boldsymbol{c} = \mathbf{0}$$

を満たす. この解は $\boldsymbol{c}(t) = \boldsymbol{\alpha}\cos\lambda t + \boldsymbol{\beta}\sin\lambda t$, $\boldsymbol{\alpha}, \boldsymbol{\beta} \in \mathbf{R}^{n+1}$ となる. $\boldsymbol{c}(t) \in S^n$ より, $\langle \boldsymbol{c}, \boldsymbol{c} \rangle = 1$ に注意すると, $\boldsymbol{\alpha}, \boldsymbol{\beta}$ は

---

[17]**ホップ・リノウの定理**. [19], 4.8 節, 定理 1 を参照のこと.

$$\langle \boldsymbol{\alpha}, \boldsymbol{\alpha} \rangle = \langle \boldsymbol{\beta}, \boldsymbol{\beta} \rangle = 1, \quad \langle \boldsymbol{\alpha}, \boldsymbol{\beta} \rangle = 0$$

を満たす. したがって 2 点を結ぶ測地線はこの 2 次元空間と S^n の共通部分となり, 2 点を大円で結んだものとなる.

◆**例 5.13** $\mathbf{R}^{n+1}$ に双線形形式 $\langle\ ,\ \rangle_{1,n}$ を

$$\langle \boldsymbol{x}, \boldsymbol{y} \rangle_{1,n} = -x_0 y_0 + x_1 y_1 + \cdots + x_n y_n$$

で定めた空間を $\mathbf{R}^{1,n}$ とする [18]. この空間は**ローレンツ空間**とよばれる. このとき n 次元双曲空間 H^n は

$$H^n = \{ \boldsymbol{x} \in \mathbf{R}^{1,n} \mid \langle \boldsymbol{x}, \boldsymbol{x} \rangle_{1,n} = -1,\ x_0 > 0 \}$$

で与えられる. $x_0 > 0$ より連結である. H^n は $\mathbf{R}^{n+1}$ へ包含写像で埋め込むことができる. このとき

$$T_p H^n = \{ \boldsymbol{x} \in \mathbf{R}^{n+1} \mid \langle \boldsymbol{p}, \boldsymbol{x} \rangle_{1,n} = 0 \}$$

と同一視できる. $T_p \mathbf{R}^{n+1}$ の標準計量をここに制限すれば, $T_p H^n$ の計量を定義できる. これを H^n の標準計量とよぶ. このとき測地線 $\boldsymbol{c}(t)$ は

$$\frac{d^2 \boldsymbol{c}}{dt^2} - \lambda^2 \boldsymbol{c} = \mathbf{0}$$

を満たす. この解は $\boldsymbol{c}(t) = \boldsymbol{\alpha} \cosh \lambda t + \boldsymbol{\beta} \sinh \lambda t,\ \boldsymbol{\alpha}, \boldsymbol{\beta} \in \mathbf{R}^{n+1}$ となる. $\boldsymbol{c}(t) \in H^n$ より, $\langle \boldsymbol{c}, \boldsymbol{c} \rangle_{1,n} = -1$ に注意すると, $\boldsymbol{\alpha}, \boldsymbol{\beta}$ は

$$\langle \boldsymbol{\alpha}, \boldsymbol{\alpha} \rangle_{1,n} = -1, \quad \langle \boldsymbol{\beta}, \boldsymbol{\beta} \rangle_{1,n} = 1, \quad \langle \boldsymbol{\alpha}, \boldsymbol{\beta} \rangle_{1,n} = 0$$

を満たす. よって 2 点を結ぶ測地線はこの 2 次元空間と H^n の共通部分となる.

5.1.7 等長変換群

2 つのリーマン多様体 M, N について

$$f : M \to N$$

---

[18] 1.3.4 項と符号を変えている.

なる微分同相が**等長変換**であるとは，任意の $p \in M$, $X, Y \in T_p M$ に対して

$$\langle df_p X, df_p Y \rangle_{f(p)} = \langle X, Y \rangle_p$$

が成り立つことであり，このとき M, N は**等長同型**または単に**同型**であるという．とくに M が連結で，$f : M \to M$ が全射な連続写像であれば，f が等長変換となる必要十分条件は距離を保存すること，すなわち，すべての $p, q \in M$ に対して

$$d(f(p), f(q)) = d(p, q)$$

となることである [19]．また，等長変換 f により測地線は測地線に移り，$X \in T_p M$, $t \in \mathbf{R}$ に対して

$$f(\gamma_X(t)) = \gamma_{df(X)}(t)$$

となる．M の任意の点 p に対して，p のある近傍 U が存在して，$f : U \to f(U)$ が等長変換となるとき，f を**局所等長変換**といい，M, N は**局所等長同型**であるという．

命題 5.14　リーマン多様体 M, N について，M は連結であるとする．局所等長変換 $\phi, \psi : M \to N$ が M の点 p で $\phi(p) = \psi(p)$ かつ $d\phi_p = d\psi_p$ を満たすならば $\phi = \psi$ である．

証明　M の部分集合 A を

$$A = \{ x \in M \mid \phi(x) = \psi(x),\ d\phi_x = d\psi_x \}$$

と定める．仮定より $A \neq \emptyset$ である．$\phi, \psi, d\phi, d\psi$ の連続性により，A は閉集合である．A が開集合であることが示せれば，$A = M$ となる．$q \in A$ とする．このとき指数写像が $0 \in T_p M$ の十分小さな近傍上で微分同相写像となるので，q のある開近傍 V では，任意の $q' \in V$ に対して，ある $X \in T_q M$ が存在し，

$$\gamma_X(1) = q'$$

---

[19] マイヤーズ・スティーンロッドの定理.

とできる. このとき仮定を用いれば

$$\phi(q') = \phi(\gamma_X(1)) = \gamma_{d\phi X}(1) = \gamma_{d\psi X}(1) = \psi(\gamma_X(1)) = \psi(q')$$

となり, V 上で $\phi = \psi$ となる. したがって $d\phi_{q'} = d\psi_{q'}$ が成立し, このことから $V \subset A$ である. よって q は内点であり, A は開集合である. ■

(M, g) をリーマン多様体とし, $M \to M$ なる等長変換の全体を $I(M)$ とする. すなわち

$$I(M) = \{\sigma : M \to M \mid \sigma \text{ は微分同相で, 任意の } x, y \in M \text{ に対して}$$
$$d(\sigma(x), \sigma(y)) = d(x, y) \text{ を満たす} \}$$

とする. このとき $\sigma, \tau \in I(M)$ の積を合成 $\sigma \circ \tau$ とし, 単位元を恒等変換とし, σ の逆元を逆写像 σ^{-1} とすれば, $I(M)$ は群となる. さらにコンパクト開位相[20]を入れることにより, $I(M)$ は位相群となる. $I(M)$ を, M に作用する M の**等長変換群**とよぶ.

定理 5.15 $I(M)$ は可算開基をもつ局所コンパクト群となり, さらにリー群となる[21].

命題 5.16 $G = I(M)$ とし, $p \in M$ の固定化群を $H = G_p$ とする. このとき H はコンパクトである.

証明 実際, $U \subset M$ を p を含む相対コンパクトな近傍とすると, $W(\{p\}, U) = \{f \in I(M) \mid f(p) \in U\} \subset I(M)$ はコンパクト開位相で相対コンパクトである[22]. よってその閉包はコンパクトである. H は $W(\{p\}, U)$ の閉集合なので, H はコンパクトとなる. ■

---

[20] C, U をそれぞれ M のコンパクト集合, 開集合としたとき, $W(C, U) = \{f \in I(M) \mid f(C) \subset U\}$ を開集合とする $I(M)$ の最も弱い位相が**コンパクト開位相**である.

[21] [16], 定理 1.2, [32], 4.2 節, [34] を参照されたい. 1935 年に H. カルタンが $\mathbf{C}^n$ の有界領域上の双正則変換群がリー群であることを示し, 1939 年にマイヤーズ・スティーンロッドがリーマン多様体の等長変換群がリー群であることを示した.

[22] [32], 第 4 章, 定理 2.2, [16], 定理 1.2.

$I(M)$ の単位元，すなわち恒等変換を含む連結成分を $I_0(M)$ とする．5.2.1 項のリーマン対称空間に対する $I(M), I_0(M)$ は，5.2.3 項の例 5.25〜例 5.27 で与える．

5.2　リーマン対称空間

リーマン多様体において対称とよばれる変換を定義する．平面においては点対称と線対称があり，どちらも 2 回繰り返すと元の点に戻る性質がある．このような性質をもつリーマン対称空間を定義し，その等質性を導く．

5.2.1　対称

M を連結な n 次元リーマン多様体とする．$p \in M$ での指数写像を $\mathrm{Exp}_p : U \to M$ とする（5.1.6 項）．指数写像は T_pM の 0 の十分小さな近傍上で微分同相になるので，$B_r(p)$ を p を中心とする半径 r の開球としたとき，r を十分に小さくとれば，T_pM の 0 の近傍 W が存在して $\mathrm{Exp}_p : W \to B_r(p)$ が微分同相になる．このとき写像 $s_p : B_r(p) \to B_r(p)$ を

$$s_p(\mathrm{Exp}_p(X)) = \mathrm{Exp}_p(-X), \quad X \in W \tag{5.4}$$

で定めたものを，**局所測地対称**とよぶ．とくに各点 p のある近傍で s_p が等長変換となるとき，M を**局所リーマン対称空間**とよぶ．さらに各点 p で s_p が

$$s_p : M \to M$$

なる等長変換へ拡張できるとき，(M, s_p) あるいは単に M を**リーマン対称空間**とよぶ．s_p を p における**対称**とよぶ．

以上のことはつぎのように言い換えられる．M がリーマン対称空間であるとは，任意の $p \in M$ に対して，等長変換 $s_p : M \to M$ が存在して

$$\begin{aligned}
&(1) \quad s_p(p) = p, \\
&(2) \quad (ds_p)_p = -I
\end{aligned} \tag{5.5}$$

となることである．$(ds)_p$ は s の微分写像である．このときリーマン対称空間 M は**完備**となる．実際，$\gamma : [0,1] \to M$ を測地線とすると，$\gamma(0), \gamma(1)$ での対

称を考えれば，測地線を $[-1, 2]$ まで延長できる．これを繰り返せば γ は $\mathbf{R}$ 全体で定義される測地線となる．このことは M の完備性と同値であった．また局所対称空間が完備で単連結であれば対称空間となる[23]．

✔**注意 5.17** M をリーマン対称空間とし，点 $p \in M$ を通る測地線を γ とすれば，$\gamma(0) = p$, $s_p(\gamma(t)) = \gamma(-t)$ である．$q = \gamma(s)$ を通る測地線 ξ は $\xi(t) = \gamma(t + s)$ であり，$s_q(\xi(t)) = \xi(-t)$, すなわち $s_q(\gamma(t + s)) = \gamma(-t + s)$ となる．よって $s_q(\gamma(t)) = \gamma(-t + 2s)$ である．後述の 5.2.2 項より等長変換 $\tau_s : M \to M$ が存在し，$\tau_s(p) = q$, $\tau_s(\gamma(t)) = \gamma(t + s)$ となる．この τ を用いると $s_q = \tau_s \circ s_p \circ \tau_s^{-1}$ となる（注意 5.23）．

◆**例 5.18**   ユークリッド空間 $\mathbf{R}^n$ に例 5.11 の標準計量を入れる．原点 $\mathbf{0}$ での対称を $s_{\mathbf{0}}(\boldsymbol{x}) = -\boldsymbol{x}$ とすれば，各点 $\boldsymbol{p} \in \mathbf{R}^n$ での対称は

$$s_{\boldsymbol{p}}(\boldsymbol{x}) = s_{\mathbf{0}}(\boldsymbol{x} - \boldsymbol{p}) + \boldsymbol{p} = -\boldsymbol{x} + 2\boldsymbol{p}$$

となる．$s_{\boldsymbol{p}}$ は等長で，$s_{\boldsymbol{p}}(\boldsymbol{p}) = \boldsymbol{p}$, $(ds_{\boldsymbol{p}})_{\boldsymbol{p}} = -I$ となる．よって $\mathbf{R}^n$ はリーマン対称空間である．

◆**例 5.19**   球面 S^n に例 5.12 の標準計量を入れる．$SO(n+1)$ が S^n に推移的に作用しているので，ある点 $\boldsymbol{p}$ での対称 $s_{\boldsymbol{p}}$ を定義できれば，任意の点 $\boldsymbol{q}$ での対称 $s_{\boldsymbol{q}}$ はそれを $SO(n+1)$ の作用で移すことによって定義できる．実際，$\boldsymbol{q} = A\boldsymbol{p}$, $A \in SO(n+1)$ のとき，$s_{\boldsymbol{q}} = As_{\boldsymbol{p}}A^{-1}$ とすればよい．ここで $\boldsymbol{p}$ と $s_{\boldsymbol{p}}$ を

$$\boldsymbol{p} = \boldsymbol{e}_1 = \begin{pmatrix} 1 \\ 0 \\ \vdots \\ 0 \end{pmatrix}, \quad s_{\boldsymbol{p}} \begin{pmatrix} x_0 \\ x_1 \\ \vdots \\ x_n \end{pmatrix} = \begin{pmatrix} x_0 \\ -x_1 \\ \vdots \\ -x_n \end{pmatrix}$$

とする．このとき $s_{\boldsymbol{p}}$ は等長変換である．実際，S^n の計量は $\mathbf{R}^{n+1}$ の計量の制限なので，これは明らかである．$s_{\boldsymbol{p}}(\boldsymbol{p}) = \boldsymbol{p}$, $(ds_{\boldsymbol{p}})_{\boldsymbol{p}} = -I$ となり，S^n はリー

---

[23] [16], 定理 2.1, [32], 定理 5.6 を参照のこと．

マン対称空間である．一般の点 $\boldsymbol{p} \in S^n$ での対称は

$$s_{\boldsymbol{p}}(\boldsymbol{x}) = -\boldsymbol{x} + 2\langle \boldsymbol{x}, \boldsymbol{p} \rangle \boldsymbol{p}$$

となる（図 5.1）．

◆**例 5.20**　双曲空間 H^n に例 5.13 の標準計量を入れる．$O(1, n)$ の部分群 $O_+(1, n) = SO_0(1, n) \sqcup I_{n,1} SO_0(1, n)$ は**順時的ローレンツ群**とよばれ，$O_+(1, n)$ $= \{A = (a_{ij}) \in O(1, n) \mid a_{ij} \in \mathbf{R}, \ 0 \le i, j \le n, \ a_{00} > 0\}$ である．このとき $O_+(1, n)$ は H^n に推移的に作用するので，ある点 $\boldsymbol{p}$ での対称 $s_{\boldsymbol{p}}$ を定義できれ ば，任意の点 $\boldsymbol{q} = A\boldsymbol{p}$, $A \in O_+(1, n)$ での対称は $s_{\boldsymbol{q}} = A s_{\boldsymbol{p}} A^{-1}$ によって定義 できる．$\boldsymbol{p} = \boldsymbol{e}_1$ として

$$s_{\boldsymbol{p}} \begin{pmatrix} x_0 \\ x_1 \\ \vdots \\ x_n \end{pmatrix} = \begin{pmatrix} x_0 \\ -x_1 \\ \vdots \\ -x_n \end{pmatrix}$$

とする．このとき $s_{\boldsymbol{p}}$ は等長変換である．実際，H^n の計量は $\mathbf{R}^{n+1}$ の計量の 制限なので明らかである．$s_{\boldsymbol{p}}(\boldsymbol{p}) = \boldsymbol{p}$, $(ds_{\boldsymbol{p}})_{\boldsymbol{p}} = -I$ となり，H^n はリーマン 対称空間である．一般の点 $\boldsymbol{p} \in H^n$ での対称は

$$s_{\boldsymbol{p}}(\boldsymbol{x}) = -\boldsymbol{x} - 2\langle \boldsymbol{x}, \boldsymbol{p} \rangle_{1,n} \boldsymbol{p}$$

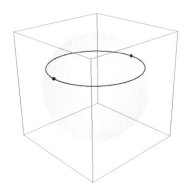

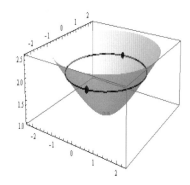

図 5.1　S^2 の対称．x_0 軸は垂直方向　　　**図 5.2**　H^2 の対称．x_0 軸は垂直方向

となる（図 5.2）.

◆**例 5.21** G をコンパクトリー群とする. 後述の命題 5.31 により G には G の左作用 L_g および右作用 R_g で不変な計量が入る. $p = e$ での対称は

$$s_e(g) = g^{-1}$$

である. 実際, $s_e(e) = e$, $(ds_e)_e = -I$ である [24]. s_e が等長変換であることは, $s_e \circ L_g(e) = g^{-1} = R_{g^{-1}} \circ s_e(e)$ より

$$(ds_e)_g \circ (dL_g)_e = (dR_{g^{-1}})_e \circ (ds_e)_e = -(dR_{g^{-1}})_e$$

であることからわかる. よって $(ds_e)_g = -(dR_{g^{-1}})_e \circ ((dL_g)_e)^{-1}$ となる. dL_g, dR_g は等長なので, $(ds_e)_g$ も等長である. また $h \in G$ での対称は

$$s_h(g) = hg^{-1}h$$

となる. 実際, $h = L_h(e)$ より

$$s_h(g) = L_h \circ s_e \circ L_{h^{-1}}(g) = h(h^{-1}g)^{-1} = hg^{-1}h$$

である. よって, コンパクトリー群はリーマン対称空間である.

◆**例 5.22** グラスマン多様体

$$\mathrm{Grass}_r(r + n, \mathbf{C}) \simeq SU(r + n)/S(U(r) \times U(n))$$

の対称を考える. $V \in \mathrm{Grass}_r(r + n, \mathbf{C})$ に対して $V^{\perp}$ を V の直交補空間とする. $\mathbf{C}^{r+n}$ の部分ベクトル空間 W の特性関数を 1_W, すなわち, $1_W(x) = 1$ $(x \in W)$, $1_W(x) = 0$ $(x \notin W)$ とする. ここで

$$s_V = 1_V - 1_{V^{\perp}}$$

---

[24] $\mathrm{Exp}_e(X)^{-1} = \mathrm{Exp}_e(-X)$ となることより得られる.

と定める. $\mathbf{C}^{r+n}$ の基底を, V の基底に $V^\perp$ の基底を加えたものとすれば, s_V の行列表示は

$$s_V = \begin{pmatrix} I_r & \mathbf{0} \\ \mathbf{0} & -I_n \end{pmatrix}$$

となる. よって $s_V \in U(r+n)$ である. したがって s_V は $\mathrm{Grass}_r(r+n, \mathbf{C})$ に自然に作用し, $s_V(V) = V$, $ds_V = -I$ である. さらにこの作用は後述の例 6.23 で定めるリーマン計量に関して等長である. よってグラスマン多様体 $\mathrm{Grass}_r(r+n, \mathbf{C})$ はリーマン対称空間である.

5.2.2　等長変換群と等質性

リーマン対称空間 M が等質空間 G/H として得られることを示す. M 上の等長変換の全体からなるリー群を $I(M)$, その単位元を含む連結成分を $I_0(M)$ とする (5.1.7 項). 各対称 s_p は $I(M)$ の要素なので $I(M) \neq \{I\}$ である. $I(M)$ が M に推移的に作用することを示す.

いま γ を M の測地線とし, $\gamma(0) = p$, $\gamma(s) = q$ とする. このとき注意 5.17 より

$$s_q \circ s_p(\gamma(t)) = s_q(\gamma(-t)) = \gamma(t + 2s)$$

となる. したがって

$$\tau_s = s_{\gamma(s/2)} \circ s_{\gamma(0)}$$

とおくと, $\tau_s(\gamma(t)) = \gamma(t + s)$ となる. このとき τ_s は γ 上の点を, **γ に沿って s だけ移動する変換**とよばれる. とくに $\tau_s : M \to M$ は等長変換であり,

$$\tau_{t+s} = \tau_t \circ \tau_s$$

となる. したがって, τ_s は等長な 1 パラメータ変換群である.

ここで τ_s の形をした等長変換の全体を

$$I_*(M) = \{\tau_s\}$$

とする. s に関する連続性から $I_*(M)$ は連結な集合であり,

$$I_*(M) \subset I_0(M) \subset I(M)$$

となる. このとき $I_*(M)$ は M に推移的に作用する. 実際, $x, y \in M$ とし, それらを通る測地線を γ とし, $\gamma(0) = x$, $\gamma(s) = y$ とする. このとき $\tau_s = s_{\gamma(s/2)} \circ s_{\gamma(0)}$ とすれば

$$y = \gamma(s) = \tau_s(\gamma(0)) = \tau_s(x)$$

である. したがって $I(M)$, $I_0(M)$ も M に推移的に作用している.

つぎに M を等質空間として表す. $G = I_0(M)$ とし, $p \in M$ の固定化群を $H = G_p$ とする. H はコンパクトであり（命題 5.16）, 位相空間として $M \simeq G/H$ である（命題 3.21）. $G = I(M)$ としても同様である. さらに G/H に解析構造を入れて解析的同型

$$M \simeq G/H$$

が成り立つようにできる [25]. また G の要素は M の等長変換なので, M に効果的に作用する. よって H は自明でない G の正規部分群を含まない [26].

✔**注意 5.23** リーマン対称空間 M には群 $I_0(M)$ が推移的に作用しているので, $p \in M$ の取り方によらずに H は決まる. ある点 $p \in M$ での対称 s_p が定義されれば任意の点 q での対称が定義される. 実際, $q = g \cdot p$, $g \in I_0(M)$ とすれば, $G_q = gG_p g^{-1}$, $s_q = gs_p g^{-1}$ である. 以下ではリーマン対称空間 M を, M の 1 つの対称 s_p を代表にとり, (M, s_p) と表す.

5.2.3 対称と対合

M をリーマン対称空間, $G = I_0(M)$, $H = G_p$ を $p \in M$ の固定化群とする. 写像 $s: M \to M$ が

$$s^2 = I, \ s \neq I$$

を満たすとき, 写像 $s: M \to M$ を M の**対合的自己同型**あるいは単に**対合**とよぶ. とくに s を点 $p \in M$ での対称 s_p とすれば, $s_p^2 = I$ であり, s_p は対合

---

[25] [16], 2.2 節 (E), [32], 第 4 章, 命題 3.3.

[26] 実際, H が G の自明でない正規部分群を含むとすると, その要素 $g_0 \neq e$ に対して $\mu(g_0, gH) = g_0 gH = gg^{-1} g_0 gH = gH$ となるので, g_0 の作用は恒等的である. よって作用は効果的でない. 逆に作用が効果的でないと, $\{g \in G \mid \mu(g, \cdot) = I\}$ は H の自明でない正規部分群となる.

である.

ここで s_p を用いて群同型 $\sigma : G \to G$ を

$$\sigma(g) = s_p g s_p$$

で定めれば, $\sigma^2 = I$, $\sigma \neq I$ となる. 連結リー群の自己同型 τ で $\tau^2 = I$, $\tau \neq I$ となるものを, その群の**対合**とよぶ. σ は G の対合となる. ここで G の部分集合 G^σ を

$$G^\sigma = \{g \in G \mid \sigma(g) = g\}$$

で定め, その単位元の連結成分を G_0^σ とする. このとき

$$G_0^\sigma \subset H \subset G^\sigma$$

となる. 実際, $h \in H$ とすると $hp = p$ より

$$\sigma(h)p = s_p h s_p p = s_p hp = s_p p = p = hp$$

であり, $ds_p = -I$ より

$$d\sigma(h)_p = ds_p dh_p ds_p = dh_p$$

となる. したがって命題 5.14 より $\sigma(h) = h$ となる. よって $h \in G^\sigma$ となり, $H \subset G^\sigma$ である.

$G_0^\sigma \subset H$ を示すには, e と G^σ 内に含まれる連続曲線によって結ばれる g が $\sigma(g) = g$ のとき, すなわち $s_p g s_p = g$ のとき, $g \in H$ となることを示せばよい. $M^{s_p} = \{x \in M \mid s_p x = x\}$ とすれば, $ds_p = -I$ より $p \in M^{s_p}$ は孤立点である. 一方, 任意の $g' \in G^\sigma$ に対して, $s_p g' s_p = g'$ より $s_p(g'p) = g' s_p p = g'p$ となり, $g'p \in M^{s_p}$ である. よって $G^\sigma p \subset M^{s_p}$ である. g と e は G^σ 内に含まれる曲線によって結ばれているので, gp と p は M^{s_p} 内に含まれる曲線によって結ばれている. p は M^{s_p} 内の孤立点であったから, $gp = p$ でなくてはならない. よって $g \in H$ である.

前節の結果とあわせて, つぎの定理が成り立つ.

定理 5.24 (1) (M, s_p) をリーマン対称空間とする. $G = I_0(M)$ を等長変換群 $I(M)$ の単位元を含む連結成分とすれば, G はリー群であり, M に推移的かつ効果的に作用する. $p \in M$ の固定化群 $H = G_p$ は G のコンパクト部分群となり, 対応 $gH \mapsto g \cdot p$ は

$$G/H \simeq M$$

なる解析的同型を与える.

(2) G の対合 $\sigma : G \to G$, $\sigma(g) = s_p g s_p$ に対して, H は

$$G_0^\sigma \subset H \subset G^\sigma \tag{5.6}$$

となる. H は自明でない G の正規部分群を含まない.

　以下では具体的にリーマン対称空間 M に対して $G = I(M)$, $I_0(M)$ を求め, M を等質空間 G/H として表す.

◆**例 5.25**　n 次元ユークリッド空間 $\mathbf{R}^n$ はリーマン対称空間であった (例 5.18). また $\mathbf{R}^n$ の等長変換の全体は合同変換群, 単位元の連結成分はユークリッド運動群であった (例 1.33).

$$I(\mathbf{R}^n) = \mathbf{R}^n \times_\tau O(n),$$
$$I_0(\mathbf{R}^n) = \mathbf{R}^n \times_\tau SO(n)$$

である. ここで $\mathbf{R}^n \times_\tau O(n) \curvearrowright \mathbf{R}^n$ の作用は, $\boldsymbol{v} \in \mathbf{R}^n$ に対して

$$(\boldsymbol{x}, A)\boldsymbol{v} = A\boldsymbol{v} + \boldsymbol{x}$$

である. $\boldsymbol{v} = \mathbf{0}$ の固定化群は $G_{\mathbf{0}} = \{(\mathbf{0}, A) \mid A \in O(n)\} \cong O(n)$ であり, コンパクトである. よって

$$(\mathbf{R}^n \times_\tau O(n))/O(n) \cong \mathbf{R}^n$$

となる. $\boldsymbol{p} = \mathbf{0}$ での対称 $s = s_{\mathbf{0}}$ は $s\boldsymbol{v} = -\boldsymbol{v}$ であった. よって

$$\sigma(\boldsymbol{x}, A)\boldsymbol{v} = s(\boldsymbol{x}, A)s\boldsymbol{v} = s(\boldsymbol{x}, A)(-\boldsymbol{v}) = s(-A\boldsymbol{v} + \boldsymbol{x})$$
$$= A\boldsymbol{v} - \boldsymbol{x} = (-\boldsymbol{x}, A)\boldsymbol{v}$$

となり，$\sigma(\boldsymbol{x}, A) = (-\boldsymbol{x}, A)$ である．このことから $\sigma(\boldsymbol{x}, A) = (\boldsymbol{x}, A)$ となる必要十分条件は $\boldsymbol{x} = \boldsymbol{0}$ である．よって $G^\sigma = O(n)$ となり，

$$G_0^\sigma = SO(n) \subset G_{\boldsymbol{0}} = G^\sigma = O(n)$$

である．$\mathbf{R}^n \times_\tau SO(n) \curvearrowright \mathbf{R}^n$ の場合は $G_{\boldsymbol{0}} = SO(n)$ であり，つぎのようになる．

$$(\mathbf{R}^n \times_\tau SO(n))/SO(n) \simeq \mathbf{R}^n,$$
$$G_0^\sigma = G_{\boldsymbol{0}} = G^\sigma = SO(n).$$

◆**例 5.26**　n 次元球面 S^n はリーマン対称空間であった（例 5.19）．S^n の等長変換の全体は

$$I(S^n) = O(n+1),$$
$$I_0(S^n) = SO(n+1)$$

である．$O(n+1) \curvearrowright S^n$ の作用は左からの積である．$\boldsymbol{p} = \boldsymbol{e}_1$ の固定化群は

$$G_{\boldsymbol{e}_1} = \left\{ \left. \begin{pmatrix} 1 & \boldsymbol{0} \\ \boldsymbol{0} & A \end{pmatrix} \right| A \in O(n) \right\} \cong O(n)$$

となり，コンパクトである．よって

$$S^n \simeq O(n+1)/O(n)$$

となる．

　$\boldsymbol{p} = \boldsymbol{e}_1$ での対称 $s = s_{\boldsymbol{e}_1}$ は $I_{1,n} = \begin{pmatrix} 1 & \boldsymbol{0} \\ \boldsymbol{0} & -I_n \end{pmatrix}$ の左からの積で与えられた．よって

$$\sigma(g) = sgs = I_{1,n} g I_{1,n}$$

が成り立ち，$\sigma(g) = g$ となる $g \in O(n+1)$ は $\begin{pmatrix} \pm 1 & \boldsymbol{0} \\ \boldsymbol{0} & * \end{pmatrix}$ の形である．これより

$$G_0^\sigma = \begin{pmatrix} 1 & \mathbf{0} \\ \mathbf{0} & SO(n) \end{pmatrix} \subset G_{\boldsymbol{e}_1} = \begin{pmatrix} 1 & \mathbf{0} \\ \mathbf{0} & O(n) \end{pmatrix} \subset G^\sigma = \begin{pmatrix} \pm 1 & \mathbf{0} \\ \mathbf{0} & O(n) \end{pmatrix}$$

となる. $SO(n+1) \curvearrowright S^n$ の場合は $G_{\boldsymbol{e}_1} = \begin{pmatrix} 1 & \mathbf{0} \\ \mathbf{0} & SO(n) \end{pmatrix} \cong SO(n)$ であり, つぎのようになる.

$$S^n \simeq SO(n+1)/SO(n),$$

$$G_0^\sigma = G_{\boldsymbol{e}_1} \subset G^\sigma = G_{\boldsymbol{e}_1} \sqcup \begin{pmatrix} -1 & \mathbf{0} \\ \mathbf{0} & I_{n-1,1}SO(n) \end{pmatrix}.$$

◆**例 5.27** n 次元双曲面 H^n はリーマン対称空間であった (例 5.20). H^n の等長変換群は

$$I(H^n) = O_+(1,n) = \{A = (a_{ij}) \in O(1,n) \mid a_{ij} \in \mathbf{R},\ a_{00} > 0\},$$

$$I_0(H^n) = SO_0(1,n)$$

である. ただし, $0 \le i, j \le n$ である. $O_+(1,n) \curvearrowright H^n$ の作用は左からの積で与えられる. $\boldsymbol{p} = \boldsymbol{e}_1$ の固定化群は

$$G_{\boldsymbol{e}_1} = \left\{ \begin{pmatrix} 1 & \mathbf{0} \\ \mathbf{0} & A \end{pmatrix} \ \middle|\ A \in O(n) \right\} \cong O(n)$$

となり, コンパクトである. よって

$$H^n \simeq O_+(1,n)/O(n)$$

となる.

$\boldsymbol{p} = \boldsymbol{e}_1$ での対称 $s = s_{\boldsymbol{e}_1}$ は $I_{1,n}$ の左からの積で与えられた. よって前例と同様にして

$$G_0^\sigma = \begin{pmatrix} 1 & \mathbf{0} \\ \mathbf{0} & SO(n) \end{pmatrix} \subset G_{\boldsymbol{e}_1} = G^\sigma = \begin{pmatrix} 1 & \mathbf{0} \\ \mathbf{0} & O(n) \end{pmatrix}$$

となる. $SO_0(1,n) \curvearrowright H^n$ の場合は $G_{\boldsymbol{e}_1} = \begin{pmatrix} 1 & \boldsymbol{0} \\ \boldsymbol{0} & SO(n) \end{pmatrix} \cong SO(n)$ であり, つぎのようになる.

$$H^n \simeq SO_0(1,n)/SO(n),$$
$$G_0^\sigma = G_{\boldsymbol{e}_1} = G^\sigma.$$

◆**例 5.28** G を連結コンパクトリー群とする. 後述の命題 5.31 により G はリーマン対称空間であり, $e \in G$ での対称は $s_e(g) = g^{-1}$ であった (例 5.21). $G \times G$ の G への作用を

$$(g_1,g_2)g = g_1 g g_2^{-1}$$

とすれば G の等長変換となるが, 効果的とは限らない [27]. したがって $G \times G$ は $I_0(G)$ とは限らない. このとき G の単位元 e の固定化群は

$$(G \times G)_e = \mathrm{diag}(G) = \{(g,g) \mid g \in G\}$$

となり, コンパクトである. よって

$$G \times G/\mathrm{diag}(G) \cong G$$

となる.

$s_e(g) = g^{-1}$ より

$$\sigma(g_1,g_2)g = s_e(g_1,g_2)s_e(g) = s_e(g_1,g_2)g^{-1}$$
$$= s_e(g_1 g^{-1} g_2^{-1}) = g_2 g g_1^{-1} = (g_2,g_1)g$$

となる. よって $\sigma(g_1,g_2) = (g_1,g_2)$ となる必要十分条件は $g_1 = g_2$, すなわち $(g_1,g_2) \in \mathrm{diag}(G)$ となり

$$(G \times G)_0^\sigma = (G \times G)_e = (G \times G)^\sigma$$

である.

---

[27] 実際, $Z(G) \neq \{e\}$ のとき, $z \neq e \in Z(G)$ に対して $(z,z)g = g$ である. したがって, 作用を対応させる写像 $G \times G \to I(M)$ は単射とならない. このことは $\mathrm{diag}(G) = \{(g,g) \mid g \in G\}$ が自明でない $G \times G$ の正規部分群をもつことに対応する.

5.3　リー群の対称対

前節では，リーマン対称空間 (M, s_p) に対して $G = I_0(M)$ として，H を $p \in M$ の固定化群 G_p とすれば $M \simeq G/H$ となり，さらに (5.6) を満たす G の対合 σ が存在することをみた（定理 5.24）．このようにリーマン対称空間 M に (5.6) を満たすリー群の対 (G, H) が対応した．

本節では逆に，どのようなリー群の対 (G, H) に対して G/H がリーマン対称空間になるかを考える．$I_0(M) \curvearrowright M$ の作用がその定義から等長であることから，G/H がリーマン対称空間となるリー群の対 (G, H) に対しても，$G \curvearrowright G/H$ の作用が等長変換となることが要求される．

5.3.1　不変計量

リー群 G あるいは G の閉部分群 H によるその等質空間 G/H は解析多様体であった（2.4.2 項）．いま G はリーマン計量をもつとする．G の G 自身への左右の掛け算による作用を，$g, h \in G$ に対して

$$L_g h = gh, \quad R_g h = hg$$

とする．L_g が G のリーマン計量を不変にするとき，すなわち等長変換となるとき，G のリーマン計量は**左不変**とよばれる．同様に**右不変**も定義される．L_g, R_g がともに等長変換となるとき，リーマン計量は**両側不変**とよばれる．また G/H がリーマン計量をもち，G の作用がこの計量で等長となるとき，そのリーマン計量を G **不変計量**という．

◆**例 5.29**　ユークリッド空間 $\mathbf{R}^n$，球面 S^n，双曲空間 H^n を，それぞれ等質空間 $\mathbf{R}^n = I(\mathbf{R}^n)/O(n)$, $S^n = SO(n+1)/SO(n)$, $H^n = SO_0(1, n)/SO(n)$ とみなすと，例 5.11，例 5.12，例 5.13 で与えた計量は G 不変計量である．

✔**注意 5.30**　次章の 6.1.2 項において，連結リー群 G から G のリー環 $\mathfrak{g}$ の内部自己同型群 $\mathrm{Int}(\mathfrak{g})$ への写像 $\mathrm{Ad} : G \to \mathrm{Int}(\mathfrak{g})$ が定義される．この Ad を用いると，G の両側不変計量および G/H の G 不変計量の存在は，$\mathfrak{g}$ における $\mathrm{Ad}(G)$ 不

変な内積および商空間 $\mathfrak{g}/\mathfrak{h}$ における $\mathrm{Ad}_G(H)$ 不変な内積の存在に対応する（命題 6.24, 命題 6.25）. ここで $\mathrm{Ad}_G(H)$ は G 上の Ad による H の像で, $\mathrm{Int}(\mathfrak{g})$ の部分群となる. G の中心を Z とすると

$$\mathrm{Ad}_G(H) \cong H/H \cap Z$$

である.

　G がコンパクトリー群のとき, $\mathfrak{g}$ の内積を平均化することにより $\mathrm{Ad}(G)$ 不変な内積をつねに構成することができる. 実際, $B(\ ,\ )$ を $\mathfrak{g}$ の任意の内積としたとき

$$\langle u, v \rangle = \int_G B(\mathrm{Ad}(g)u, \mathrm{Ad}(g)v) dg$$

とすればよい. dg は G 上のハール測度である [28]. $\mathrm{Ad}_G(H)$ がコンパクトの場合も同様である. つぎの命題が成り立つ.

命題 5.31　リー群 G がコンパクトであれば, 両側不変なリーマン計量が存在する. また $\mathrm{Ad}_G(H)$ がコンパクトであれば, G/H に G 不変リーマン計量が存在する.

定理 5.32　H をリー群 G のコンパクト部分群とすれば, G/H に G 不変リーマン計量が存在する [29].

5.3.2　対称空間と対称対

　リーマン対称空間 (M, s_p) について $G = I_0(M)$, $H = G_p$ とすれば, 対称 s_p から定まる対合 σ に対して $G_0^\sigma \subset H \subset G^\sigma$ であった（定理 5.24）. ここではこの包含関係を一般化して, リー群の対称対 (G, H) を定義する.

---

[28] 局所コンパクト群に両側不変測度が存在するとき, その群を**ユニモジュラー**, その測度を**ハール測度**という. コンパクト群はユニモジュラーである. 詳しくは [7], 3.2 節, [23], 第 5 章, 定理 3 を参照されたい.

[29] [23], 第 5 章, 定理 4.

定義 5.33 G を連結リー群，H をその閉部分群とする．G の対合 σ が存在し，

$$G_0^\sigma \subset H \subset G^\sigma$$

を満たすとき，(G, H, σ) を**対称対**とよぶ．σ を略して対称対を (G, H) で表すこともある．さらに $\mathrm{Ad}_G(H)$ がコンパクト群となるとき，(G, H, σ) を**リーマン対称対**，σ を**カルタン対合**とよぶ．

H がコンパクト群のとき，$\mathrm{Ad}_G(H) \cong H/H \cap Z$ はコンパクト群であるが，逆は成り立たない．H が G の自明でない正規部分群を含まないとき，(G, H) は**効果的**[30]であるといい，H に含まれる G の自明でない正規部分群が離散群のとき，**擬効果的**であるという．

◆**例 5.34** $G = U(n)$ とし，$\sigma(g) = \overline{g}$ とする．$G_0^\sigma = SO(n) \subset G^\sigma = O(n)$ である．このとき $(U(n), SO(n))$ と $(U(n), O(n))$ は共にリーマン対称対である．ここで $\{\pm I_n\} \subset O(n)$ は $U(n)$ の自明でない正規部分群である．よって $(U(n), O(n))$ は擬効果的である．また n が偶数のとき，$\{\pm I\} \subset SO(n)$ となり，$(U(n), SO(n))$ は擬効果的，n が奇数のとき，$(U(n), SO(n))$ は効果的である．

このように対称対を定義すると，定理 5.24 の結果はつぎの形に言い換えることができる．

定理 5.35 (M, s_p) を連結なリーマン対称空間とし，$I_0(M)$ を M の等長変換群 $I(M)$ の単位元を含む連結成分，$H = I_0(M)_p$ を点 p の固定化群とする．このとき H はコンパクト群であり，σ を s_p から定まる対合とすれば，$(I_0(M), H, \sigma)$ は効果的なリーマン対称対となる．$\phi : I_0(M)/H \to M$ を $\phi(gH) = g \cdot p$ とすれば，つぎの解析的同型を得る．

$$I_0(M)/H \simeq M.$$

---

[30] (G, H) が効果的なとき，G の G/H への作用が効果的となる（脚注 26）.

つぎにこの定理の逆として，リーマン対称対 (G, H, σ) からリーマン対称空間 G/H が構成できるかを考えてみる.

定理 5.36　　(G, H, σ) をリーマン対称対とし，$\pi : G \to M = G/H$ を標準的全射とする. このとき $s \circ \pi = \pi \circ \sigma$ なる関係式によって $p = \pi(e)$ での対称 $s = s_p : M \to M$ を定義すれば，(M, s_p) は任意の G 不変なリーマン計量に関してリーマン対称空間となる. とくに (G, H) が効果的であれば，作用 $G \curvearrowright M$ は効果的である.

証明　(G, H, σ) をリーマン対称対とする. $\mathrm{Ad}_G(H)$ がコンパクトと仮定しているので, G/H には G 不変なリーマン計量が必ず存在する（命題 5.31）. つぎに s がきちんと定義されること，すなわち $\pi(g)$ の代表元の取り方によらないことを示す. 実際, $\pi(g_1) = \pi(g_2)$ とすると, $g_1 H = g_2 H$ であり, $g_2^{-1} g_1 \in H \subset G^\sigma$ となる. よって $\sigma(g_2^{-1} g_1)H = g_2^{-1} g_1 H = H$ となり, $\sigma(g_1)H = \sigma(g_2)H$ となる. したがって, $\pi \circ \sigma(g_1) = \pi \circ \sigma(g_2)$ となり, s はきちんと定義される. $\sigma \neq I$ より $s \neq I$ である.

つぎに s は $p = \pi(e)$ の対称となっていること, すなわち (5.5) を満たす等長変換であることを示す.

$$s(p) = s(\pi(e)) = \pi(\sigma(e)) = \pi(e) = p$$

である. $d\pi_e : T_e G \to T_p M$ が全射であることに注意すると, $y \in T_p M$ に対して, ある $Y \in T_e G$ で $d\pi_e(Y) = y$ となるものがとれて

$$ds_p(y) = ds_p(d\pi_e(Y)) = d\pi_e d\sigma_e(Y) = d\pi_e(-Y) = -y$$

となる. よって $s(p) = p,\ ds_p = -I$ である. つぎに s が等長変換であることを示す. $g \in G$ に対して τ_g を $xH \mapsto gxH$ なる G/H への左作用とすると

$$s\tau_g(aH) = s \circ \pi(ga) = \pi \circ \sigma(ga) = \pi(\sigma(g)\sigma(a))$$
$$= \tau_{\sigma(g)}\pi(\sigma(a)) = \tau_{\sigma(g)}s(\pi(a)) = \tau_{\sigma(g)}s(aH)$$

となる. したがって, $s\tau_g = \tau_{\sigma(g)}s$ より $\tau_{\sigma(g)} = s\tau_g s$ である. よって $u, v \in T_q M$, $q = gH$ に対して

$$\langle ds_q(u), ds_q(v) \rangle = \langle ds_q d\tau_g d\tau_g^{-1}(u), ds_q d\tau_g d\tau_g^{-1}(v) \rangle$$
$$= \langle d\tau_{\sigma(g)} ds_p d\tau_g^{-1}(u), d\tau_{\sigma(g)} ds_p d\tau_g^{-1}(v) \rangle$$
$$= \langle ds_p d\tau_g^{-1}(u), ds_p d\tau_g^{-1}(v) \rangle$$
$$= \langle -d\tau_g^{-1}(u), -d\tau_g^{-1}(v) \rangle = \langle u, v \rangle$$

となり, s は等長変換である. これにより s は $p = \pi(e)$ における対称である.

任意の $q = gH \in M$ での対称 s_q は, $p = \pi(e)$ での対称 s を用いて $s_q = gsg^{-1}$ とすればよい. よって G/H はリーマン対称空間である.

(G, H) が効果的ならば, G の G/H への作用が効果的になることは, 定義より明らかである. ∎

◆**例 5.37** リーマン対称対 (G, H, σ) の例を挙げる.

G	H	$\sigma(g)$	G/H
$SL(n, \mathbf{R})$	$SO(n)$	${}^t g^{-1}$	上半平面 $(n = 2)$
$SO(n+1)$	$SO(n)$	$I_{1,n} g I_{1,n}$	S^n
$SO(n+1)$	$S(O(1) \times O(n))$	$I_{1,n} g I_{1,n}$	$P(n+1, \mathbf{R})$
$SU(n+1)$	$S(U(1) \times U(n))$	$I_{1,n} g I_{1,n}$	$P(n+1, \mathbf{C})$
$SO(n)$	$S(O(k) \times O(n-k))$	$I_{k,n-k} g I_{k,n-k}$	$\mathrm{Grass}_k(n, \mathbf{R})$
$SU(n)$	$S(U(k) \times U(n-k))$	$I_{k,n-k} g I_{k,n-k}$	$\mathrm{Grass}_k(n, \mathbf{C})$

✔**注意 5.38** リーマン対称対 (G, H, σ) の H はコンパクト群とは限らないが, 定理 5.35 よりコンパクト群 $\widetilde{H}$ が存在して

$$G/H = I_0(G/H)/\widetilde{H}$$

となる.

例えば $(\mathbf{R}^{n+1}, \mathbf{R}, \sigma_1)$, $\sigma_1(\boldsymbol{x}, y) = (-\boldsymbol{x}, y)$ と $(\mathbf{R}^n \times_\tau SO(n), SO(n), \sigma_2)$, $\sigma_2(\boldsymbol{x}, A) = (-\boldsymbol{x}, A)$ (例 5.25) に対して

$$\mathbf{R}^n \simeq \mathbf{R}^{n+1}/\mathbf{R} \simeq (\mathbf{R}^n \times_\tau SO(n))/SO(n)$$

である.

✔注意 5.39 リーマン対称対 (G, H, σ) に対して, G の σ 不変な閉部分群 L が H に推移的に作用すると, $(L, L \cap H, \sigma)$ もリーマン対称対となり, $G/H \simeq L/(L \cap H)$ となる. つぎのような例がある.

$$O(n)/(O(k) \times O(n - k)) \simeq SO(n)/S(O(k) \times O(n - k)).$$

◆例 5.40 G がコンパクトリー群のとき, $G \times G$ の部分群 H を diag $(G) = \{(g, g) \mid g \in G\}$ とする. このとき $\sigma(g_1, g_2) = (g_2, g_1)$ とすれば, $(G \times G)^\sigma = H$ となり, $(G \times G, H, \sigma)$ はリーマン対称対である (例 5.28).

◆例 5.41 グラスマン多様体 $\mathrm{Grass}_r(r + n, \mathbf{C})$ は

$$\mathrm{Grass}_r(r + n, \mathbf{C}) \simeq SU(r + n)/S(U(r) \times U(n))$$

と書けてコンパクトリー群によるリーマン対称空間であった (3.2.3 項, 例 5.22). ここで対応するカルタン対合を求める. 実際, $g \in G = SU(r + n)$ に対して

$$\sigma(g) = \begin{pmatrix} I_r & \mathbf{0} \\ \mathbf{0} & -I_n \end{pmatrix} g \begin{pmatrix} I_r & \mathbf{0} \\ \mathbf{0} & -I_n \end{pmatrix}$$

と定める. このとき

$$\sigma \begin{pmatrix} A & B \\ C & D \end{pmatrix} = \begin{pmatrix} A & -B \\ -C & D \end{pmatrix}$$

となる. $\sigma(g) = g$ とすると $B = C = 0$ であり, $G^\sigma = S(U(r) \times U(n))$ となる.

✔注意 5.42 X, Y を多様体とする. Y が X の**被覆**であるとは, X の上への連続写像 $\pi : Y \to X$ について, 任意の $x \in X$ に対して $\pi^{-1}(x)$ が離散集合となり,

各 $y \in \pi^{-1}(x)$ のある近傍 U_y で $\pi : U_y \to \pi(U_y)$ が微分同相写像となることである. とくに Y が単連結[31]であるとき, Y を X の**普遍被覆多様体**という. X がリーマン多様体 M で π が局所等長変換のとき, $Y = \widetilde{M}$ を**リーマン普遍被覆多様体**といい, $\widetilde{M}$ は M に対して微分同相を除いて一意に存在する. さらに M が局所リーマン対称空間であるとき, 単連結なリーマン普遍被覆多様体はリーマン対称空間となる. したがって, 連結リーマン対称空間 (M, s_p) に単連結リーマン対称空間 $(\widetilde{M}, \widetilde{s}_p)$ が対応する. $(\widetilde{M}, \widetilde{s}_p)$ の構成は次章で行う (定理 6.50). 以上のことから, つぎの図式の各写像は全射である.

$$\{\,\text{効果的リーマン対称対 } (G, H, \sigma)\,\} \overset{\alpha}{\underset{\beta}{\rightleftarrows}} \{\,\text{連結リーマン対称空間 } (M, s_p)\,\}$$
$$\Big\downarrow \gamma$$
$$\{\,\text{単連結リーマン対称空間 } (\widetilde{M}, \widetilde{s}_p)\,\}$$

$$\alpha((G, H, \sigma)) = (G/H, s_p), \quad \pi : G \to G/H, \quad p = \pi(e), \quad s_p \circ \pi = \pi \circ \sigma,$$
$$\beta((M, s_p)) = (I_0(M), I_0(M)_p, \sigma), \quad \sigma(g) = s_p g s_p,$$
$$\gamma((M, s_p)) = (\widetilde{M}, \widetilde{s}_p).$$

---

[31] Y が**単連結**とは Y の基本群が自明となることである. すなわち, 任意の閉曲線が連続的に 1 点に収縮できることである. [27], 第 4 章, §3 を参照されたい.

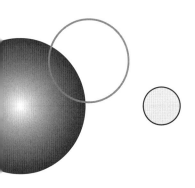

第6章

対称空間の分類

　前章ではリーマン対称空間 (M, s_p) とリーマン対称対 (G, H, σ) の関係を調べた (5.3.2 項). 本章ではリー群 G に付随するリー環 $\mathfrak{g}$ を導入し,その基本的な性質を調べる (6.1 節). さらに対称対 (G, H, σ) に付随するリー環 $\mathfrak{g}, \mathfrak{h}$ の性質を調べ,直交対称リー環 $(\mathfrak{g}, \mathfrak{h}, \theta)$ を定義する (6.3 節). このとき,つぎの図式において各写像は全射となる.

$\{$ 効果的リーマン対称対 $(G, H, \sigma) \}$

γ'

$\{$ 効果的直交対称リー環 $(\mathfrak{g}, \mathfrak{h}, \theta) \} \underset{\epsilon}{\overset{\delta}{\rightleftarrows}} \{$ 単連結なリーマン対称空間 $(\widetilde{M}, \widetilde{s}_p) \}$

これにより,注意 6.51 の図式が完成する. 線形構造をもつリー環 $\mathfrak{g}$ はリー群 G よりも分析が容易なので,最初に既約な直交対称リー環の構造を調べ,4 つの型を導入する (6.3 節). 最後に,付随するリーマン対称空間の構造を調べることにより,リーマン対称空間の分類が完成する (6.4 節).

　リーマン対称空間の分類は 1926 年～1927 年に É. カルタンによってなされた. ここではヘルガソンによる方法を [32] に沿って紹介する. 全体として概説にならざるを得ないが,本章の詳しい説明や証明は [1], [6], [7], [15], [30], [32] を参照されたい.

6.1　リー環

最初にリー環とその部分リー環の定義を与える．とくに解析多様体であるリー群 G の単位元 e での接空間 T_eG (5.1.3 項) はリー環となり，G に付随するリー環 $\mathfrak{g}$ とよばれる．本節ではリー環の基本的な性質を調べ，半単純リー環のカルタン分解を導く．詳細は [7], [13], [32] を参照されたい．

6.1.1　リー環とリー群

定義 6.1　$K = \mathbf{R}, \mathbf{C}$ とする．K ベクトル空間 $\mathfrak{g}$ につぎの性質を満たす積 $[\cdot, \cdot] : \mathfrak{g} \times \mathfrak{g} \to \mathfrak{g}$ が定義されるとき，$\mathfrak{g}$ を**リー環**あるいは**リー代数**という．

(1)　$[\cdot, \cdot]$ は双線形，

(2)　$[X, Y] = -[Y, X]$,

(3)　$[X, [Y, Z]] + [Y, [Z, X]] + [Z, [X, Y]] = \mathbf{0}$.

このリー環の積 $[\cdot, \cdot]$ を**ブラケット積**という．また (3) の恒等式を**ヤコビ恒等式**という．$K = \mathbf{R}$ のとき，$\mathfrak{g}$ を**実リー環**，$K = \mathbf{C}$ のとき，$\mathfrak{g}$ を**複素リー環**とよぶ．

定義 6.2　リー環 $\mathfrak{g}$ のベクトル空間としての部分空間 $\mathfrak{h}$ が

$$\text{任意の } X, Y \in \mathfrak{h} \text{ に対して } [X, Y] \in \mathfrak{h}$$

を満たすとき，$\mathfrak{g}$ の**部分リー環**とよぶ．このとき $\mathfrak{g}$ のブラケット積で $\mathfrak{h}$ はリー環となる．また部分空間 $\mathfrak{h}$ が

$$X \in \mathfrak{h}, Y \in \mathfrak{g} \text{ に対して } [X, Y] \in \mathfrak{h}$$

を満たすとき，$\mathfrak{h}$ を $\mathfrak{g}$ の**イデアル**とよぶ．

定義 6.3　2 つのリー環 $\mathfrak{g}_1, \mathfrak{g}_2$ が与えられたとき，写像 $\theta : \mathfrak{g}_1 \to \mathfrak{g}_2$ が準同型であるとは，線形写像であり，かつ

$$\theta[X, Y] = [\theta(X), \theta(Y)]$$

を満たすことである. θ が全単射のとき, $\mathfrak{g}_1, \mathfrak{g}_2$ は**同型**といい, $\mathfrak{g}_1 \cong \mathfrak{g}_2$ と表す.

◆**例 6.4**　可微分多様体 M 上の C^∞ ベクトル場の全体 $\mathfrak{X}(M)$ は命題 5.10 の
ブラケット積によりリー環となる. さらにリー群 G が M に左から作用してい
るとき, **左不変ベクトル場**の全体, すなわち, 任意の $g \in G, x \in M$ に対して,

$$(dL_g)_x(X_x) = X_{gx}$$

を満たすもの全体を $\mathfrak{g}$ とすれば, $\mathfrak{g}$ は $\mathfrak{X}(M)$ の部分リー環となる. とくに M
がリー群 G 自身であって, G の作用を左からの積とし (5.3.1 項の L_g), G に左
不変リーマン計量を入れたとき (定理 5.18), $\mathfrak{g}$ を **G に付随するリー環**とよぶ.

　リー群 G 上の曲線 $a(t)$ が **1 パラメータ部分群**であるとは, $a : \mathbf{R} \to G$ が解
析的準同型写像となることである. このとき

$$a(s)a(t) = a(s + t), \quad s, t \in \mathbf{R}$$

であり, 容易に $a(0) = e$, $a(t)^{-1} = a(-t)$ がわかる. $\{a(t) \mid t \in \mathbf{R}\}$ は G の
可換部分群となる.

　ここで $\mathfrak{g}$ をリー群 G に付随するリー環とする. $X \in \mathfrak{g}$ に対して単位元 $e \in G$
における積分曲線を $c(t)$ とすると, $c(t) = \mathrm{Exp}\, tX(e), t \in I$ であった (5.1.4
項). このとき, つぎの命題から G の左不変計量によらずに, $I = \mathbf{R}$, すなわ
ち X は完備となる. さらに G の 1 パラメータ部分群の全体と G 上の左不変ベ
クトル場の全体 $\mathfrak{g}$ は 1 対 1 に対応することがわかる.

命題 6.5　G の 1 パラメータ部分群 $a(t)$ に対して左不変ベクトル場 X が存
在して, $a(t) = \mathrm{Exp}\, tX(e)$ となる. 逆に X を G 上の左不変ベクトル場とする
と, X は完備で, $\mathrm{Exp}\, tX(e) = a(t)$ は G の 1 パラメータ部分群となる.

証明　1 パラメータ部分群 $a(t)$ に対して, 右作用 $R_{a(t)}$ は 5.1.4 項の 1 パラメー
タ変換群 Φ_t になる. このとき $\Phi_t = R_{a(t)}$ に対応する完備なベクトル場 X は

$$X_g = \frac{d}{dt} R_{a(t)}(g)\big|_{t=0}$$

であり，$L_g R_{a(t)} = R_{a(t)} L_g$ より X は左不変ベクトル場となる．このとき
$R_{a(t)} = \Phi_t = \operatorname{Exp} tX$ であり，$a(t) = (\operatorname{Exp} tX)(e)$ となる．

逆に [1] X を左不変ベクトル場とすると，5.1.6 項で述べたように測地線 c：
$[0,\epsilon] \to G$ で，$c(0) = e$, $\dot{c}(t) = X_{c(t)}$, $\nabla_X(X)_{c(t)} = 0$ $(0 \le t \le \epsilon)$ となるもの
がとれる．$n\epsilon \le t \le (n+1)\epsilon$ (n は自然数) に対して，$c(t) = c(n\epsilon)c(t-n\epsilon)$ と順
次定めれば，$c \circ L_{-n\epsilon} = L_{c(n\epsilon)^{-1}} \circ c$ である．よって $dc = dL_{c(n\epsilon)} \circ dc \circ dL_{-n\epsilon}$
より

$$\dot{c}(t) = dL_{c(n\epsilon)} X_{c(t-n\epsilon)} = X_{c(t)}$$

である．X が左不変であることから $\nabla_X(X)$ も左不変となる．よって $\nabla_X(X)_e =$
0 より $\nabla_X(X) = 0$ である．このことから $t \ge 0$ に対して，$c(t) = \gamma_{X_e}(t)$ は測
地線となる．$-X$ に対して同様に議論すれば，$\gamma_{-X_e}(t) = \gamma_{X_e}(-t)$ より，γ_{X_e}
は $\mathbf{R}$ で定義される．よって X_e は完備である．

$\gamma_{X_e}(s+t)$ と $\gamma_{X_e}(s)\gamma_{X_e}(t)$ は $\gamma_{X_e}(s)$ を通り，それぞれの $t=0$ での接ベクト
ルはそれぞれ $\dot{\gamma}_{X_e}(s)$ および $dL_{\gamma_{X_e}(s)} X_e = X_{\gamma_{X_e}(s)} = \dot{\gamma}_{X_e}(s)$ となり，一致す
る．よって $\gamma_{X_e}(s+t) = \gamma_{X_e}(s)\gamma_{X_e}(t)$ となり，$\gamma_{X_e}(t)$ は G の 1 パラメータ部分
群である．前半の議論から $Y_g = \frac{d}{dt} R_{\gamma_{X_e}(t)}(g)\big|_{t=0}$ とすると，$(\operatorname{Exp} tY)(e)$ は G
の 1 パラメータ部分群である．このとき $Y_g = (dL_g)_e(Y_e) = (dL_g)(X_e) = X_g$
である．以上より $(\operatorname{Exp} tX)(e)$ は G の 1 パラメータ部分群である．■

定理 6.6　G をリー群とし，$\mathfrak{g}$ を G に付随するリー環とする．単位元 e での
接空間 $T_e G$ は線形空間として $\mathfrak{g}$ と同一視でき，さらに $\mathfrak{g}$ と同型なリー環の構
造を入れることができ，$\alpha : \mathfrak{g} \to T_e G$, $\alpha(X) = X_e$ はリー環としての同型と
なる．

証明　$T_e G$ はその定義から e での接ベクトルの全体である．速度ベクトルの全
体と同一視すれば（例 5.9），$e \in G$ を通る C^∞ 級曲線を

$$\gamma : (-t_0, t_0) \to G, \quad \gamma(0) = e$$

---
[1] [32], 第 2 章, 1.3 項参照.

としたとき，T_eG は $\dot{\gamma}(0)$ の全体である．$f \in C^\infty(G)$ に対して

$$\widetilde{X}f(g) = \frac{d}{dt}f(g\gamma(t))\big|_{t=0}$$

とすれば，$\widetilde{X} \in \mathfrak{g}$ である．このとき e を通る C^∞ な曲線として 1 パラメータ部分群 $\gamma_{\widetilde{X}_e}(t)$ が一意に存在し，$\widetilde{X}_e = \dot{\gamma}_{\widetilde{X}_e}(0) = \dot{\gamma}(0)$ となる（命題 6.5）．

　ここで $\widetilde{X} \in \mathfrak{g}$ に対して $\alpha(\widetilde{X}) = \widetilde{X}_e$ とすれば，$\alpha : \mathfrak{g} \to T_eG$ は線形空間として同型となる．リー環としての同型を示すには T_eG にブラケット積を定義しなくてはならないが，$[X, Y] = [\widetilde{X}, \widetilde{Y}]_e$ とすれば，リー環としての同型となる．∎

　$X \in \mathfrak{g}$ に対して $e \in G$ を通る測地線を $c(t) = \gamma_{X_e}(t)$ とすると，命題 6.5 の証明に注意して

$$\gamma_{X_e}(t) = (\mathrm{Exp}\, tX)(e)$$

が成り立つ．この 1 パラメータ部分群を

$$\exp tX = (\mathrm{Exp}\, tX)(e)$$

と書く．このとき

$$\exp : \mathfrak{g} \to G, \quad X \mapsto \exp X$$

を**指数写像**とよぶ．

　5.1.6 項の指数写像 Exp_p を用いれば，$\mathrm{Exp}_e(X_e) = \gamma_{X_e}(1) = (\mathrm{Exp}\, X)(e) = \exp X$ である．$\mathfrak{g}$ を T_eG と同一視したとき，2 つの指数写像は一致する．$\exp tX$ が 1 パラメータ部分群となることに注意すれば

$$\exp(t + s)X = \exp tX \exp sX$$

となる．$\exp$ の $\mathbf{0} \in \mathfrak{g}$ での微分 $d\exp_{\mathbf{0}} : \mathfrak{g} \to T_eG$ は $d\exp_{\mathbf{0}}(X) = \dot{\gamma}_{X_e}(0) = X_e$ となり，定理 6.6 より同型写像となる．よって $\exp$ は局所同相である．

◆**例 6.7**　$\mathfrak{gl}(n, \mathbf{R}) = M(n, \mathbf{R})$ を n 次正方実行列の全体とする．このとき

$$[X, Y] = XY - YX \quad (X, Y \in \mathfrak{gl}(n, \mathbf{R}))$$

と定めると，$\mathfrak{gl}(n, \mathbf{R})$ はリー環となる．$\mathfrak{gl}(n, \mathbf{R})$ の部分空間として

$$\mathfrak{o}(n) = \{X \in \mathfrak{gl}(n, \mathbf{R}) \mid {}^t X + X = \mathbf{0}\},$$

$$\mathfrak{sl}(n, \mathbf{R}) = \{X \in \mathfrak{gl}(n, \mathbf{R}) \mid \mathrm{tr}(X) = 0\},$$

$$\mathfrak{o}(p, q) = \{X \in \mathfrak{gl}(p + q, \mathbf{R}) \mid {}^t X I_{p,q} + I_{p,q} X = \mathbf{0}\}$$

を定めれば，それぞれ $\mathfrak{gl}(n, \mathbf{R})$ の部分リー環である．$I_{p,q}$ の定義は 1.3.4 項を参照されたい．これらはリー群 $GL(n, \mathbf{R}), O(n), SL(n, \mathbf{R}), O(p, q)$ に付随するリー環となる（例 6.11）．

◆**例 6.8** $\mathfrak{gl}(n, \mathbf{R})$ から $G = GL(n, \mathbf{R})$ への**指数写像** exp を

$$\exp(X) = \sum_{k=0}^{\infty} \frac{1}{k!} X^k = I_n + X + \frac{X^2}{2!} + \frac{X^3}{3!} + \cdots$$

で定めれば，exp は局所微分同相であり，$\frac{d}{dt}\exp(tX) = X\exp(tX) = \exp(tX)X$ に注意すれば

$$\left.\frac{d\exp(tX)}{dt}\right|_{t=0} = X$$

となる．よってこの exp はさきの指数写像と一致する．とくに $T_e G = \mathfrak{gl}(n, \mathbf{R}) = M(n, \mathbf{R})$ であることが容易にわかる．

$X, Y \in \mathfrak{gl}(n, \mathbf{R})$ が可換，すなわち $XY = YX$ であれば

$$\frac{1}{k!}(X + Y)^k = \sum_{i+j=k} \frac{1}{i!j!} X^i Y^j$$

となるので

$$\exp(X + Y) = \exp(X)\exp(Y)$$

である．とくに X と $-X$ は可換なので，$I_n = \exp \mathbf{0} = \exp(X + (-X)) = \exp(X)\exp(-X)$ となる．よって

$$\exp(X)^{-1} = \exp(-X)$$

である．

$P \in GL(n, \mathbf{R})$ に対して $(P^{-1}XP)^k = P^{-1}X^kP$ となるので

$$\exp(P^{-1}XP) = P^{-1}\exp(X)P \tag{6.1}$$

となる．任意の $X, Y \in M(n, \mathbf{R})$, $t \in \mathbf{R}$ に対して

$$\exp(tX)\exp(tY) = \exp\left(t(X+Y) + \frac{t^2}{2}[X,Y] + O(t^3)\right),$$
$$\exp(tX)\exp(tY)\exp(-tX) = \exp\left(tY + t^2[X,Y] + O(t^3)\right), \tag{6.2}$$
$$\exp(-tX)\exp(-tY)\exp(tX)\exp(tY) = \exp\left(t^2[X,Y] + O(t^3)\right)$$

が成立する $^{2)}$．ここで $O(t^3)$ は t が十分に小さいとき，ある正数 C が存在し，$|O(t^3)| \leq C|t|^3$ となることを意味する．

✔ **注意 6.9**　(6.2) の 3 番目の等式は T_eG のブラケット積の幾何学的な解釈を与える．定理 6.6 の証明より $\alpha(\widetilde{X}) = X$, $\alpha(\widetilde{Y}) = Y$ のとき，$[X,Y]$ は曲線

$$t \to \gamma_{\widetilde{X}}(-\sqrt{t})\gamma_{\widetilde{Y}}(-\sqrt{t})\gamma_{\widetilde{X}}(\sqrt{t})\gamma_{\widetilde{Y}}(\sqrt{t})$$

の $t = 0$ における接ベクトルとなる．

定理 6.10　$GL(n, \mathbf{R})$ の閉部分群を H とする．2.4.1 項より H はリー群である．

$$\mathfrak{h} = \{X \in \mathfrak{gl}(n, \mathbf{R}) \mid すべての t \in \mathbf{R} に対して，\exp(tX) \in H\}$$

とすれば，$\mathfrak{h}$ は $\mathfrak{g}$ の部分リー環となり，$T_eH = \mathfrak{h}$ である $^{3)}$．

◆ **例 6.11**　例 6.7 のリー環がそれぞれリー群 $O(n)$, $SL(n, \mathbf{R})$, $O(p,q)$ に付随するリー環であることを定理 6.10 に注意して確かめる．

$^{2)}$ [15], 定理 2.4.2, [32], 第 2 章, 補題 1.8 を参照のこと．
$^{3)}$ [15], 定理 3.5.4, [32], 第 2 章, 命題 2.7, 定理 2.10 を参照のこと．

(1) $H = O(n)$ とする. このとき $\mathfrak{h}$ の条件は任意の $t \in \mathbf{R}$ に対して $\exp(tX) \in$ $O(n)$, すなわち

$$^t\exp(tX)\exp(tX) = I_n$$

となる. したがって $\exp(t \, {}^tX)\exp(tX) = I_n$ である. これを t で微分し, $t = 0$ とおけば

$$^tX + X = \mathbf{0}$$

となる. 逆に $X \in \mathfrak{o}(n)$ であれば, 議論を逆にたどり, 任意の $t \in \mathbf{R}$ に対して $\exp(tX) \in O(n)$ となる. よって $\mathfrak{h} = \mathfrak{o}(n)$ である.

(2) $H = SL(n, \mathbf{R})$ とする. このとき $\mathfrak{h}$ の条件は任意の $t \in \mathbf{R}$ に対して $\det(\exp(tX)) = 1$ となる. ここで

$$\det(\exp(tX)) = e^{t \cdot \mathrm{tr}(X)} = 1$$

に注意すれば [4]$\mathrm{tr}(X) = 0$ が得られる. 議論を逆にたどれば逆も得られる. よって $\mathfrak{h} = \mathfrak{sl}(n, \mathbf{R})$ である.

(3) $H = O(p, q)$ とする. このとき $\mathfrak{h}$ の条件は任意の $t \in \mathbf{R}$ に対して $\exp(tX) \in O(p, q)$, すなわち

$$^t\exp(tX)I_{p,q}\exp(tX) = I_{p,q}$$

となる. したがって $\exp(tI_{p,q}^{-1} \, {}^tXI_{p,q}) = \exp(-tX)$ である. これを t で微分し, $t = 0$ とおけば

$$^tXI_{p,q} + I_{p,q}X = \mathbf{0}$$

となる. 議論を逆にたどれば逆も得られる. よって $\mathfrak{h} = \mathfrak{o}(p, q)$ である.

◆**例 6.12** 例 6.7, 例 6.8, 定理 6.10 は $K = \mathbf{R}$ を $\mathbf{C}$ で置き換えても成立する. 例えば $H = Sp(n, \mathbf{C})$ のとき, $\mathfrak{h}$ の条件は任意の $t \in \mathbf{R}$ に対して $\exp(tX) \in$

---

[4] X をジョルダンの標準形に変形して, (6.1) を用いれば明らかである.

$Sp(n, \mathbf{C})$, すなわち

$$^{t}\exp(tX)J_n\exp(tX) = J_n$$

となる．したがって $\exp(tJ_n^{-1}\,{}^{t}XJ_n) = \exp(-tX)$ である．これを t で微分し，$t = 0$ とおけば

$$^{t}XJ_n + J_nX = \mathbf{0}$$

となる．議論を逆にたどれば，この条件が $Sp(n, \mathbf{C})$ のリー環 $\mathfrak{sp}(n, \mathbf{C})$ を与えることがわかる．

◈**例 6.13** 古典群 G とそのリー環 $\mathfrak{g}$ は以下のようになる．

G	$\mathfrak{g}$
$GL(n, \mathbf{C})$	$M(n, \mathbf{C})$
$GL(n, \mathbf{R})$	$M(n, \mathbf{R})$
$SL(n, \mathbf{C})$	$\mathfrak{sl}(n, \mathbf{C}) = \{X \in M(n, \mathbf{C}) \mid \operatorname{tr}(X) = 0\}$
$SL(n, \mathbf{R})$	$\mathfrak{sl}(n, \mathbf{R}) = \{X \in M(n, \mathbf{R}) \mid \operatorname{tr}(X) = 0\}$
$O(n, \mathbf{C})$	$\mathfrak{o}(n, \mathbf{C}) = \{X \in M(n, \mathbf{C}) \mid {}^{t}X + X = \mathbf{0}\}$
$O(n)$	$\mathfrak{o}(n) = \{X \in M(n, \mathbf{R}) \mid {}^{t}X + X = \mathbf{0}\}$
$O(p, q)$	$\mathfrak{o}(p, q) = \{X \in M(n, \mathbf{R}) \mid {}^{t}XI_{p,q} + I_{p,q}X = \mathbf{0}\}$
$U(n)$	$\mathfrak{u}(n) = \{X \in M(n, \mathbf{C}) \mid X^{*} + X = \mathbf{0}\}$
$U(p, q)$	$\mathfrak{u}(p, q) = \{X \in M(n, \mathbf{C}) \mid X^{*}I_{p,q} + I_{p,q}X = \mathbf{0}\}$
$Sp(m, \mathbf{C})$	$\mathfrak{sp}(m, \mathbf{C}) = \{X \in M(2m, \mathbf{C}) \mid {}^{t}XJ_m + J_mX = \mathbf{0}\}$
$Sp(m, \mathbf{R})$	$\mathfrak{sp}(m, \mathbf{R}) = \{X \in M(2m, \mathbf{R}) \mid {}^{t}XJ_m + J_mX = \mathbf{0}\}$
$SO(n, \mathbf{C})$	$\mathfrak{so}(n, \mathbf{C}) = \mathfrak{o}(n, \mathbf{C})$
$SO(n)$	$\mathfrak{so}(n) = \mathfrak{o}(n)$
$SO(p, q)$	$\mathfrak{so}(p, q) = \mathfrak{o}(p, q)$
$SU(n)$	$\mathfrak{su}(n) = \mathfrak{sl}(n, \mathbf{C}) \cap \mathfrak{u}(n)$
$SU(p, q)$	$\mathfrak{su}(p, q) = \mathfrak{sl}(n, \mathbf{C}) \cap \mathfrak{u}(p, q)$
$USp(2m)$	$\mathfrak{usp}(2m) = \mathfrak{u}(2m) \cap \mathfrak{sp}(m, \mathbf{C})$
$SO^{*}(2m)$	$\mathfrak{so}^{*}(2m) = \{X \in \mathfrak{sl}(2m, \mathbf{C}) \mid J_mX - \overline{X}J_m = \mathbf{0}, {}^{t}X + X = \mathbf{0}\}$
$SU^{*}(2m)$	$\mathfrak{su}^{*}(2m) = \{X \in \mathfrak{sl}(2m, \mathbf{C}) \mid J_mX - \overline{X}J_m = \mathbf{0}\}$

◆**例 6.14** 3次元のハイゼンベルグ群

$$G = \left\{ \begin{pmatrix} 1 & x & z \\ 0 & 1 & y \\ 0 & 0 & 1 \end{pmatrix} \middle| x, y, z \in \mathbf{R} \right\}$$

のリー環は

$$\mathfrak{g} = \left\{ \begin{pmatrix} 0 & x & z \\ 0 & 0 & y \\ 0 & 0 & 0 \end{pmatrix} \middle| x, y, z \in \mathbf{R} \right\}$$

となる.

$\boxed{\text{定理 6.15}}$（**カルタン・リーの定理**）　任意の実リー環 $\mathfrak{g}$ に対し，ある単連結な連結リー群 $\widetilde{G}$ が一意に存在して，その付随するリー環となる[5].

✔**注意 6.16**　連結リー群 G のリー環を $\mathfrak{g}$ とする．定理 6.15 の $\widetilde{G}$ は G の普遍被覆群とよばれる．このとき $\pi : \widetilde{G} \to G$ を被覆とすると，基本群 $\Gamma = \pi^{-1}(e)$ は $Z(\widetilde{G})$ に含まれる離散部分群 Γ となり，$G \cong \widetilde{G}/\Gamma$ である.

◆**例 6.17**　ユークリッド空間 $\mathbf{R}^n$ は単連結である．コンパクト単純リー群 $SU(n), Spin(n), Sp(n), E_6, E_7, E_8, F_4, G_2$（6.7節）は単連結である．$SL(n, \mathbf{C})$, $Sp(n, \mathbf{C})$ も単連結である．G と普遍被覆群 $\widetilde{G}$ の例を挙げる[6].

G	$\widetilde{G}$	基本群
$U(1)$	$\mathbf{R}$	$\mathbf{Z}$
$SO(3)$	$SU(2)$	$\mathbf{Z}_2$
$SO(n)$	$Spin(n)$ $(n \geq 3)$	$\mathbf{Z}_2$
$U(n)$	$SU(n) \times \mathbf{R}$	$\mathbf{Z}$

---

[5]この定理はリーの第3定理とよばれる．[15]，定理 5.8.5 を参照のこと．部分的な結果はリーによって得られたが，最終的な証明は É. カルタンによるつぎの論文で与えられた．É. Cartan, La topologie des espaces représentatifs des groupes de Lie, *Actual. Scient. Ind.*, **385**, Hermann Paris, 1936.

[6][27]，第4章，§4，[7]，第6章，[6]，第7章を参照されたい.

✔**注意 6.18**　$G \cong G'$ であれば定義より $\mathfrak{g} \cong \mathfrak{g}'$ であるが，逆は成り立たない．$\mathfrak{g} \cong \mathfrak{g}'$ だが，G, G' が同型でないとき，**局所同型**という．例えば $SO(n)$ と $O(n)$ は同じリー環 $\mathfrak{o}(n)$ をもつが，同型ではない．例えば $n \geq 3$ のとき $SO(n)$ の普遍被覆群である $Spin(n)$ は $SO(n)$ と同じリー環をもつが，$SO(n)$ と同型ではない．$SO(n) \cong Spin(n)/\mathbf{Z}_2$ である．

✔**注意 6.19**　連結リー群 G の任意の要素 g は，リー環 $\mathfrak{g}$ の適当な要素 $X_1, X_2,$ $\ldots, X_n$ を用いて

$$g = \exp X_1 \exp X_2 \cdots \exp X_n$$

と書ける [7]．

✔**注意 6.20**　G をリー群，$\mathfrak{g}$ をそのリー環とする．H を G のリー部分群とすれば，H のリー環 $\mathfrak{h}$ は $\mathfrak{g}$ の部分リー環とみなせる．逆に $\mathfrak{h}$ を $\mathfrak{g}$ の部分リー環とすれば，$\mathfrak{h}$ をリー環とする G の連結リー部分群 H がただ一つ存在する [8]．

6.1.2　随伴表現

リー群 G に付随する実リー環 $\mathfrak{g}$ の基本的な性質をまとめる．

$$GL(\mathfrak{g}) = \mathfrak{g} \text{ 上の正則一次変換の全体,}$$

$$\mathfrak{gl}(\mathfrak{g}) = \mathfrak{g} \text{ 上の一次変換の全体}$$

とする．$\mathfrak{g}$ は線形空間であるから，その次元を n としたとき，$GL(\mathfrak{g}), \mathfrak{gl}(\mathfrak{g})$ はそれぞれ $GL(n, \mathbf{R}), M(n, \mathbf{R})$ と同型である．したがって $\mathfrak{gl}(\mathfrak{g})$ はブラケット積 $[X, Y] = XY - YX$ でリー環となり，リー群 $GL(\mathfrak{g})$ に付随するリー環となる．

指数写像を

$$\exp X = \sum_{k=0}^{\infty} \frac{1}{k!} X^k = I + X + \frac{X^2}{2!} + \frac{X^3}{3!} + \cdots$$

---

[7] [23], 4.10 節, 定理 1, [14], 定理 6.1.7 参照.
[8] [23], 4.12 節, 定理 1 参照.

と定義すれば

$$\exp : \mathfrak{gl}(\mathfrak{g}) \to GL(\mathfrak{g})$$

である. $X, Y \in \mathfrak{g}$ に対して $\mathrm{ad} : \mathfrak{g} \to \mathfrak{g}$ を

$$\mathrm{ad}(X)Y = [X, Y]$$

と定めれば, ad は

$$\mathrm{ad} : \mathfrak{g} \to \mathfrak{gl}(\mathfrak{g})$$

なる準同型写像となる. これを $\mathfrak{g}$ の**随伴表現**という. $g \in G$ に対して $\mathrm{Ad}(g) :$ $\mathfrak{g} \to \mathfrak{g}$ を

$$\mathrm{Ad}(g)X = gXg^{-1}, \ X \in \mathfrak{g}$$

と定めれば, Ad は

$$\mathrm{Ad} : G \to GL(\mathfrak{g})$$

なる準同型写像となる. これを G の**随伴表現**という.

さらに $X \in \mathfrak{g}, t \in \mathbf{R}$ に対して (6.2) より

$$\exp\big(\mathrm{Ad}(\exp(tX))tY\big) = \exp\Big(tY + t^2[X, Y] + O(t^3)\Big)$$

であり, $\mathrm{Ad}(\exp(tX))Y = Y + t[X, Y] + O(t^2)$ となる. このことから

$$\mathrm{ad}(X) = \frac{d}{dt}\mathrm{Ad}(\exp(tX))|_{t=0} \tag{6.3}$$

となるので, ad は Ad の**微分表現**とよばれる. このときつぎが成り立つ.

$$\exp(\mathrm{ad}X) = \mathrm{Ad}\exp X.$$

以下では G は連結なリー群とする. G の中心を $Z(G)$ とすれば, $Z(G) =$ $\ker \mathrm{Ad}$ である. $\mathfrak{z}(\mathfrak{g}) = \ker \mathrm{ad}$ とすれば, $\mathfrak{z}(\mathfrak{g})$ はすべての $Y \in \mathfrak{g}$ に対して $[X, Y] = 0$ となる $X \in \mathfrak{g}$ の全体であり, $\mathfrak{g}$ の**中心**とよばれる. $\mathfrak{z}(\mathfrak{g})$ は単に $\mathfrak{z}$ とも書かれる. G が連結であれば, $\mathfrak{z}(\mathfrak{g})$ は $Z(G)$ のリー環である. Ad の像を $\mathrm{Ad}(G)$ とすれば

$$G/Z(G) \cong \mathrm{Ad}(G)$$

となる．$\mathrm{Ad}(G)$ は $GL(\mathfrak{g})$ の部分群で，$\exp(\mathrm{ad}(\mathfrak{g}))$ と一致する．この群は $\mathfrak{g}$
の**内部自己同型群**とよばれ，$\mathrm{Int}(\mathfrak{g})$ と表される．そのリー環は $\mathrm{ad}(\mathfrak{g})$ である．
$\mathfrak{g}$ の自己同型の全体からなる群は**自己同型群**とよばれ，$\mathrm{Aut}(\mathfrak{g})$ と表される．こ
の群は $GL(\mathfrak{g})$ の閉部分群となり，リー群である．そのリー環を $\partial(\mathfrak{g})$ で表す．

$$
\begin{array}{ccccccc}
G & \xrightarrow{\ \mathrm{Ad}\ } & \mathrm{Int}(\mathfrak{g}) & \longrightarrow & \mathrm{Aut}(\mathfrak{g}) & \longrightarrow & GL(\mathfrak{g}) \\
\Big\uparrow{\scriptstyle\exp} & & \Big\uparrow{\scriptstyle\exp} & & \Big\uparrow{\scriptstyle\exp} & & \Big\uparrow{\scriptstyle\exp} \\
\mathfrak{g} & \xrightarrow[\ \mathrm{ad}\ ]{} & \mathrm{ad}(\mathfrak{g}) & \longrightarrow & \partial(\mathfrak{g}) & \longrightarrow & \mathfrak{gl}(\mathfrak{g})
\end{array}
$$

　H を G のリー部分群とすると，H のリー環 $\mathfrak{h}$ は $\mathfrak{g}$ の部分リー環である．(6.3)
より，H が G の正規部分群となる必要十分条件は，$\mathfrak{h}$ が $\mathfrak{g}$ のイデアルとなるこ
とである．G の Ad を H に制限して考えるときは，Ad_H と表す．$\mathrm{ad}_{\mathfrak{h}}$ につい
ても同様である．

6.1.3　キリング形式と内積

　リー群 G に付随する実リー環を $\mathfrak{g}$ とする．$X, Y \in \mathfrak{g}$ に対して

$$
B(X, Y) = \mathrm{tr}(\mathrm{ad}(X)\mathrm{ad}(Y))
$$

とすると，$B(\cdot, \cdot)$ は $\mathfrak{g} \times \mathfrak{g}$ 上の対称双線形写像となる．これを $\mathfrak{g}$ の**キリング
形式**とよぶ．$\sigma \in \mathrm{Aut}(\mathfrak{g})$ に対して，$[\sigma X, Y] = \sigma[X, \sigma^{-1}Y]$ より $\mathrm{ad}(\sigma X) =$
$\sigma \circ \mathrm{ad}(X) \circ \sigma^{-1}$ となること，および $\mathrm{tr}(AB) = \mathrm{tr}(BA)$ に注意して，

$$
B(\sigma X, \sigma Y) = B(X, Y),
$$
$$
B(X, [Y, Z]) = B(Y, [Z, X]) = B(Z, [X, Y])
$$

となる．とくに $B(X, Y)$ は $\mathrm{Ad}(G)$ 不変である．また $\mathfrak{h}$ が $\mathfrak{g}$ のイデアルである
とき，$\mathfrak{h}$ のキリング形式は $\mathfrak{g}$ のキリング形式の $\mathfrak{h}$ への制限となる．

◆**例 6.21**　$\mathfrak{gl}(n, \mathbf{R})$ のキリング形式は

$$
B(X, Y) = 2n\,\mathrm{tr}(XY) - 2\,\mathrm{tr}(X)\mathrm{tr}(Y)
$$

で与えられる. また $\mathfrak{sl}(n, \mathbf{R})$ のキリング形式は $\mathfrak{gl}(n, \mathbf{R})$ のキリング形式の $\mathfrak{sl}(n, \mathbf{R})$ への制限で与えられ,

$$B[X, Y] = 2n\mathrm{tr}(XY)$$

となる. tr を $\mathbf{C}$ 上で考えれば, $\mathfrak{u}(n)$ のキリング形式は $\mathfrak{gl}(n, \mathbf{R})$ と同じであり, $\mathfrak{su}(n)$ のキリング形式は $\mathfrak{sl}(n, \mathbf{R})$ と同じである. また $\mathfrak{o}(n)$ のキリング形式は $(n-2)\mathrm{tr}(XY)$, $\mathfrak{sp}(n, \mathbf{C})$ のキリング形式は $(2n+2)\mathrm{tr}(XY)$ である [9].

キリング形式を用いて $\mathfrak{g}$ あるいは商ベクトル空間 $\mathfrak{g}/\mathfrak{h}$ の内積を求める.

◆例 **6.22** $G = O(n)$ のリー環 $\mathfrak{o}(n)$ 上で

$$\langle X, Y \rangle = \mathrm{tr}({}^t X Y)$$

とすれば, これは正定値であり $\mathrm{Ad}(G)$ 不変な内積である. 実際, $X = (x_{ij})$, $Y = (y_{ij})$ に対して

$$\langle X, Y \rangle = \sum_{1 \le i,j \le n} x_{ij} y_{ij}$$

となり, これは正定値である. さらに $g^{-1} = {}^t g \ (g \in G)$ に注意すれば

$$\langle \mathrm{Ad}(g)X, \mathrm{Ad}(g)Y \rangle = \mathrm{tr}(g\, {}^t X\, {}^t g g Y g^{-1}) = \mathrm{tr}({}^t X Y) = \langle X, Y \rangle$$

となり, $\mathrm{Ad}(G)$ 不変である. ${}^t X = -X$ に注意すれば, この内積はキリング形式 $(n-2)\mathrm{tr}(XY)$ の負の定数倍である.

同様に $SU(n)$ のリー環 $\mathfrak{su}(n)$ 上で

$$\langle X, Y \rangle = \Re(\mathrm{tr}(X^* Y))$$

とすれば, これは正定値であり $\mathrm{Ad}(G)$ 不変な内積となる. ここで $\Re(z)$ は z の実部である. $X^* = -X$ より, この内積はキリング形式の実部の負の定数倍である.

---

[9] [15], 定理 5.5.23, [14], 7.1 節, [32], 2.6 節および第 3 章, 演習 B を参照のこと.

◆例 6.23 グラスマン多様体 (3.2.3 項)

$$\mathrm{Grass}_r(r+n,K) \simeq U(r+n,K)/(U(r,K)\times U(n,K))$$

に対応する商ベクトル空間 $\mathfrak{g}/\mathfrak{h}$ の $\mathrm{Ad}_G(H)$ 不変な内積を求める．ここで $G = U(r+n,K)$, $H = U(r,K)\times U(n,K)$ である．

$$\mathfrak{u}(r+n,K) = \mathfrak{u}(r,K)\oplus\mathfrak{u}(n,K)\oplus\mathfrak{m},$$
$$\mathfrak{m} = \left\{ \begin{pmatrix} \mathbf{0} & X \\ -X^* & \mathbf{0} \end{pmatrix} \,\middle|\, X\in M(r,n,K) \right\}$$

に注意すれば，$\mathfrak{g}/\mathfrak{h}\cong\mathfrak{m}$ である．$M(r,n,K)$ は $r\times n$ 型の K 行列の全体であり，$\mathfrak{m}$ を $M(r,n,K)$ と同一視すると

$$k = \begin{pmatrix} k_1 & \mathbf{0} \\ \mathbf{0} & k_2 \end{pmatrix} \in U(r,K)\times U(n,K)$$

の $M(r,n,K)$ への作用は $\mathrm{Ad}(k)X = k_1Xk_2^*$ となる．よって $M(r,n,K)$ 上で

$$\langle X,Y\rangle = \Re(\mathrm{tr}(X^*Y))$$

とすれば，正定値で $\mathrm{Ad}_G(H)$ 不変な内積となる．

一般に $\mathfrak{g}$ のキリング形式は**非退化**とは限らない．すなわち，すべての Y に対して $B(Y,X)=0$ ならば $X=\mathbf{0}$ とは限らず，$B(X,Y)$ は $\mathfrak{g}$ の内積とはならない．しかし上述の例のように非退化となる場合や，これを用いて内積を構成できる場合がある．

$\mathfrak{g}$ の内積と G のリーマン計量の間，あるいは商ベクトル空間 $\mathfrak{g}/\mathfrak{h}$ の内積と等質空間 G/H のリーマン計量の間にはつぎの関係が成り立つ[10)]．

命題 6.24 G に付随するリー環を $\mathfrak{g}$ とする．G の左不変なリーマン計量の全体と $\mathfrak{g}$ の内積全体は 1 対 1 に対応する．とくに両側不変なリーマン計量は，$\mathrm{Ad}(G)$ で不変な $\mathfrak{g}$ の内積全体と 1 対 1 に対応する．

---

10) [6], 定理 10.47, [30], 定理 3.8, 命題 3.9 を参照のこと．

命題 6.25 等質空間 G/H の G 不変なリーマン計量の全体は，商ベクトル空間 $\mathfrak{g}/\mathfrak{h}$ の $\mathrm{Ad}_G(H)$ 不変な内積の全体に 1 対 1 に対応する．

6.2 半単純リー環

リー環 $\mathfrak{g}$ はそのキリング形式 B が非退化のとき，**半単純リー環**とよばれる．また $\mathfrak{g}$ が非可換であり，かつ自明でないイデアルを含まないとき，$\mathfrak{g}$ は**単純リー環**とよばれる．以下の半単純リー環の性質については [15], §5.5, [14], §7.1 を参照されたい．

命題 6.26 半単純リー環は単純イデアルの直和となる．

命題 6.27 $\mathfrak{g}$ を半単純リー環とすると，つぎの性質を満たす．

(1) $\mathfrak{z}(\mathfrak{g}) = \{\mathbf{0}\}$,

(2) $\mathfrak{g} = [\mathfrak{g}, \mathfrak{g}]$,

(3) $\mathrm{ad}(\mathfrak{g}) = \partial(\mathfrak{g})$,

(4) $\mathrm{Int}(\mathfrak{g}) = \mathrm{Aut}(\mathfrak{g})_0$.

ここで $\mathfrak{z}(\mathfrak{g})$ は $\mathfrak{g}$ の**中心**であり，$\mathrm{Aut}(\mathfrak{g})_0$ は $\mathrm{Aut}(\mathfrak{g})$ の単位元の連結成分を表す．

6.2.1 コンパクトリー環

リー環 $\mathfrak{g}$ の部分環を $\mathfrak{h}$ とする．$\mathfrak{h}$ が $\mathfrak{g}$ にコンパクトに埋め込まれているとは，$\mathrm{ad}_{\mathfrak{g}}(\mathfrak{h})$ をリー環とする $\mathrm{Int}(\mathfrak{g})$ のリー部分群 H^* がコンパクトとなることである．とくに $\mathfrak{g}$ が**コンパクト**であるとは，$\mathrm{Int}(\mathfrak{g})$ がコンパクトとなることである．また $\mathfrak{g}$ が**非コンパクト**であるとは，半単純でコンパクトかつ自明でないイデアルを $\mathfrak{g}$ が含まないことである[11]．

---

[11] コンパクトリー環の定義として，キリング形式が負定値となることと定義する場合もある．この場合，トーラス $\mathbf{T}^n$（コンパクト可換群）のリー環はコンパクトリー環でなくなり，命題 6.29 は成り立たない．$\mathfrak{g}$ が半単純リー環のときは，$\mathfrak{z}(\mathfrak{g}) = \{\mathbf{0}\}$ より，両者の定義は一致し，命題 6.31 が成り立つ．

命題 6.28   リー環 $\mathfrak{g}$ の中心を $\mathfrak{z} = \mathfrak{z}(\mathfrak{g})$ とする.$\mathfrak{h}$ が $\mathfrak{g}$ にコンパクトに埋め込まれ,かつ $\mathfrak{h} \cap \mathfrak{z} = \{0\}$ であるとする.このとき $\mathfrak{g}$ のキリング形式は $\mathfrak{h}$ で負定値である.

命題 6.29 $\mathfrak{g}$ がコンパクトとなる必要十分条件はコンパクトリー群 G のリー環となることである.

命題 6.30 $\mathfrak{g}$ がコンパクトのとき,$\mathfrak{g} = \mathfrak{z}(\mathfrak{g}) \oplus [\mathfrak{g}, \mathfrak{g}]$ である.$[\mathfrak{g}, \mathfrak{g}]$ はコンパクト半単純である.

命題 6.31   半単純リー環 $\mathfrak{g}$ がコンパクトとなる必要十分条件は $\mathfrak{g}$ のキリング形式が負定値となることである.

例 6.22 の内積はキリング形式の負の定数倍であり,キリング形式は負定値である.$\mathfrak{o}(n)$, $\mathfrak{su}(n)$ はコンパクトである.

6.2.2   複素化と実型

実リー環 $\mathfrak{g}$ が複素構造 J をもつとは,実一次変換 $J : \mathfrak{g} \to \mathfrak{g}$ で

$$J^2 = -I, \quad J[X, Y] = [X, JY]$$

なるものが存在することである.このとき

$$(a + bi)X = aX + bJX$$

と定めることにより,$\mathfrak{g}$ を複素リー環とみなすことができる.逆に複素リー環 $\mathfrak{g}$ は $J = i$ を複素構造にもつ実リー環とみなすことができる.これを区別して $\mathfrak{g}^{\mathbf{R}}$ と表せば

$$\dim_{\mathbf{R}} \mathfrak{g}^{\mathbf{R}} = 2 \dim_{\mathbf{C}} \mathfrak{g}$$

である.$\mathfrak{g}^{\mathbf{C}} = \mathfrak{g} \otimes \mathbf{C}$ を $\mathfrak{g}$ の**複素化**という.このとき

$$\dim_{\mathbf{R}} \mathfrak{g} = \dim_{\mathbf{C}} \mathfrak{g}^{\mathbf{C}}$$

であり，$\mathfrak{g}^{\mathbf{C}}$ は $\mathfrak{g} \oplus \mathfrak{g}$ に複素構造

$$J(X, Y) = (-Y, X)$$

を入れたものとみなすことができる．実際，$\mathfrak{g}^{\mathbf{C}} \to \mathfrak{g} \oplus \mathfrak{g}$ を $X + iY \mapsto (X, Y)$ と定義すれば同型となる．

複素リー環 $\mathfrak{g}$ に対して，実部分リー環 $\mathfrak{g}_0$ がその**実型**であるとは，$\mathfrak{g}^{\mathbf{R}}$ に複素構造 J が存在して

$$\mathfrak{g}^{\mathbf{R}} = \mathfrak{g}_0 \oplus J\mathfrak{g}_0$$

となることである．このとき $\mathfrak{g} \cong \mathfrak{g}_0 \otimes \mathbf{C} = \mathfrak{g}_0^{\mathbf{C}}$ であり，$\mathfrak{g}$ の要素は $X + iY$, $X, Y \in \mathfrak{g}_0$ と書くことができる．ここで

$$\sigma : X + iY \mapsto X - iY$$

と定義し，σ を $\mathfrak{g}_0$ に関する**共役**とよぶ．$X, Y \in \mathfrak{g}$, $\alpha \in \mathbf{C}$ に対して，$\sigma(\sigma(X)) = X$, $\sigma(\alpha X) = \bar{\alpha}X$, $\sigma(X + Y) = \sigma(X) + \sigma(Y)$, $\sigma[X, Y] = [\sigma(X), \sigma(Y)]$ である．

σ は $\mathfrak{g}$ の自己同型写像ではないが，$\mathfrak{g}^{\mathbf{R}}$ の自己同型写像である．逆に $\sigma : \mathfrak{g} \to \mathfrak{g}$ を上述の性質を満たす全射とし，$\mathfrak{g}_0$ を σ で固定される要素の全体とすれば，$\mathfrak{g}_0$ は $\mathfrak{g}$ の実型で，σ は $\mathfrak{g}_0$ に関する共役となる．

6.2.3 カルタン部分環とコンパクト実型

コンパクトリー群 G の可換な連結閉部分群 T はトーラスとよばれる．そのリー環 $\mathfrak{g}$ に対しても可換な部分リー環 $\mathfrak{t}$ をトーラスとよぶ．この項では $\mathfrak{g}$ を複素半単純リー環とし，その極大可換部分環を考える．さらにそれをもとに $\mathfrak{g}$ のコンパクト実型を構成する．以下の詳細は [14], 第 7 章, [32], 第 3 章を参照されたい．

$\mathfrak{g}$ の部分環 $\mathfrak{h}$ が

(1)　$\mathfrak{h}$ は $\mathfrak{g}$ の極大可換部分環である．

(2)　すべての $H \in \mathfrak{h}$ に対して，$\mathrm{ad}(H) : \mathfrak{g} \to \mathfrak{g}$ は半単純である [12]．

を満たすとき，$\mathfrak{g}$ の**カルタン部分環**という．

定理 6.32　すべての複素半単純リー環 $\mathfrak{g}$ はカルタン部分環 $\mathfrak{h}$ をもち，それらは $\mathrm{Int}(\mathfrak{g})$ で移り合う．

　このとき $\mathfrak{h}^*$ を $\mathfrak{h}$ の双対空間とし，$\alpha \in \mathfrak{h}^*$ に対して同時固有空間を

$$\mathfrak{g}^\alpha = \{X \in \mathfrak{g} \mid [H, X] = \alpha(H)X, \, H \in \mathfrak{h}\}$$

とする．$\Delta = \{\alpha \in \mathfrak{h}^* \mid \mathfrak{g}^\alpha \neq q\{\mathbf{0}\}\}$ を $(\mathfrak{g}, \mathfrak{h})$ の**ルート系**とよび，その要素 α を**ルート**とよぶ．$\mathfrak{g}^\alpha$ はルート α の**ルート空間**とよばれる．このとき

$$\mathfrak{g} = \mathfrak{h} \oplus \bigoplus_{\alpha \in \Delta} \mathfrak{g}^\alpha$$

となる．$\mathfrak{h} = \mathfrak{g}^0$ であり，各ルート空間はつぎの性質を満たす．

(1)　$\dim \mathfrak{g}^\alpha = 1$,
(2)　$[\mathfrak{g}^\alpha, \mathfrak{g}^\beta] \subset \mathfrak{g}^{\alpha+\beta}$,
(3)　$\alpha + \beta \neq 0$ ならば $B(\mathfrak{g}^\alpha, \mathfrak{g}^\beta) = 0$,
(4)　B は $\mathfrak{h} \times \mathfrak{h}$ 上で非退化である．すべての $\alpha \in \mathfrak{h}^*$ に対して
　　$B(H, H_\alpha) = \alpha(H)$, $H \in \mathfrak{h}$ を満たす $H_\alpha \in \mathfrak{h}$ が一意に存在する．
(5)　$\alpha \in \Delta$ ならば，$-\alpha \in \Delta$ であり，$[\mathfrak{g}^\alpha, \mathfrak{g}^\alpha] = \mathbf{C}H_\alpha$.

このとき

$$\mathfrak{h}_{\mathbf{R}} = \bigoplus_{\alpha \in \Delta} \mathbf{R} H_\alpha$$

とすると，B は $\mathfrak{h}_{\mathbf{R}} \times \mathfrak{h}_{\mathbf{R}}$ で正定値となり，$\mathfrak{h} = \mathfrak{h}_{\mathbf{R}} \oplus i\mathfrak{h}_{\mathbf{R}}$ である．

命題 6.33　すべての複素半単純リー環 $\mathfrak{g}$ はコンパクト実型 $\mathfrak{g}_0$ をもつ．

---

[12] 線形変換 $f : V \to V$ が**半単純**とは，V が f の固有空間の直和で表されることである．また，f が**べき零**とは，ある自然数 k が存在して $f^k = 0$ となることである．

証明 コンパクト実型 $\mathfrak{g}_0$ の構成方法を紹介する[13]. $X_\alpha \in \mathfrak{g}^\alpha$ で $[X_\alpha, X_{-\alpha}] = H_\alpha$, $[H, X_\alpha] = \alpha(H)X_\alpha$, $[X_\alpha, X_\beta] = 0$ $(\alpha+\beta \neq 0)$, $[X_\alpha, X_\beta] = N_{\alpha,\beta}X_{\alpha+\beta}$, $N_{\alpha,\beta} = -N_{-\alpha,-\beta}$ $(\alpha + \beta \in \Delta)$ などのよい性質をもつものがとれる. ここで

$$\mathfrak{g}_0 = \sum_{\alpha \in \Delta} \mathbf{R}(iH_\alpha) + \sum_{\alpha \in \Delta} \mathbf{R}(X_\alpha - X_{-\alpha}) + \sum_{\alpha \in \Delta} \mathbf{R}(i(X_\alpha + X_{-\alpha}))$$

とすると, $\mathfrak{g} = \mathfrak{g}_0 + i\mathfrak{g}_0$ である. さらに B は $\mathfrak{g}_0 \times \mathfrak{g}_0$ 上で負定値となり, $\mathfrak{g}_0$ は $\mathfrak{g}$ のコンパクト実型となる. ∎

◆例 6.34 (1) $\mathfrak{gl}(n, \mathbf{C})$ の部分リー環 $\mathfrak{gl}(n, \mathbf{R})$, $\mathfrak{u}(n)$, $\mathfrak{u}(p, q)$ $(p+q = n)$ は実型である. $\mathfrak{u}(n)$ はコンパクト実型である.

(2) $\mathfrak{sp}(n, \mathbf{C})$ の部分リー環 $\mathfrak{sp}(n, \mathbf{R})$, $\mathfrak{usp}(2n)$, $\mathfrak{sp}(p, q)$ $(p + q = n)$ は実型である. $\mathfrak{usp}(2n)$ はコンパクト実型である.

(3) $\mathfrak{so}(2n, \mathbf{C})$ の部分リー環 $\mathfrak{so}(2n)$, $\mathfrak{so}^*(2n)$, $\mathfrak{so}(p, q)$ $(p+q = 2n)$ は実型である. $\mathfrak{so}(2n)$ はコンパクト実型である.

6.2.4 カルタン分解

$\mathfrak{g}$ を実半単純リー環とする. $\mathfrak{g}^{\mathbf{C}}$ をその複素化とし, σ を $\mathfrak{g}$ に関する共役とする. $\mathfrak{g}^{\mathbf{C}}$ のコンパクト実型を $\mathfrak{g}_0$ とすれば, $\mathfrak{g}^{\mathbf{C}} = \mathfrak{g}_0 \oplus i\mathfrak{g}_0$ である. この分解を $\mathfrak{g}$ に制限したときの形を考える.

$\mathfrak{g}$ の部分リー環 $\mathfrak{h}$ と部分ベクトル空間 $\mathfrak{p}$ による直和分解

$$\mathfrak{g} = \mathfrak{h} \oplus \mathfrak{p}$$

が**カルタン分解**であるとは, $\mathfrak{g}^{\mathbf{C}}$ の σ 不変なコンパクト実型 $\mathfrak{g}_0$ が存在して, つぎを満たすことである.

$$\sigma\mathfrak{g}_0 = \mathfrak{g}_0, \quad \mathfrak{h} = \mathfrak{g} \cap \mathfrak{g}_0, \quad \mathfrak{p} = \mathfrak{g} \cap i\mathfrak{g}_0.$$

命題 6.33 により $\mathfrak{g}^{\mathbf{C}}$ はコンパクト実型 $\mathfrak{g}_0$ をもつが, σ 不変, すなわち $\sigma\mathfrak{g}_0 = \mathfrak{g}_0$

---

[13]詳しくは [32], 第 3 章, 定理 5.5, 定理 6.3 を参照されたい.

とは限らない. しかし $\mathfrak{g}_0$ を自己同型写像で写すことにより, σ 不変にできる.
つぎの命題が成り立つ[14].

命題 6.35　すべての実半単純リー環 $\mathfrak{g}$ はカルタン分解をもつ. またそれら
は $\mathrm{Int}(\mathfrak{g})$ の作用で移り合う.

◆例 6.36　(1)　$\mathfrak{g} = \mathfrak{sl}(n, \mathbf{R})$ とすると, $\mathfrak{g}^{\mathbf{C}} = \mathfrak{sl}(n, \mathbf{C})$ である. このとき
$\mathfrak{su}(n)$ は $\mathfrak{g}^{\mathbf{C}}$ の共役で不変なコンパクト実型である. $\mathfrak{sl}(n, \mathbf{R}) \cap \mathfrak{su}(n) = \mathfrak{o}(n)$
に注意すれば, $\mathfrak{sl}(n, \mathbf{R})$ のカルタン分解は

$$\mathfrak{sl}(n, \mathbf{R}) = \mathfrak{o}(n) \oplus \{X \in \mathfrak{sl}(n, \mathbf{R}) \mid {}^{t}X = X\}$$

となる.
(2)　$\mathfrak{g} = \mathfrak{sp}(n, \mathbf{R})$ とすると, $\mathfrak{g}^{\mathbf{C}} = \mathfrak{sp}(n, \mathbf{C})$ である. このとき $\mathfrak{usp}(2n)$ は
$\mathfrak{g}^{\mathbf{C}}$ の共役で不変なコンパクト実型である. $\mathfrak{sp}(n, \mathbf{R})$ のカルタン分解は

$$\mathfrak{sp}(n, \mathbf{R}) = \left\{ \begin{pmatrix} A & B \\ -B & A \end{pmatrix} \middle| A \in \mathfrak{o}(n),\ B \in \mathrm{Sym}(n, \mathbf{R}) \right\}$$
$$\oplus \left\{ \begin{pmatrix} A & B \\ B & -A \end{pmatrix} \middle| A, B \in \mathrm{Sym}(n, \mathbf{R}) \right\}$$

となる. $\mathrm{Sym}(n, \mathbf{R})$ は n 次実対称行列の全体である (4.5.2 項).
(3)　$\mathfrak{g} = \mathfrak{o}(p, q)$ とすると, $\mathfrak{g}^{\mathbf{C}} = \mathfrak{o}(p + q, \mathbf{C})$ である. このとき $\mathfrak{o}(p + q)$ は
$\mathfrak{g}^{\mathbf{C}}$ の共役で不変なコンパクト実型である. $\mathfrak{o}(p, q)$ のカルタン分解は

$$\mathfrak{o}(p, q) = \left\{ \begin{pmatrix} A & \mathbf{0} \\ \mathbf{0} & D \end{pmatrix} \middle| A \in \mathfrak{o}(p),\ D \in \mathfrak{o}(q) \right\}$$
$$\oplus \left\{ \begin{pmatrix} \mathbf{0} & B \\ {}^{t}B & \mathbf{0} \end{pmatrix} \middle| B \in M(p, q, \mathbf{R}) \right\}$$

となる. $M(p, q, \mathbf{R})$ は $p \times q$ 型の実行列の全体である.

---

[14] [32], 第 3 章, 定理 7.1, 定理 7.2 を参照のこと.

命題 6.37   実半単純リー環 $\mathfrak{g}$ の分解

$$\mathfrak{g} = \mathfrak{h} \oplus \mathfrak{p}$$

を考える．ただし $\mathfrak{h}$ は $\mathfrak{g}$ の部分リー環, $\mathfrak{p}$ は $\mathfrak{g}$ の部分ベクトル空間とする．この分解がカルタン分解となる必要十分条件は, $s : T + S \mapsto T - S$ $(T \in \mathfrak{h},\ S \in \mathfrak{p})$ が $\mathfrak{g}$ の自己同型写像となり, キリング形式 B が $\mathfrak{h}$ 上で負定値, $\mathfrak{p}$ 上で正定値となることである．これらの条件が満たされるとき

$$B_s(X, Y) = -B(X, sY)$$

は $\mathfrak{g}$ 上で正定値となる．また, $\mathfrak{h}$ はコンパクトに埋め込まれる $\mathfrak{g}$ の部分環で極大である [15]．

命題 6.38   実半単純リー環 $\mathfrak{g}$ のカルタン分解を $\mathfrak{g} = \mathfrak{h} \oplus \mathfrak{p}$ とする．このとき

$$\mathfrak{h} \oplus i\mathfrak{p}$$

は $\mathfrak{g}^{\mathbf{C}}$ のコンパクト実型となる．

命題 6.39   複素半単純リー環 $\mathfrak{g}$ のコンパクト実型を $\mathfrak{u}$ とする．このとき

$$\mathfrak{g}^{\mathbf{R}} = \mathfrak{u} \oplus J\mathfrak{u}$$

は $\mathfrak{g}^{\mathbf{R}}$ のカルタン分解となる．ただし, J は $\mathfrak{g}$ 上での i 倍に対応する $\mathfrak{g}^{\mathbf{R}}$ の複素構造である．

6.3   対称リー環

　この章の冒頭で述べたようにリーマン対称対 (G, H, σ) （5.3.2 項）に付随するリー環 $\mathfrak{g}, \mathfrak{h}$ の性質を調べる．対称対 (G, H) の概念を対称リー環 $(\mathfrak{g}, \mathfrak{h})$ としてリー環に導入する．6.2.4 項の実半単純リー環のカルタン分解 $\mathfrak{g} = \mathfrak{h} \oplus \mathfrak{p}$ は非コンパクト型の対称リー環の定義に登場する（例 6.48 (2), 6.4.1 項）．

---

[15] [32], 第 3 章, 命題 7.4 を参照のこと．

6.3.1　対称対のリー環

$\mathfrak{g}$ 上の恒等写像でない準同型 $\theta : \mathfrak{g} \to \mathfrak{g}$ が**対合**であるとは

$$\theta^2 = I$$

となることである.

定理 6.40　(G, H, σ) をリー群の対称対とし, $\mathfrak{g}, \mathfrak{h}$ を (G, H) に付随するリー環とする. このとき, つぎが成り立つ.

(1)　$\mathfrak{h} = \{X \in \mathfrak{g} \mid d\sigma(X) = X\}$.

(2)　$\mathfrak{g} = \mathfrak{h} \oplus \mathfrak{p}$, $\mathfrak{p} = \{X \in \mathfrak{g} \mid d\sigma(X) = -X\}$.

(3)　すべての $h \in H$ に対して, $\mathrm{Ad}(h)(\mathfrak{p}) \subset \mathfrak{p}$.

(4)　$[\mathfrak{h}, \mathfrak{h}] \subset \mathfrak{h}$, $[\mathfrak{h}, \mathfrak{p}] \subset \mathfrak{p}$, $[\mathfrak{p}, \mathfrak{p}] \subset \mathfrak{h}$.

(5)　$d\sigma$ は対合である.

証明　(1) σ は H 上で恒等的に 1 であるから, $X \in \mathfrak{h}$ であれば, $d\sigma(X) = X$ となる. 逆に $X \in \mathfrak{g}$ が $d\sigma(X) = X$ を満たすとする. このとき X で生成される 1 パラメータ群を $\gamma_X(t)$ とすれば, $\sigma \circ \gamma_X(t)$ も 1 パラメータ群である. ともに原点を通り, $(\sigma \circ \gamma_X)'(0) = \gamma_X'(0)$ となるから, $\sigma \circ \gamma_X = \gamma_X$ となる. よって $\gamma_X(t) \in G_0^\sigma \subset H$ となり, $X = \gamma_X'(0) \in \mathfrak{h}$ が得られる.

(2) $X \in \mathfrak{g}$ に対して

$$X_\mathfrak{h} = \frac{1}{2}(X + d\sigma(X)), \ X_\mathfrak{p} = \frac{1}{2}(X - d\sigma(X))$$

とすれば $X = X_\mathfrak{h} + X_\mathfrak{p} \in \mathfrak{h} \oplus \mathfrak{p}$ となる.

(3) $C_h(g) = hgh^{-1}$ $(g \in G, \ h \in H)$ とすると, $\sigma(h) = h$ と $dC_h = \mathrm{Ad}(h)$ より, $X \in \mathfrak{p}$ に対して

$$d\sigma(\mathrm{Ad}(h)(X)) = d(\sigma C_h)(X) = d(C_h \sigma)(X)$$

$$= \mathrm{Ad}(h)(d\sigma(X)) = -\mathrm{Ad}(h)(X)$$

となる. よって $\mathrm{Ad}(h)(X) \in \mathfrak{p}$ である.

(4) $d\sigma(X) = \pm X$, 符号は $X \in \mathfrak{h}$ のとき $+$, $X \in \mathfrak{p}$ のとき $-$ であるから, $d\sigma[X,Y] = [d\sigma(X), d\sigma(Y)]$ より得られる.

(5) 対合の定義より明らかである. ∎

✔**注意 6.41** キリング形式が σ 不変であることに注意すれば, 定理の $\mathfrak{h}, \mathfrak{p}$ はキリング形式に関して直交し, $\mathfrak{g} = \mathfrak{h} \oplus \mathfrak{p}$ と直和分解する.

(G, H, σ) をリーマン対称対とする. このとき $\mathrm{Ad}_G(H)$ はコンパクト群なので

$$\mathfrak{g} = \mathfrak{h} \oplus \mathfrak{p}$$

を定理 6.40 の分解とすれば, $\mathfrak{h}$ は $\mathfrak{g}$ にコンパクトに埋め込まれている (6.1.5 項). さらにつぎの命題が成り立つ.

$\boxed{\textbf{命題 6.42}}$ $\mathfrak{h} \cap \mathfrak{z} = \{\mathbf{0}\}$ のとき, $G_0^\sigma \subset H \subset G^\sigma$ とする対合は σ に限る.

証明 σ' を別の対合とし, $\mathfrak{g} = \mathfrak{h} \oplus \mathfrak{p}'$ を σ' の ± 1 固有値の固有空間による $\mathfrak{g}$ の分解とする. この分解により, ある $X \in \mathfrak{p}$ は $X = Y + X'$ ($Y \neq \mathbf{0}, Y \in \mathfrak{h}, X' \in \mathfrak{p}'$) と分解される. キリング形式 B は σ, σ' で不変であり, 仮定により B は $\mathfrak{h}$ 上で負定値である (命題 6.28). よって $Y = X - X'$ は $\mathfrak{h}$ に直交し, $B(Y,Y) = 0$ となり, $Y = \mathbf{0}$ である. これは矛盾である. ∎

$\boxed{\textbf{命題 6.43}}$ (G, H, σ) を擬効果的な [16) リーマン対称空間とする. このとき $\mathfrak{h} \cap \mathfrak{z} = \{\mathbf{0}\}$ である.

証明 定義より H の自明でない G の正規部分群は離散群である. もし $\mathfrak{h} \cap \mathfrak{z} \neq \{\mathbf{0}\}$ であれば, その要素による 1 パラメータ部分群を考えると H に含まれる自明でない G の非離散正規部分群となる. よって $\mathfrak{h} \cap \mathfrak{z} = \{\mathbf{0}\}$ である. ∎

---

16) 5.3.2 項参照.

◆**例 6.44** リー群の対称対 (G, H, σ) に付随するリー環 $(\mathfrak{g}, \mathfrak{h})$ とその対合 $\theta = d\sigma$ の例を挙げる.

$\mathfrak{g}$	$\mathfrak{h}$	θ
$\mathfrak{sl}(n, \mathbf{R})$	$\mathfrak{o}(n)$	$\theta(X) = -{}^t X$
$\mathfrak{o}(n+1)$	$\mathfrak{o}(n)$	$\theta(X) = I_{1,n} X I_{1,n}$
$\mathfrak{o}(n+m)$	$\mathfrak{o}(n) \oplus \mathfrak{o}(m)$	$\theta(X) = I_{n,m} X I_{n,m}$
$\mathfrak{su}(n)$	$\mathfrak{o}(n)$	$\theta(X) = \overline{X}$

◆**例 6.45** 例 6.44 の例に対する定理 6.40 (2) の $\mathfrak{g}$ の分解はつぎのようになる.

$$\mathfrak{sl}(n, \mathbf{R}) = \mathfrak{o}(n) \oplus \{X \in \mathfrak{sl}(n, \mathbf{R}) \mid {}^t X = X\},$$

$$\mathfrak{o}(n+1) = \mathfrak{o}(n) \oplus \left\{ \begin{pmatrix} \mathbf{0} & -{}^t X \\ X & \mathbf{0} \end{pmatrix} \middle| X \text{ は } n \text{ 次列ベクトル} \right\},$$

$$\mathfrak{o}(n+m) = (\mathfrak{o}(n) \oplus \mathfrak{o}(m)) \oplus \left\{ \begin{pmatrix} \mathbf{0} & -{}^t X \\ X & \mathbf{0} \end{pmatrix} \middle| X \text{ は } n \times m \text{ 実行列} \right\},$$

$$\mathfrak{su}(n) = \mathfrak{o}(n) \oplus \{X \in \mathfrak{su}(n) \mid \overline{X} = -X\}.$$

$X \in \mathfrak{u}(n)$ のとき, $\overline{X} = -X$ は ${}^t X = X$ と同値であることに注意する.

6.3.2 直交対称リー環

前項のリーマン対称対 (G, H, σ) に付随するリー環 $\mathfrak{g}, \mathfrak{h}$ の性質を,一般のリー環 $\mathfrak{g}$ に拡張する. $\mathfrak{g}$ をリー環, θ を $\mathfrak{g}$ の対合とする. $(\mathfrak{g}, \mathfrak{h}, \theta)$ が**直交対称リー環** [17]であるとは

$$\mathfrak{h} = \{X \in \mathfrak{g} \mid \theta(X) = X\} \tag{6.4}$$

となり, $\mathfrak{h}$ が $\mathfrak{g}$ にコンパクトに埋め込まれることである. さらに $(\mathfrak{g}, \mathfrak{h})$ が**効果的**であるとは, $\mathfrak{g}$ の中心を $\mathfrak{z}$ とすると

---

[17]ここで直交の意味は, $\mathfrak{g}$ が θ の ± 1 固有空間により $\mathfrak{g} = \mathfrak{h} \oplus \mathfrak{p}$ と直和分解し,かつキリング形式 B で $\mathfrak{h}$ と $\mathfrak{p}$ が直交するということである.

$$\mathfrak{h} \cap \mathfrak{z} = \{\mathbf{0}\}$$

となることである．また 2 つの直交対称リー環 $(\mathfrak{g}_1, \mathfrak{h}_1, \theta_1)$, $(\mathfrak{g}_2, \mathfrak{h}_2, \theta_2)$ が**同型**であるとは，リー環の同型写像 $\phi : \mathfrak{g}_1 \to \mathfrak{g}_2$ が存在し，

$$\phi(\mathfrak{h}_1) = \mathfrak{h}_2, \quad \phi \circ \theta_1 = \theta_2 \circ \phi$$

となることである．直交対称リー環 $(\mathfrak{g}, \mathfrak{h}, \theta)$ が与えられたとき，$\mathfrak{g}, \mathfrak{h}$ をリー環とする連結リー群 G とそのリー部分群 H の対 (G, H) は $(\mathfrak{g}, \mathfrak{h}, \theta)$ に**付随する**という．

前項の結果はつぎのように言い換えられる．

定理 6.46 リーマン対称対 (G, H, σ) に対して，$(\mathfrak{g}, \mathfrak{h}, d\sigma)$ は直交対称リー環となる．(G, H) が擬効果的であれば，$(\mathfrak{g}, \mathfrak{h})$ は効果的である．

◆**例 6.47** 定理 6.46 により，例 6.44 の $(\mathfrak{g}, \mathfrak{h}, \theta)$ はすべて直交対称リー環である．ただし $(G, H, \sigma) \mapsto (\mathfrak{g}, \mathfrak{h}, d\sigma)$ の対応は単射でない．例えば $(SO(n+1), SO(n), \sigma)$ と $(SO(n+1), S(O(1) \times O(n)), \sigma)$ は共に $(\mathfrak{o}(n+1), \mathfrak{o}(n), d\sigma)$ に対応する．

◆**例 6.48** 直交対称リー環の例を挙げる．

(1) $\mathfrak{g}$ をコンパクト半単純リー環とし，θ を任意の対合とする．$\mathfrak{h}$ を (6.4) で定めれば，$(\mathfrak{g}, \mathfrak{h}, \theta)$ は効果的な直交対称リー環となる．

(2) $\mathfrak{g}$ を非コンパクト半単純リー環とし，$\mathfrak{g} = \mathfrak{h} \oplus \mathfrak{p}$ をそのカルタン分解とする．

$$\theta(T + X) = T - X, \quad T \in \mathfrak{h}, \ X \in \mathfrak{p}$$

とすれば，$(\mathfrak{g}, \mathfrak{h}, \theta)$ は効果的な直交対称リー環である．

(3) $\mathfrak{v}$ を有限次元ベクトル空間，$\mathfrak{u}$ を $GL(\mathfrak{v})$ のコンパクト部分群のリー環とする．$\mathfrak{g} = \mathfrak{u} \oplus \mathfrak{v}$ とし，そのブラケット積を

$$[X_1, X_2] = 0, \quad X_1, X_2 \in \mathfrak{v},$$

$$[T, X] = -[X, T] = T(X), \quad T \in \mathfrak{u}, \ X \in \mathfrak{v},$$

$$[T_1, T_2] = T_1 T_2 - T_2 T_1, \quad T_1, T_2 \in \mathfrak{u}$$

と定める. このとき $\mathfrak{g}$ は $\mathfrak{u}$ を部分リー環として含むリー環となる.

$$\theta(T + X) = T - X, \quad T \in \mathfrak{u}, \ X \in \mathfrak{v}$$

とすれば, $(\mathfrak{g}, \mathfrak{u}, \theta)$ は効果的な直交対称リー環である.

✔**注意 6.49**　この 3 つの例は直交対称リー環の典型である. (1) ではキリング形式が負定値 (命題 6.31), (2) ではキリング形式が $\mathfrak{h}$ 上で負定値, $\mathfrak{p}$ 上で正定値 (命題 6.37), (3) ではキリング形式が $\mathfrak{u}$ 上で負定値, $\mathfrak{v}$ 上で 0 である. このようにキリング形式の値が直交対称リー環の分類の要となる (6.4 節).

つぎの定理は直交対称リー環にリーマン対称対とリーマン対称空間が対応することを主張する.

定理 6.50　$(\mathfrak{g}, \mathfrak{h}, \theta)$ を直交対称リー環とする. $\widetilde{G}$ を $\mathfrak{g}$ をリー環とする単連結リー群, $\widetilde{H}$ を $\mathfrak{h}$ をリー環にもつ $\widetilde{G}$ の連結リー部分群とする [18]. このとき $\widetilde{G}$ の対合 $\widetilde{\sigma}$ で $d\widetilde{\sigma} = \theta$, $\widetilde{G}_0^{\widetilde{\sigma}} = \widetilde{H}$ なるものが存在する. $\widetilde{H}$ は閉集合となり, $(\widetilde{G}, \widetilde{H}, \widetilde{\sigma})$ はリーマン対称対となる. $\pi : \widetilde{G} \to \widetilde{G}/\widetilde{H}$ を標準的全射とし, $\pi(e) = p$ での対称 $\widetilde{s}_p$ を $\widetilde{s}_p \circ \pi = \pi \circ \widetilde{\sigma}$ で定めれば, $(\widetilde{G}/\widetilde{H}, \widetilde{s}_p)$ は単連結なリーマン対称空間となる. さらに $(\mathfrak{g}, \mathfrak{h})$ が効果的であれば, $(\widetilde{G}, \widetilde{H})$ も効果的である. また (G, H) が $(\mathfrak{g}, \mathfrak{h})$ に付随し, H が連結閉集合であれば, G/H は局所対称空間となり, $\widetilde{G}/\widetilde{H}$ はその普遍被覆 [19] となる.

証明　証明の概略を与える [20]. $\widetilde{G}$ は単連結なので, $\widetilde{\sigma} : \widetilde{G} \to \widetilde{G}$ なる準同型で $d\widetilde{\sigma} = \theta$ となるものが存在する. $\widetilde{\sigma}^2 = I$ であり, $\widetilde{H}$ は $\widetilde{\sigma}$ の固定化群の単位元

---

[18] 注意 6.20 参照.

[19] 注意 5.40 参照.

[20] 詳細は [16], §2.2 (C), [32], 第 4 章, 命題 3.6 を参照されたい.

の連結成分となる. したがって $\widetilde{H}$ は閉集合である. また $G_0^{\widetilde{\sigma}} = \widetilde{H} \subset G^{\widetilde{\sigma}}$ となる. $\mathfrak{h}$ は $\mathfrak{g}$ にコンパクトに埋め込まれているので, $\mathrm{Ad}_{\widetilde{G}}(\widetilde{H})$ はコンパクトである. よって $(\widetilde{G}, \widetilde{H})$ はリーマン対称対となる. つぎに $\widetilde{G}/\widetilde{H}$ が単連結となることを示す. $\eta: [0,1] \to \widetilde{G}/\widetilde{H}$ をループとする. $\eta(0) = \eta(1) = \pi(e)$ である. ただし π は $\pi: \widetilde{G} \to \widetilde{G}/\widetilde{H}$ なる射影である. このとき $\widetilde{G}$ のループ $\widetilde{\eta}: [0,1] \to \widetilde{G}$ で $\pi \circ \widetilde{\eta} = \eta$ かつ $\widetilde{\eta}(0) = e$ となるものがとれる. ところで $\widetilde{H}$ は連結なので, $\widetilde{H}$ 内の道 ω で $\widetilde{\eta}(1)$ と $\widetilde{\eta}(0)$ を結ぶことができる. よって ω と $\widetilde{\eta}$ をつないだ道 $\widetilde{\eta} \cdot \omega$ は $\widetilde{G}$ の閉ループとなり, 連続的に 1 点に収縮する. このことから η も 0 に縮退する. よって $\widetilde{G}/\widetilde{H}$ は単連結である.

$\mathrm{Ad}_G(H)$ と $\mathrm{Ad}_{\widetilde{G}}(\widetilde{H})$ は $\mathrm{Int}(\mathfrak{g})$ の解析的部分群で同じリー環をもつので一致する. また $\mathfrak{h}$ が $\mathfrak{g}$ にコンパクトに埋め込まれていることから, $K = \mathrm{Ad}_G(H) = \mathrm{Ad}_{\widetilde{G}}(\widetilde{H})$ とすればコンパクトである. ここで $\mathfrak{p} = \{X \in \mathfrak{g} \mid \theta(X) = -X\}$ とおくと, $\mathfrak{p}$ は K 不変である. このことから $\mathfrak{p}$ 上に K 不変な内積 Q が存在する. 命題 6.25 により, $\widetilde{G}/\widetilde{H}$ に $\widetilde{G}$ 不変なリーマン計量が存在する. H は G の閉部分群なので, この計量から G/H の G 不変なリーマン計量が得られる. ここで $\phi: \widetilde{G} \to G$ を被覆写像とすると, $\widetilde{H}$ は $\phi^{-1}(H)$ の単位元の連結成分である. よって $\widetilde{G}/\widetilde{H} \to \widetilde{G}/\phi^{-1}(H) \to G/H$ を考えれば, $\widetilde{G}/\widetilde{H}$ は G/H の普遍被覆である. $\widetilde{G}/\widetilde{H}$ が対称空間であり, 被覆写像が局所同型であることに注意すれば, G/H は局所対称空間である. ∎

✔注意 6.51 この定理と前章の結果を合わせれば, つぎの図式が完成する. 各写像は全射である[21].

$$\{\text{効果的リーマン対称対 } (G,H,\sigma)\} \underset{\beta}{\overset{\alpha}{\rightleftarrows}} \{\text{連結リーマン対称空間 } (M, s_p)\}$$

$$\downarrow \gamma' \qquad\qquad\qquad\qquad\qquad\qquad \downarrow \gamma$$

$$\{\text{効果的直交対称リー環 } (\mathfrak{g}, \mathfrak{h}, \theta)\} \underset{\epsilon}{\overset{\delta}{\rightleftarrows}} \{\text{単連結リーマン対称空間 } (\widetilde{M}, \widetilde{s}_p)\}$$

---

[21] [16], 定理 2.3 参照.

$$\alpha((G,H,\sigma)) = (G/H, s_p), \quad \pi : G \to G/H, \quad p = \pi(e), \quad s_p \circ \pi = \pi \circ \sigma,$$

$$\beta((M, s_p)) = (I_0(M), I_0(M)_p, \sigma), \quad \sigma(g) = s_p g s_p,$$

$$\gamma((M, s_p)) = (\widetilde{M}, \widetilde{s}_p),$$

$$\gamma'((G, H, \sigma)) = (\mathfrak{g}, \mathfrak{h}, d\sigma)$$

$$\delta((\mathfrak{g}, \mathfrak{h}, \theta)) = (\widetilde{G}/\widetilde{H}, \widetilde{s}_p), \quad \theta = d\widetilde{\sigma},$$

$$\pi : \widetilde{G} \to \widetilde{G}/\widetilde{H}, \quad p = \pi(e), \quad \pi \circ \widetilde{\sigma} = \widetilde{s}_p \circ \pi,$$

$$\epsilon((\widetilde{M}, d\widetilde{s}_p)) = \gamma' \circ \beta((\widetilde{M}, d\widetilde{s}_p) = \gamma'((I_0(\widetilde{M}), I_0(\widetilde{M})_p, \sigma)), \quad \sigma(g) = \widetilde{s}_p g \widetilde{s}_p.$$

例えば

$$
\begin{array}{ccc}
(PSO(n+1), PSO(n)) & \underset{\beta}{\overset{\alpha}{\rightleftarrows}} & P_n(\mathbf{R}) \\
\downarrow{\scriptstyle\gamma'} & & \downarrow{\scriptstyle\gamma} \\
(\mathfrak{o}(n+1), \mathfrak{o}(n)) & \underset{\epsilon}{\overset{\delta}{\rightleftarrows}} & S^n
\end{array}
$$

である．$PO(n) = O(n)/Z(O(n))$, $PSO(n) = SO(n)/Z(SO(n))$ はそれぞれ射影直交群，射影特殊直交群とよばれる．$\beta(S^n) = (SO(n+1), SO(n))$ である．

✔ **注意 6.52**　単連結なリーマン対称空間 $\widetilde{M}$ に対して

$$\widetilde{M} \simeq \widetilde{G}/\widetilde{H} \simeq I_0(\widetilde{M})/I_0(\widetilde{M})_p$$

である．$(I_0(\widetilde{M}), I_0(\widetilde{M})_p)$ は効果的，$(\widetilde{G}, \widetilde{H})$ は一般には擬効果的である．

$$S^3 \simeq (SU(2) \times SU(2))/SU(2) \simeq SO(4)/SO(3),$$

$$H^3 \simeq SL(2, \mathbf{C})/SU(2) \simeq SO_0(1,3)/SO(3)$$

が成り立つ．一般に $S^n \simeq Spin(n+1)/Spin(n) \simeq SO(n+1)/SO(n)$, $H^n \simeq Spin(1,n)/Spin(n) \simeq SO_0(1,n)/SO(n)$ $(n \geq 2)$ である．S^n は球面，H^n は二葉双曲面である [22]．

---

[22] 7.1.1 項の二葉双曲面参照．

6.4 直交対称リー環の構造

リーマン対称空間を分類するためには，リーマン対称対あるいは対応する直交対称リー環を分類すればよい．線形構造をもつ直交対称リー環の構造から調べる．

6.4.1 直交対称リー環の型と既約性

効果的な直交対称リー環 $(\mathfrak{g}, \mathfrak{h}, \theta)$ の形を決めるのが本節の目標である．$\mathfrak{g} = \mathfrak{h} \oplus \mathfrak{p}$ を θ の ± 1 固有空間による分解とする．以下の定理 6.53 により，$(\mathfrak{g}, \mathfrak{h}, \theta)$ はつぎの 3 つの型に分解される [23]．

コンパクト型	$\Longleftrightarrow$	$\mathfrak{g}$ はコンパクト半単純リー環となる．
非コンパクト型	$\Longleftrightarrow$	$\mathfrak{g}$ は非コンパクト半単純リー環かつ $\mathfrak{g} = \mathfrak{h} \oplus \mathfrak{p}$ はカルタン分解となる．
ユークリッド型	$\Longleftrightarrow$	$\mathfrak{p}$ は可換イデアルとなる．

定理 6.53（**分解定理**）　$(\mathfrak{g}, \mathfrak{h}, \theta)$ を効果的な直交対称リー環とする．このときつぎの条件を満たす $\mathfrak{g}$ のイデアル $\mathfrak{g}_0, \mathfrak{g}_-, \mathfrak{g}_+$ が存在する．

(1)　$\mathfrak{g} = \mathfrak{g}_0 \oplus \mathfrak{g}_- \oplus \mathfrak{g}_+$.

(2)　各 $\mathfrak{g}_i$ $(i = 0, \pm)$ は s 不変で，キリング形式 B に関して直交する．

(3)　s の各 $\mathfrak{g}_i$ $(i = 0, \pm)$ への制限を θ_i とすれば，

$$(\mathfrak{g}_0, \theta_0),\ (\mathfrak{g}_-, \theta_-),\ (\mathfrak{g}_+, \theta_+)$$

はいずれも効果的な直交対称リー環で，それぞれユークリッド型，コンパクト型，非コンパクト型となる．

証明　証明の概略を与える [24]．定理 6.40 (4) より

$$[\mathfrak{h}, \mathfrak{h}] \subset \mathfrak{h},\ \ [\mathfrak{h}, \mathfrak{p}] \subset \mathfrak{p},\ \ [\mathfrak{p}, \mathfrak{p}] \subset \mathfrak{h}$$

---

[23] 例 6.48，注意 6.49 参照．
[24] 詳しくは [16]，定理 2.3，[32]，第 5 章，定理 1.1 を参照されたい．

である．キリング形式 B は $\mathfrak{g}$ の自己同型で不変である．よって $\mathfrak{h}, \mathfrak{p}$ は B に関
して直交する．ここで $\mathfrak{h}$ が $\mathfrak{g}$ にコンパクトに埋め込まれていること，すなわち，
$\mathrm{Int}(\mathfrak{g})$ の部分群で $\mathrm{ad}(\mathfrak{h})$ をリー環にもつものを K とすると，K はコンパクト
群となる．また $\mathfrak{h} \cap \mathfrak{z} = \{\mathbf{0}\}$ より B は $\mathfrak{h}$ 上で負定値である（命題 6.28）．さら
に $k \in K$ に対して

$$k\mathfrak{h} \subset \mathfrak{h}, \quad k\mathfrak{p} \subset \mathfrak{p}$$

となる．K がコンパクトなので，$\mathfrak{p}$ 上の K 不変な内積 Q が存在する．

　ここで $\mathfrak{p}$ の基底 $X_1, X_2, \ldots, X_n$ を，任意の $X \in \mathfrak{p}$ を $X = x_1 X_1 + x_2 X_2 + \cdots + x_n X_n$ $(x_i \in \mathbf{R}, \, 1 \le i \le n)$ と表したときに

$$Q(X, X) = x_1^2 + x_2^2 + \cdots + x_n^2,$$
$$B(X, X) = c_1 x_1^2 + c_2 x_2^2 + \cdots + c_n x_n^2$$

となるようにとる．ただし c_i $(1 \le i \le n)$ は実数である．このとき

$$\mathfrak{p}_0 = \sum_{c_i = 0} \mathbf{R} X_i, \quad \mathfrak{p}_- = \sum_{c_i < 0} \mathbf{R} X_i, \quad \mathfrak{p}_+ = \sum_{c_i > 0} \mathbf{R} X_i$$

とおけば

$$\mathfrak{p} = \mathfrak{p}_0 \oplus \mathfrak{p}_- \oplus \mathfrak{p}_+$$

であり，各空間は B および Q に関して直交する．

　ここで $C : \mathfrak{p} \to \mathfrak{p}$ を $C(X_i) = c_i X_i$ と定めれば

$$Q(CX, Y) = B(X, Y)$$

となる．B, Q が K 不変であることに注意すると，C は K の $\mathfrak{p}$ への作用と可
換である．よって $\mathfrak{p}_0, \mathfrak{p}_-, \mathfrak{p}_+$ は K 不変である．このとき，これらの空間はつ
ぎの性質を満たす．

(1)　$\mathfrak{p}_0 = \{X \in \mathfrak{g} \mid B(X, Y) = 0, \, 任意の \, Y \in \mathfrak{g}\}$.

(2)　$[\mathfrak{p}_0, \mathfrak{p}] = \{\mathbf{0}\}$ であり，さらに $\mathfrak{p}_0$ は $\mathfrak{g}$ の可換イデアルとなる．

(3)　$[\mathfrak{p}_-, \mathfrak{p}_+] = \{\mathbf{0}\}$.

ここで

$$\mathfrak{h}_+ = [\mathfrak{p}_+, \mathfrak{p}_+], \quad \mathfrak{h}_- = [\mathfrak{p}_-, \mathfrak{p}_-]$$

とし，$\mathfrak{h}_0$ を $\mathfrak{h}_+$, $\mathfrak{h}_-$ で張られる空間の B に関する $\mathfrak{h}$ 内での直交補空間とする．すると，各空間は $\mathfrak{h}$ のイデアルとなり，B に関して直交するので

$$\mathfrak{h} = \mathfrak{h}_0 \oplus \mathfrak{h}_- \oplus \mathfrak{h}_+$$

となる．さらに $[\mathfrak{h}_0, \mathfrak{p}_-] = [\mathfrak{h}_0, \mathfrak{p}_+] = \{\mathbf{0}\}$, $[\mathfrak{h}_-, \mathfrak{p}_0] = [\mathfrak{h}_-, \mathfrak{p}_+] = \{\mathbf{0}\}$, $[\mathfrak{h}_+, \mathfrak{p}_0] = [\mathfrak{h}_+, \mathfrak{p}_-] = \{\mathbf{0}\}$ が成り立つ．よって

$$\mathfrak{g} = \mathfrak{h} \oplus \mathfrak{p} = (\mathfrak{h}_0 \oplus \mathfrak{p}_0) \oplus (\mathfrak{h}_- \oplus \mathfrak{p}_-) \oplus (\mathfrak{h}_+ \oplus \mathfrak{p}_+)$$

に注意して，$\mathfrak{g}_0, \mathfrak{g}_-, \mathfrak{g}_+$ をつぎのように定める．

$\mathfrak{p}_0 \neq \{\mathbf{0}\}$ のとき

$$\mathfrak{g}_0 = \mathfrak{h}_0 \oplus \mathfrak{p}_0, \quad \mathfrak{g}_- = \mathfrak{h}_- \oplus \mathfrak{p}_-, \quad \mathfrak{g}_+ = \mathfrak{h}_+ \oplus \mathfrak{p}_+,$$

$\mathfrak{p}_0 = \{\mathbf{0}\}$, $\mathfrak{p}_- \neq \{\mathbf{0}\}$ のとき

$$\mathfrak{g}_0 = \{\mathbf{0}\}, \quad \mathfrak{g}_- = \mathfrak{h}_0 \oplus \mathfrak{h}_- \oplus \mathfrak{p}_-, \quad \mathfrak{g}_+ = \mathfrak{h}_+ \oplus \mathfrak{p}_+,$$

$\mathfrak{p}_0 = \{\mathbf{0}\}$, $\mathfrak{p}_- = \{\mathbf{0}\}$ のとき

$$\mathfrak{g}_0 = \{\mathbf{0}\}, \quad \mathfrak{g}_- = \{\mathbf{0}\}, \quad \mathfrak{g}_+ = \mathfrak{h}_0 \oplus \mathfrak{h}_+ \oplus \mathfrak{p}_+.$$

この $\mathfrak{g}_0, \mathfrak{g}_-, \mathfrak{g}_+$ から，求める分解が得られる．実際，$\mathfrak{p}_0 \neq \{\mathbf{0}\}$ のとき

$$\mathfrak{g} = \mathfrak{g}_0 \oplus \mathfrak{g}_- \oplus \mathfrak{g}_+$$

である．各空間は θ 不変であり，B に関して直交し，$\mathfrak{g}$ のイデアルである．$\mathfrak{g}_\pm$ については，$\mathfrak{h}_\pm$ の定義により，それが $\mathfrak{g}_\pm$ にコンパクトに埋め込まれている．さらに B は $\mathfrak{g}_-$ で負定値となり，よって $\mathfrak{g}_-$ はコンパクト半単純リー環である．また B は $\mathfrak{h}_+$ で負定値，$\mathfrak{p}_+$ で正定値となる．よって $\mathfrak{g}_+$ は非コンパクト半単純リー環，$\mathfrak{g}_+ = \mathfrak{h}_+ \oplus \mathfrak{p}_+$ はそのカルタン分解となる．$\mathfrak{g}_0$ についても，$\mathfrak{h}_0$ が $\mathfrak{g}_0$ にコンパクトに埋め込まれることが示される．$\mathfrak{p}_0$ は $\mathfrak{g}_0$ の可換イデアルなので，$\mathfrak{g}_0$ はユークリッド型である．他の場合も同様にして示される．∎

つぎに，コンパクト型および非コンパクト型の直交対称リー環のさらなる分解を考える．効果的な対称リー環 $(\mathfrak{g}, \mathfrak{h}, \theta)$ が**既約**であるとは，$\mathfrak{g} = \mathfrak{h} \oplus \mathfrak{p}$ を θ の ± 1 固有空間による分解としたとき，つぎの条件が満たされることである．

(1)　$\mathfrak{g}$ は半単純リー環で，$\mathfrak{h}$ は $\mathfrak{g}$ の非自明なイデアルを含まない．

(2)　$\mathrm{ad}_{\mathfrak{g}}\mathfrak{h}$ は $\mathfrak{p}$ に既約に作用する．

このとき，つぎの定理が成り立つ[25]．

定理 6.54　(**既約分解**)　$(\mathfrak{g}, \mathfrak{h}, \theta)$ を直交対称リー環とし，$\mathfrak{g}$ は半単純，$\mathfrak{h}$ は $\mathfrak{g}$ の非自明なイデアルを含まないとする．このとき $\mathfrak{g}$ のイデアル $\mathfrak{g}_i$ が存在して，つぎを満たす．

(1)　$\mathfrak{g} = \oplus_i \mathfrak{g}_i$.

(2)　各 $\mathfrak{g}_i$ は θ 不変で，キリング形式 B に関して直交する．

(3)　θ の各 $\mathfrak{g}_i$ への制限を θ_i，$\mathfrak{h}_i = \mathfrak{g}_i \cap \mathfrak{h}$ とすれば，$(\mathfrak{g}_i, \mathfrak{h}_i, \theta_i)$ は既約直交対称リー環である．

6.4.2　双対と対称リー環

$(\mathfrak{g}, \mathfrak{h}, \theta)$ を直交対称リー環，$\mathfrak{g} = \mathfrak{h} \oplus \mathfrak{p}$ を θ の ± 1 固有空間分解とする．$\mathfrak{g} \subset \mathfrak{g}^{\mathbf{C}}$ に注意し，

$$\mathfrak{g}^* = \mathfrak{h} \oplus i\mathfrak{p}, \quad \theta^* : T + iX \mapsto T - iX$$

とする．ただし，$T \in \mathfrak{h}$，$X \in \mathfrak{p}$ である．このとき $\mathfrak{g}^*$ は $\mathfrak{g}^{\mathbf{C}}$ の実部分リー環であり，$\mathfrak{g}^{\mathbf{C}}$ の実型となる．後述の定理 6.58 により $(\mathfrak{g}^*, \mathfrak{h}, \theta^*)$ は直交対称リー環となる．これを $(\mathfrak{g}, \mathfrak{h}, \theta)$ の**双対対称リー環**あるいは単に**双対**という．また，付随するリー群の対称対 (G, H) や対称空間 G/H に対してもそれぞれ**双対対称対**や**双対対称空間**あるいは単に**双対**という．

---

[25]証明は [32]，第 8 章，命題 5.2 を参照のこと．

◆**例 6.55** $SL(n,\mathbf{R})/SO(n)$ と $SU(n)/SO(n)$ は双対である.

実際,例 6.45 により,$(\mathfrak{sl}(n,\mathbf{R}),\mathfrak{o}(n),\theta)$, $\theta(X)=-{}^tX$, のカルタン分解は

$$\mathfrak{sl}(n,\mathbf{R})=\mathfrak{o}(n)\oplus\{X\in\mathfrak{sl}(n,\mathbf{R})\mid {}^tX=X\}=\mathfrak{o}(n)\oplus\mathfrak{p}$$

である.よって

$$\mathfrak{sl}(n,\mathbf{R})^*=\mathfrak{o}(n)\oplus i\mathfrak{p}=\mathfrak{su}(n)$$

を得る.θ を $\mathfrak{sl}(n,\mathbf{C})$ へ拡張し,その $\mathfrak{su}(n)$ への制限を θ^* とすれば

$$\theta^*(X)=-{}^tX=\overline{X}$$

となる.このとき $(\mathfrak{su}(n),\mathfrak{o}(n),\theta^*)$ は $(\mathfrak{sl}(n,\mathbf{R}),\mathfrak{o}(n),\theta)$ の双対であり,そのカルタン分解は

$$\mathfrak{su}(n)=\mathfrak{o}(n)\oplus\{X\in\mathfrak{su}(n)\mid\overline{X}=-X\}$$

である.

◆**例 6.56** $O(n)/(O(k)\times O(n-k))$ と $O(k,n-k)/(O(k)\times O(n-k))$ は双対である.$\mathfrak{g},\mathfrak{g}^*$ のカルタン分解はつぎのようになる.

$$\mathfrak{o}(n)=(\mathfrak{o}(k)\oplus\mathfrak{o}(n-k))\oplus\left\{\left(\begin{array}{cc}\mathbf{0}&Z\\-{}^tZ&\mathbf{0}\end{array}\right)\mid Z\in M(k,n-k)\right\},$$

$$\mathfrak{o}(k,n-k)=(\mathfrak{o}(k)\oplus\mathfrak{o}(n-k))\oplus\left\{\left(\begin{array}{cc}\mathbf{0}&Z\\{}^tZ&\mathbf{0}\end{array}\right)\mid Z\in M(k,n-k)\right\}.$$

◆**例 6.57** G を連結コンパクトリー群とし,$G^{\mathbf{C}}$ をその複素化とする.すなわち G を部分群として含む連結リー群でそのリー環が $\mathfrak{g}^{\mathbf{C}}$ (6.1.6 項)となるものとする.ここで G を $G\times G/\mathrm{diag}(G)$ と同一視する(例5.28).このとき双対は $G^{\mathbf{C}}/G$ となる.$G\times G/\mathrm{diag}(G)$ に対応する直交対称リー環のカルタン分解は

$$\mathfrak{g}\oplus\mathfrak{g}=\{(X,X)\mid X\in\mathfrak{g}\}\oplus\{(X,-X)\mid X\in\mathfrak{g}\}=\mathfrak{h}\oplus\mathfrak{p}$$

である．よってその双対のカルタン分解 $\mathfrak{h} \oplus i\mathfrak{p}$ は

$$\mathfrak{g} \oplus i\mathfrak{g} = \mathfrak{g}^{\mathbf{C}}$$

とみなせる．例えば $U(n) \times U(n)/U(n)$ の双対は $GL(n, \mathbf{C})/U(n)$ となる．

　直交対称リー環の双対はつぎの性質をもつ [26]．

定理 6.58　　$(\mathfrak{g}, \mathfrak{h}, \theta)$ を直交対称リー環とする．このとき以下が成り立つ．

(1)　$(\mathfrak{g}^*, \mathfrak{h}, \theta^*)$ は直交対称リー環となる．

(2)　$(\mathfrak{g}, \mathfrak{h}, \theta)$ がコンパクト型 $\Longleftrightarrow$ $(\mathfrak{g}^*, \mathfrak{h}, \theta^*)$ が非コンパクト型．

(3)　$(\mathfrak{g}, \mathfrak{h}, \theta)$ が既約 $\Longleftrightarrow$ $(\mathfrak{g}^*, \mathfrak{h}, \theta^*)$ が既約．

(4)　$(\mathfrak{g}_1, \mathfrak{h}_1, \theta_1)$ と $(\mathfrak{g}_2, \mathfrak{h}, \theta_2)$ が同型であれば，$(\mathfrak{g}_1^*, \mathfrak{h}, \theta_1^*)$ と $(\mathfrak{g}_2^*, \mathfrak{h}, \theta_2^*)$ も同型である．

✔注意 6.59　$(\mathfrak{g}, \mathfrak{h}, \theta)$ をコンパクト型の直交対称リー環とする．$\mathfrak{g}$ は複素化 $\mathfrak{g}^{\mathbf{C}}$ のコンパクト実型である．このとき，双対 $\mathfrak{g}^*$ は非コンパクト実型である．いま $\mathfrak{g} = \mathfrak{h}_1 \oplus \mathfrak{p}_1 = \mathfrak{h}_2 \oplus \mathfrak{p}_2$ を 2 つの直交対称リー環とすると，双対 $\mathfrak{g}_1 = \mathfrak{h}_1 \oplus i\mathfrak{p}_1$ と $\mathfrak{g}_2 = \mathfrak{h}_2 \oplus i\mathfrak{p}_2$ は $\mathfrak{g}^{\mathbf{C}}$ の 2 つの実型となる．したがって，θ を変えて $(\mathfrak{g}, \mathfrak{h}, \theta)$ がコンパクト型の直交対称対を動いたとき，その双対は $\mathfrak{g}^{\mathbf{C}}$ の非コンパクト型実型を動く．

6.4.3　既約直交対称リー環の分類

　ユークリッド型でない既約直交対称リー環の形を決める．最初に $(\mathfrak{g}, \mathfrak{h}, \theta)$ がコンパクト型な既約直交対称リー環の場合を考える．

$$\mathfrak{g} = \mathfrak{a}_1 \oplus \mathfrak{a}_2 \oplus \cdots \oplus \mathfrak{a}_n$$

と単純イデアルの和に分解すれば（命題 6.26），θ の作用は $1 \leq i \leq n$ を置換する．$\theta\mathfrak{a}_i = \mathfrak{a}_i$ のとき $\mathfrak{g}_i = \mathfrak{a}_i$，$\theta\mathfrak{a}_i \neq \mathfrak{a}_i$ のとき $\mathfrak{g}_i = \mathfrak{a}_i \oplus \theta\mathfrak{a}_i$ とすれば，

---

[26]証明は [16]，定理 3.8，[32]，第 8 章，定理 5.4 を参照のこと．

$\mathfrak{g} = \sum_i \mathfrak{g}_i$ と分解できる. 各 $\mathfrak{g}_i$ は θ 不変なイデアルである. ここで既約性に注意すると, ある i に対して $\mathfrak{g} = \mathfrak{g}_i$ となる. すなわち $\mathfrak{g} = \mathfrak{a}_i$ か $\mathfrak{g} = \mathfrak{a}_i \oplus \theta\mathfrak{a}_i$ が成り立つ. これが後述の I 型と II 型にそれぞれ対応する.

つぎに $(\mathfrak{g}, \mathfrak{h}, \theta)$ が非コンパクト型な既約直交対称リー環の場合を考える. その双対を $(\mathfrak{g}^*, \mathfrak{h}, \theta^*)$ とすれば, これは命題 6.58 よりコンパクト型な既約直交リー環である. よって前半の議論により, $\mathfrak{g}^*$ は単純か, $\theta\mathfrak{a}_1^* = \mathfrak{a}_2^*$ を満たす単純イデアル $\mathfrak{a}_i^*$ $(i = 1, 2)$ を用いて $\mathfrak{g}^* = \mathfrak{a}_1^* \oplus \mathfrak{a}_2^*$ と書ける.

最初に, $\mathfrak{g}^*$ が単純とする. このとき $\mathfrak{g}$ も単純となる. 実際, 単純でないとすると, $\mathfrak{g}$ は 2 つの自明でないイデアルの和で書けて, それぞれのカルタン分解により

$$\mathfrak{g} = \mathfrak{a}_1 \oplus \mathfrak{a}_2 = (\mathfrak{h}_1 \oplus \mathfrak{p}_1) \oplus (\mathfrak{h}_2 + \mathfrak{p}_2) = (\mathfrak{h}_1 \oplus \mathfrak{h}_1) \oplus (\mathfrak{p}_1 \oplus \mathfrak{p}_2)$$

となる. これは $\mathfrak{g}$ のカルタン分解である. このとき $\mathfrak{g}^* = (\mathfrak{h}_1 \oplus \mathfrak{h}_1) \oplus i(\mathfrak{p}_1 \oplus \mathfrak{p}_2) = (\mathfrak{h}_1 \oplus i\mathfrak{p}_1) \oplus (\mathfrak{h}_2 \oplus i\mathfrak{p}_2)$ となり, $\mathfrak{g}^*$ は 2 つの自明でないイデアルの和で書けるので, $\mathfrak{g}^*$ が単純であるという仮定に反する. よって $\mathfrak{g}$ は単純となる. 容易に $\mathfrak{g}^{\mathbf{C}}$ も単純となる. $\mathfrak{h}$ は $\mathfrak{g}$ にコンパクトに埋め込まれる極大部分環である. この場合は後述の III 型に対応する.

つぎに $\mathfrak{g}^*$ が $\mathfrak{g}^* = \mathfrak{a}_1^* \oplus \mathfrak{a}_2^*$, $\theta\mathfrak{a}_1^* = \mathfrak{a}_2^*$ であると仮定する. このとき $\mathfrak{g}$ は複素構造 J をもち, 単純な $\mathfrak{a}_1^*$ と同型なリー環 $\mathfrak{u}$ が存在して, カルタン分解 $\mathfrak{g} = \mathfrak{u} \oplus J\mathfrak{u}$ が得られる [27]. $\mathfrak{u}$ は単純, $\mathfrak{g}^{\mathbf{C}} = (\mathfrak{g}^*)^{\mathbf{C}} = (\mathfrak{a}_1^*)^{\mathbf{C}} = \mathfrak{u}^{\mathbf{C}}$ より $\mathfrak{a} = \mathfrak{u}^{\mathbf{C}}$ とすれば $\mathfrak{a}$ は複素単純リー環であり, $\mathfrak{g} = \mathfrak{a}^{\mathbf{R}}$ となる. θ はコンパクト実型 $\mathfrak{u}$ に関する共役である. この場合は後述の IV 型に対応する.

以上のことから, ユークリッド型でない既約直交対称リー環はつぎの 4 つの型に分類される [28].

定理 6.60 $(\mathfrak{g}, \mathfrak{h}, \theta)$ を既約な直交対称リー環とし, コンパクト型あるいは非コンパクト型とする. このとき, $(\mathfrak{g}, \mathfrak{h}, \theta)$ はつぎの型に分類される.

---

[27] [32], 第 5 章, 定理 2.4 参照. この定理により $\mathfrak{g}^*$ が単純なときは $\mathfrak{g}$ は複素構造をもたない.

[28] 詳細な証明は [16], 定理 3.3 (2), [32], 第 8 章, 定理 5.3, 定理 5.4 を参照のこと.

I 型	$\iff$	$\mathfrak{g}$ はコンパクト単純リー環で，θ は任意の対合である.
II 型	$\iff$	$\mathfrak{g}$ はコンパクトリー環で，$\mathfrak{g} = \mathfrak{g}_1 \oplus \mathfrak{g}_1$ のように単純イデアルの直和となり，$\theta(X, Y) = (Y, X)$, $X, Y \in \mathfrak{g}_1$ である.
III 型	$\iff$	$\mathfrak{g}$ は非コンパクト実単純リー環で，$\mathfrak{g}^{\mathbf{C}}$ は複素単純リー環，θ の固定集合はコンパクトに埋め込まれる部分環である.
IV 型	$\iff$	$\mathfrak{g} = \mathfrak{a}^{\mathbf{R}}$, $\mathfrak{a}$ は複素単純リー環であり，θ はコンパクトに埋め込まれる部分環で極大なものに関する共役である.

定理 6.61 $(\mathfrak{g}, \mathfrak{h}, \theta)$ を既約な半単純対称リー環とする. このとき $(\mathfrak{g}^*, \mathfrak{h}, \theta^*)$ も既約な半単純リー環となり，以下が成り立つ.

$$(\mathfrak{g}, \mathfrak{h}, \theta) \text{ がタイプ III 型} \iff (\mathfrak{g}^*, \mathfrak{h}, \theta^*) \text{ がタイプ I 型}.$$
$$(\mathfrak{g}, \mathfrak{h}, \theta) \text{ がタイプ IV 型} \iff (\mathfrak{g}^*, \mathfrak{h}, \theta^*) \text{ がタイプ II 型}.$$

6.5　対称空間の分類

以下ではリーマン対称空間の分類を与える. 前節で調べた既約直交対称リー環の構造は注意 6.51 により単連結なリーマン対称空間の構造に反映する. 単連結でない一般のリーマン対称空間を考えるときは，既約直交対称リー環に付随する対称対 (G, H) がどのようなときにリーマン対称対になるかを調べる（6.6 節）.

6.5.1　リーマン対称空間の構造

リーマン対称対 (G, H, σ) に直交対称リー環 $(\mathfrak{g}, \mathfrak{h}, \theta)$ が付随するとき，$(\mathfrak{g}, \mathfrak{h}, \theta)$ の型を (G, H, σ) の型とする. リーマン対称空間 (M, s_p) に対しても，注意 6.51 で付随する直交対称リー環の型をその対称空間 M の型とする. さらに，付随する直交対称リー環が既約なとき，(G, H, σ) および M は既約とする. 直交対称リー環 $(\mathfrak{g}, \mathfrak{h}, \theta)$ の分解定理（定理 6.53）および既約分解（定理 6.54）より，リーマン対称空間の分解定理および既約分解が得られる [29].

---

[29] [16], 第 3 章, 系 2, [32], 第 5 章, 命題 4.2, 第 8 章, 命題 5.5 を参照のこと.

定理 6.62 M を単連結なリーマン対称空間とする. このとき

$$M = M_0 \times M_- \times M_+$$

と分解できる. ただし, M_0 はユークリッド空間, M_- はコンパクト型対称空間, M_+ は非コンパクト型対称空間である.

証明 $G = I_0(M)$ とし, H を $p \in M$ の固定化群とする. $\widetilde{G}$ を G の普遍被覆群とすれば, M が単連結なので, $M = G/H = \widetilde{G}/\widetilde{H}$ となる. このとき $\widetilde{H}$ は普遍被覆群とは限らず, $\mathfrak{h}$ をリー環にもつ連結リー部分群である. 対応する効果的な直交対称リー環 $(\mathfrak{g}, \mathfrak{h}, d\sigma)$ の分解 (定理 6.53) により, $\mathfrak{g}_i$ $(i = 0, \pm)$ をリー環にもつ $\widetilde{G}$ の連結リー部分群を G_i とすれば

$$\widetilde{G} = G_0 \times G_- \times G_+$$

となる. この分解により, $\widetilde{H}$ も $\widetilde{H} = H_0 \times H_- \times H_+$ と分解する.

$$M_0 = G_0/H_0, \quad M_- = G_-/H_-, \quad M_+ = G_+/H_+$$

とすれば, それぞれユークリッド空間, コンパクト型対称空間, 非コンパクト型対称空間となり, 求める M の分解を与える. ∎

定理 6.63 M を単連結なリーマン対称空間とし, コンパクト型あるいは非コンパクト型とする. このとき M は

$$M = M_1 \times M_2 \times \cdots \times M_n$$

と分解でき, 各 M_i は既約リーマン対称空間である.

証明 定理 6.62 の証明と同様にして, $M = G/H = \widetilde{G}/\widetilde{H}$ となる. 定理 6.54 に注意すれば

$$\widetilde{G} = G_1 \times G_2 \times \cdots \times G_r,$$
$$\widetilde{H} = H_1 \times H_2 \times \cdots \times H_r$$

と分解できる．各 (G_i, H_i) は既約である．$M_i = G_i/H_i$ とすれば

$$M = M_1 \times M_2 \times \cdots \times M_r$$

と分解する．このとき G_i は半単純，$\mathfrak{h}_i$ は自明でない $\mathfrak{g}_i$ のイデアルを含まないので，G_i と $I_0(M_i)$ は同じリー環をもつ[30]．よって M_i は既約である．　　■

✔ **注意 6.64**　既約性を考えれば

{ 効果的既約直交対称リー環 }$/\sim$ $\approx$ { 単連結既約リーマン対称空間 }$/\sim$

となる．それぞれの同値関係 $\sim$ はリー環の同型写像による同値関係および解析同相による同値関係である．単連結かつ既約なユークリッド型リーマン対称空間は $\mathbf{R}$ である．

6.5.2　リーマン対称空間の分類

単連結な既約リーマン対称空間の分類は，前項より効果的既約直交対称リー環の分類に帰着された．すなわちユークリッド型でない既約リーマン対称空間を求めるには，定理 6.60 の I, II, III, IV 型の直交対称リー環 $(\mathfrak{g}, \mathfrak{h}, \theta)$ に付随する単連結なリー群 $\widetilde{G}$ から $\widetilde{M} = \widetilde{G}/\widetilde{H}$ を求めればよい．実際，定理 6.50 より，付随する単連結な既約リーマン対称空間 $\widetilde{M}$ は一意に決まる．ただし $\widetilde{G}$ 不変計量は一意とは限らない．定理 6.53 の証明では $\widetilde{G}$ 不変計量は $\mathfrak{p}$ 上の $\widetilde{H}$ 不変な内積 Q から導かれた．Q はキリング形式を，必要ならば -1 倍したものである．すなわち $\mathfrak{g}$ が非コンパクト型のとき，$\mathfrak{g} = \mathfrak{h} \oplus \mathfrak{p}$ をそのカルタン分解とすれば，$Q = B|_{\mathfrak{p} \times \mathfrak{p}}$ であり，$\mathfrak{h} \oplus i\mathfrak{p}$ が $\mathfrak{g}^{\mathbf{C}}$ のコンパクト実型であれば $Q = -B|_{i\mathfrak{p} \times i\mathfrak{p}}$ である．

リー群 G はそのリー環 $\mathfrak{g}$ が単純なとき，**単純リー群**とよばれる．さらに G が複素構造をもち，群演算が複素解析的となるときは**複素単純リー群**（2.4.1 項），そうでないときは**実単純リー群**とよばれる．I 型に関しては，単連結コンパク

---

[30] [32], 第 5 章，定理 4.1 参照．

ト単純リー群 $\widetilde{G}$ とその対合 σ により $M = \widetilde{G}/\widetilde{G}^\sigma$ となる. II 型に関しては例
5.40 より $G \cong G \times G/\mathrm{diag}(G)$ はリーマン対称空間であり, II 型の $(\mathfrak{g}, \mathfrak{h}, \theta) = (\mathfrak{g}_1 \oplus \mathfrak{g}_1, \mathfrak{g}_1, \theta)$, $\theta(X, Y) = (Y, X)$ からリーマン対称対 $(\bar{G}_1 \times \bar{G}_1, \bar{G}_1, \sigma)$ を
構成することができる. ここで $\bar{G}_1$ は $\mathfrak{g}_1$ をリー環にもつ単連結リー群である.
このことから II 型の単連結既約対称空間は単連結コンパクト単純リー群に他な
らない[31].

　III, IV 型に関しては, 後述の定理 6.66 より $(\mathfrak{g}, \mathfrak{h}, \theta)$ に付随する対称対 (G, H)
に対して, H は連結閉集合で $Z(G)$ を含むことがわかる. さらに系 6.67 より
$\widetilde{M} = \widetilde{G}/\widetilde{H} \simeq G/H$ となる. とくにリーマン対称空間はすべて単連結である.
III 型の場合, 脚注 27 より $\mathfrak{g}$ は複素構造をもたず, $\mathfrak{g}$ のカルタン分解を $\mathfrak{g} = \mathfrak{h} \oplus \mathfrak{p}$
とすれば, $\mathfrak{h}$ はコンパクトに埋め込まれる $\mathfrak{g}$ の極大部分環である. 定理 6.50
の証明より $\mathrm{Ad}_{\widetilde{G}}(\widetilde{H}) = \mathrm{Ad}_G(H)$ はコンパクトであった. よって $H/Z(G)$ は
$G/Z(G)$ で極大コンパクト群となる. IV 型の場合, コンパクトに埋め込まれ
る極大部分環 $\mathfrak{h}$ はコンパクト実型 $\mathfrak{u}$ である. よって H は極大コンパクト群と
なる.

定理 6.65 ユークリッド型でない単連結既約リーマン対称空間はつぎのい
ずれかである.

I 型	G/G^σ	G は単連結コンパクト単純リー群, σ は任意の対合.
II 型	$G \times G/\mathrm{diag}(G)$	G は単連結コンパクト単純リー群.
III 型	G/H	G は連結単純リー群で複素構造が入らない. $H/Z(G)$ は $G/Z(G)$ の極大コンパクト部分群.
IV 型	G/U	G は連結複素単純リー群, U はその極大コンパクト部分群.

　具体的に分類を完成させるには 6.4.3 項に戻って, II 型に関してはコンパク

ト実単純リー環，III 型に関しては非コンパクト実単純リー環とカルタン分解，
IV 型に関しては複素単純リー環とコンパクト実型の分類を行う．

　I 型の場合はつぎが必要である．

(1)　すべてのコンパクト単純リー環 $\mathfrak{g}$ を求める．

(2)　$\mathfrak{g}$ のすべての対合 θ を求める．

ここでコンパクトリー環はその複素化の実型であり，定理 6.33 よりすべての複
素半単純リー環はコンパクト実型をもち，$\mathrm{Aut}(\mathfrak{g})$ の作用で移りあう．さらに注
意 6.59 に注意すると，(1), (2) は

(1)′　すべての複素単純リー環を求める [32]．

(2)′　複素単純リー環のすべての非コンパクト実型を求める [33]．

と同値になる．

　以上のように単連結既約リーマン対称空間の分類はすべてリー環の問題に帰
着される．さらにリー環のルート系（6.1.7 項）を解析すれば，ディンキン図形
や佐竹図形といった幾何学的な図形の分類に帰着できる．詳しくは [35], [36],
[30] などの参考文献を参照されたい．具体的な結果は 6.7 節にまとめた．

6.6　単連結でないリーマン対称空間

　単連結でない既約なリーマン対称空間 $M = G/H$ を分類するには，直交対
称リー環 $(\mathfrak{g}, \mathfrak{h}, \theta)$ に付随するリー群の対称対 (G, H) がいつリーマン対称対に
なるかを調べる必要がある．直交対称リー環が非コンパクト型のときは，つぎ
の定理 6.66 により H は連結閉集合，(G, H) はリーマン対称対 (G, H, σ) とな
る．さらに系 6.67 により $\widetilde{G}/\widetilde{H} \simeq G/H$ となり，G/H は単連結に限ることが
わかる．

---

[32] W. キリングが 1888 年〜1890 年に完成させるが，É. カルタンがいくつかの誤りを指摘し，学位
論文でそれを修正した．É. Cartan, "*Sur la structure des groupes de transformations finis
et continus*", Thesis, Nancy (1894).

[33] É. カルタンの 1914 年の論文による．92 ページの長い論文である．É. Cartan, "*Les groupes
reels simples finis et continus*", Ann. Ecole Norm. vol. 31 (1914), pp. 263–355.

定理 6.66 　$(\mathfrak{g}, \mathfrak{h}, \theta)$ を非コンパクト型な直交対称リー環とし，$\mathfrak{g} = \mathfrak{h} \oplus \mathfrak{p}$ をそのカルタン分解とする．連結リー群 G とその閉部分群 H の対 (G, H) が $(\mathfrak{g}, \mathfrak{h}, \theta)$ に付随するとき，

(1) H は連結閉集合であり，$Z(G)$ を含む．H がコンパクトとなる必要十分条件は $Z(G)$ が有限となることである．

(2) G の対合 σ が存在し，H はその固定化群となり，$d\sigma = \theta$ である．(G, H, σ) はリーマン対称対となる．

(3) $\phi : \mathfrak{p} \times H \to G$ を $\phi(X, h) = (\exp X)h$ で定めると微分同型となる．さらに $\mathrm{Exp}_e : \mathfrak{p} \to M = G/H$ も微分同相となる．

ただし $T_e(M)$ と $\mathfrak{p}$ を同一視している．

証明　証明の概略を与える[34]．H の単位元を含む連結成分を H_0 とすれば，定理 6.50 により，G/H_0 は局所対称空間である．$\pi : G \to G/H_0$ を標準的全射としたとき，$X \in \mathfrak{p}$ に対して

$$\pi(\exp X) = \mathrm{Exp}_e X$$

である．このことから G/H_0 は完備となり，$\mathrm{Exp}_e : \mathfrak{p} \to M = G/H_0$ は全射となる．よって $\phi : \mathfrak{p} \times H_0 \to G$ も全射である．

つぎにこの ϕ が単射であることを示す．$(\exp X_1)h_1 = (\exp X_2)h_2$ とする．$X \in \mathfrak{p},\, h \in H_0$ に対して

$$\mathrm{Ad}((\exp X)h) = \exp(\mathrm{ad}(X))\mathrm{Ad}(h)$$

である．$B_\theta(Y, Z) = B(Y, \theta(Z))$ が正定値であることに注意すると，$\exp(\mathrm{ad}(X))$ は正定値対称行列，$\mathrm{Ad}(h)$ は直交行列とみなすことができる．よって極分解の一意性から $\exp(\mathrm{ad}(X_1)) = \exp(\mathrm{ad}(X_2))$ となる．対称行列全体の上で $\exp$ は 1 対 1 なので，$\mathrm{ad}(X_1) = \mathrm{ad}(X_1)$ となり，$\mathfrak{z}(\mathfrak{g}) = \{\mathbf{0}\}$ より $X_1 = X_2$ である．よって $h_1 = h_2$ となる．ϕ は単射である．とくに $\phi(\mathfrak{p} \times H_0) = \phi(\mathfrak{p} \times H)$ より $H = H_0$ が得られ，H は連結である．

---

[34] 詳細は [32]，第 6 章，定理 1.1 を参照のこと．

H^* を $\mathrm{Int}\mathfrak{g}$ の部分群で $\mathfrak{h}$ をリー環にもつものとすれば, $(G, \mathrm{Ad}^{-1}(H^*))$ は $(\mathfrak{g}, \mathfrak{h}, \theta)$ に付随する. さきの議論より $\mathrm{Ad}^{-1}(H^*)$ は連結となる. よって $\mathrm{Ad}^{-1}(H^*)$ は $\mathfrak{h}$ をリー環にもつ連結リー部分群となり, H である. これにより $Z(G) \subset H$ であり, $H^* = H/Z(G)$ となる. H^* はコンパクトなので, $Z(G)$ が離散群で H がコンパクトとなる必要十分条件は $Z(G)$ が有限となることである.

$\widetilde{G}$ を G の普遍被覆群とし, $\widetilde{G}$ の自己同型 $\widetilde{\sigma}$ で $d\widetilde{\sigma} = \theta$ となるものを考える. この $\widetilde{\sigma}$ により G/H の対称が定義され, (G, H) はリーマン対称対となる.

(3) の証明は前節の末尾に示した参考文献を参照されたい. ∎

系 6.67　$\mathfrak{g}$ を非コンパクト半単純リー環とする. 非コンパクト対称空間 M, M' に対して, $I_0(M), I_0(M')$ のリー環がともに $\mathfrak{g}$ であれば, $\mathfrak{g}$ のキリング形式から定まるリーマン対称空間 M, M' は等長同型である.

証明　M, M' に対応するカルタン分解が一致すれば, 定理 6.66 より M, M' は等長同型となるので, 異なる場合を考える. このときカルタン分解は $\mathfrak{g}$ の内部自己同型 ψ で移る (命題 6.35). この ψ により M と M' は等長同型となる[35]. ∎

直交対称リー環がコンパクト型のときは複雑で, つぎの定理によりリーマン対称対となる対称対 (G, H) が決まる[36].

定理 6.68　$(\mathfrak{g}, \mathfrak{h}, \theta)$ をコンパクト型の直交対称リー環とする. $\mathfrak{h}$ が含む $\mathfrak{g}$ のイデアルは $\mathbf{0}$ のみとする. $\widetilde{G}$ を $\mathfrak{g}$ をリー環にもつ単連結なコンパクトリー群, その対合 $\widetilde{\sigma}$ を $d\widetilde{\sigma} = \theta$ となるものとし, $\widetilde{H}$ を $\widetilde{\sigma}$ の固定化群 $\widetilde{G}^{\widetilde{\sigma}}$ とする. $Z(\widetilde{G})$ の部分群 S に対して

$$H_S = \{g \in \widetilde{G} \mid g^{-1}\widetilde{\sigma}(g) \in S\}$$

とすると, $\widetilde{H} \subset H_S$ である. このとき $(\mathfrak{g}, \mathfrak{h}, \theta)$ に付随するリーマン対称空間 G/H は

---

[35] リーマン計量はキリング形式から導いている.
[36] [32], 第 7 章, 定理 8.1 参照.

$$G = \widetilde{G}/S, \quad H = H^*/H^* \cap S$$

としたものになる. ただし, S は $Z(\widetilde{G})$ の任意の部分群, H^* は $\widetilde{H} \subset H^* \subset H_S$ を満たす $\widetilde{G}$ の任意の部分群である. とくに $Z(\widetilde{G}) = \{e\}$ であれば, $\widetilde{G}/\widetilde{H}$ は $(\mathfrak{g}, \mathfrak{h}, \theta)$ に付随する唯一のリーマン対称空間である.

6.7 分類リスト

以下, 分類の結果を紹介する[37]. それぞれの表では局所同型なものは無視しており, 双対な対称空間を横に並べている.

まずは複素単純リー群 G の分類はつぎの表のようになる. ここで U は G のリー部分群でそのリー環が $\mathfrak{g}$ のコンパクト実型となるもの, $Z(\widetilde{U})$ は U の普遍被覆群 $\widetilde{U}$ の中心である. $SU(n+1), SO(2n+1), Sp(n), SO(2n)$ は古典型, E_6, E_7, E_8, F_4, G_2 は例外型とよばれる実コンパクトリー群である. $SO(n)$, $n \geq 3$ を除いて単連結である.

G	U	$Z(\widetilde{U})$	$\dim U$
$SL(n+1, \mathbf{C})$ $(n \geq 1)$	$SU(n+1)$	$\mathbf{Z}_{n+1}$	$n(n+2)$
$SO(2n+1, \mathbf{C})$ $(n \geq 2)$	$SO(2n+1)$	$\mathbf{Z}_2$	$n(2n+1)$
$Sp(n, \mathbf{C})$ $(n \geq 3)$	$Sp(n)$	$\mathbf{Z}_2$	$n(2n+1)$
$SO(2n, \mathbf{C})$ $(n \geq 4)$	$SO(2n)$	$\begin{cases} \mathbf{Z}_4 \ (n \text{ odd}) \\ \mathbf{Z}_2 + \mathbf{Z}_2 \ (n \text{ even}) \end{cases}$	$n(2n-1)$
$E_6^{\mathbf{C}}$	E_6	$\mathbf{Z}_3$	78
$E_7^{\mathbf{C}}$	E_7	$\mathbf{Z}_2$	133
$E_8^{\mathbf{C}}$	E_8	$\mathbf{Z}_1$	248
$F_4^{\mathbf{C}}$	F_4	$\mathbf{Z}_1$	52
$G_2^{\mathbf{C}}$	G_2	$\mathbf{Z}_1$	14

このとき命題 6.65 より, コンパクトな U および非コンパクトな G/U はそれぞれ II 型および IV 型のリーマン対称空間である. よって II, IV 型のリーマン対称空間の分類は以下のようになる. ただし $SL(n, \mathbf{C})$ と $Sp(n, \mathbf{C})$ は単連結で

---

[37] [32], 第 9 章参照.

あるが，$SO(n)$, $n \geq 3$ は単連結でないので，単連結な $Spin(n)$ で置き換えている.

1. 古典 II, IV 型

II 型（コンパクト）	IV 型（非コンパクト）	次元
$SU(n+1)$	$SL(n+1, \mathbf{C})/SU(n+1)$	$n(n+2)$
$Spin(2n+1)$	$SO(2n+1, \mathbf{C})/SO(2n+1)$	$n(2n+1)$
$Sp(n)$	$Sp(n, \mathbf{C})/Sp(n)$	$n(2n+1)$
$Spin(2n)$	$SO(2n, \mathbf{C})/SO(2n)$	$n(2n-1)$

つぎの同型が知られている.

$$Spin(2) \cong U(1), \quad Spin(3) \cong SU(2) \cong Sp(1),$$

$$Spin(4) \cong SU(2) \times SU(2), \quad Spin(5) \cong Sp(2),$$

$$Spin(6) \cong SU(4).$$

2. 例外 II, IV 型

II 型（コンパクト）	IV 型（非コンパクト）	次元
E_6	$E_6^{\mathbf{C}}/E_6$	78
E_7	$E_7^{\mathbf{C}}/E_7$	133
E_8	$E_8^{\mathbf{C}}/E_8$	248
F_4	$F_4^{\mathbf{C}}/F_4$	52
G_2	$G_2^{\mathbf{C}}/G_2$	14

3. 古典 I, III 型

I 型（コンパクト）	III 型（非コンパクト）	次元
$SU(n)/SO(n)$	$SL(n, \mathbf{R})/SO(n)$	$(n-1)(n+2)/2$
$SU(2n)/Sp(n)$	$SU^*(2n)/USp(2n)$	$(n-1)(2n+1)$
$SU(p+q)/S(U(p) \times U(q))$	$SU(p,q)/S(U(p) \times U(q))$	$2pq$
$SO(p+q)/(SO(p) \times SO(q))$	$SO_0(p,q)/(SO(p) \times SO(q))$	pq
$SO(2n)/U(n)$	$SO^*(2n)/U(n)$	$n(n-1)$
$Sp(n)/U(n)$	$Sp(n, \mathbf{R})/U(n)$	$n(n+1)$
$Sp(p+q)/(Sp(p) \times Sp(q))$	$Sp(p,q)/(Sp(p) \times Sp(q))$	$4pq$

ここで $\mathrm{Grass}_m^+(n, \mathbf{R})$ を向き付けられたグラスマン多様体とする．すなわち

$$\mathrm{Grass}_m^+(n, \mathbf{R}) \simeq SO(n)/(SO(m) \times SO(n-m))$$

であり，これは $\mathrm{Grass}_m(n, \mathbf{R})$ の単連結な 2 重被覆群である．つぎのような同型がある．

$$SO(p+q)/(SO(p) \times SO(q)) \simeq \mathrm{Grass}_p^+(p+q, \mathbf{R}),$$
$$SO(p+q)/S(O(p) \times O(q)) \simeq \mathrm{Grass}_p(p+q, \mathbf{R}),$$
$$SU(p+q)/S(U(p) \times U(q)) \simeq \mathrm{Grass}_p(p+q, \mathbf{C}),$$
$$Sp(p+q)/(Sp(p) \times Sp(q)) \simeq \mathrm{Grass}_p(p+q, \mathbf{H}),$$

$$S^2 \times S^2 \simeq SO(4)/(SO(2) \times SO(2)),$$
$$S^2 = P^1(\mathbf{C}) \simeq SU(2)/SO(2) \simeq SO(4)/U(2) \simeq Sp(1)/U(1),$$
$$S^4 \simeq P^1(\mathbf{H}), \quad S^5 \simeq SU(4)/Sp(2), \quad P^3(\mathbf{C}) \simeq SO(6)/U(3),$$

$$Sp(2)/U(2) \simeq \mathrm{Grass}_2^+(5, \mathbf{R}),$$
$$\mathrm{Grass}_2(4, \mathbf{C}) \simeq \mathrm{Grass}_2^+(6, \mathbf{R}),$$
$$SO(8)/U(4) \simeq \mathrm{Grass}_2^+(8, \mathbf{R}),$$
$$SU(4)/SO(4) \simeq \mathrm{Grass}_3^+(6, \mathbf{R}).$$

4. 例外 I, III 型

コンパクトリー群 G の複素化 $G^{\mathbf{C}}$ に対して，そのリー環 $\mathfrak{g}$ の実型 $\mathfrak{g}_0$ のカルタン分解を $\mathfrak{g}_0 = \mathfrak{h}_0 \oplus \mathfrak{p}_0$ とする．このとき

$$\delta = \dim \mathfrak{p}_0 - \dim \mathfrak{h}_0$$

を $\mathfrak{g}_0$ の**指標**という．$\delta = -\dim_{\mathbf{C}} \mathfrak{g}$ のとき，$\mathfrak{g}_0$ はコンパクト実型である．$\mathfrak{g}_0$ の指標が δ のとき，$\mathfrak{g}_0$ に付随する $G^{\mathbf{C}}$ の単連結な連結部分群を G^δ と表す．ま

た T は 1 次元球面 S^1 である. 例外 I, III 型は以下のようになる [38].

I 型 (コンパクト)	III 型 (非コンパクト)	次元
$E_6/(Sp(4)/\mathbf{Z}_2)$	$E_6^6/(Sp(4)/\mathbf{Z}_2)$	42
$E_6/(SU(6) \times SU(2)/\mathbf{Z}_2)$	$E_6^2/(SU(6) \times SU(2)/\mathbf{Z}_2)$	40
$E_6/(U(1) \times Spin(10)/\mathbf{Z}_4)$	$E_6^{-14}/(T \cdot Spin(10)/\mathbf{Z}_4)$	32
E_6/F_4	E_6^{-26}/F_4	26
$E_7/(SU(8)/\mathbf{Z}_2)$	$E_7^7/(SU(8)/\mathbf{Z}_2)$	70
$E_7/(Spin(12) \times SU(2)/\mathbf{Z}_2)$	$E_7^{-5}/(SO(12) \times SU(2)/\mathbf{Z}_2)$	64
$E_7/(U(1) \times E_6/\mathbf{Z}_3)$	$E_7^{-25}/(T \cdot E_6/\mathbf{Z}_3)$	54
$E_8/(Spin(16)/\mathbf{Z}_2)$	$E_8^8/(Spin(16)/\mathbf{Z}_2)$	128
$E_8/(E_7 \times SU(2)/\mathbf{Z}_2)$	$E_8^{-24}/(E_7 \times SU(2)/\mathbf{Z}_2)$	112
$F_4/(Sp(3) \times SU(2)/\mathbf{Z}_2)$	$F_4^4/(Sp(3) \times SU(2)/\mathbf{Z}_2)$	28
$F_4/Spin(9)$	$F_4^{-20}/Spin(9)$	16
$G_2/SO(4)$	$G_2^2/(Sp(1) \times Sp(1)/\mathbf{Z}_2)$	8

---

[38] I. Yokota, Realizations of involutive automorphisms σ and G^σ of exceptional linear Lie groups G, part I, $G = G_2$, F_4 and E_6, *Tsukuba J. Math.*, **14** (1990), pp. 185–223, ditto part II, $G = E_7$, *Tsukuba J. Math.*, **14** (1990), pp. 379–404, ditto part III, $G = E_8$, *Tsukuba J. Math.*, **15** (1991), pp. 301–314.

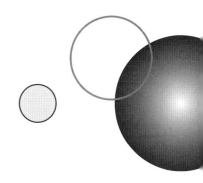

第7章

いろいろな例

　今までの各章で多くの例を扱った．この章ではさらなる説明や計算の足りなかった部分を補足する．

7.1　ローレンツ群

　本書で現れた $SO_0(1,3)$ に関する計算をまとめる．最初にミンコフスキー空間とローレンツ群を定義する．4次元の実ベクトル空間 $\mathbf{R}^4$ に内積

$$\langle \boldsymbol{x}, \boldsymbol{y} \rangle_{1,3} = -x_0 y_0 + x_1 y_1 + x_2 y_2 + x_3 y_3$$

を入れたものを**ミンコフスキー空間**という [1]．$\langle \boldsymbol{x}, \boldsymbol{x} \rangle_{1,3} \geq 0$ とは限らないので，通常の内積とは区別して**ローレンツ内積**とよぶ．この内積を保存する一次変換の全体が $O(1,3)$ である．すなわち

$$O(1,3) = \{g \in M(4, \mathbf{R}) \mid 任意の \ \boldsymbol{x}, \boldsymbol{y} \in \mathbf{R}^4 \ に対して \ \langle g\boldsymbol{x}, g\boldsymbol{y} \rangle_{1,3} = \langle \boldsymbol{x}, \boldsymbol{y} \rangle_{1,3}\}$$

であり，これは**ローレンツ群**とよばれる．

$$\langle \boldsymbol{x}, \boldsymbol{y} \rangle_{1,3} = {}^t\boldsymbol{y}(-I_{1,3})\boldsymbol{x}$$

に注意すれば

$$g \in O(1,3) \quad \Longleftrightarrow \quad {}^t g I_{1,3} g = I_{1,3}$$

---

[1] 1.3.4 項と記号を変えている．

である．また，$I_{1,3}{}^t g I_{1,3} g = I_{1,3}^2 = I$ より，

$$g^{-1} = I_{1,3}{}^t g I_{1,3}$$

である．

$g \in O(1,3)$ の列ベクトルと成分表示を

$$g = (\boldsymbol{a}_0 \boldsymbol{a}_1 \boldsymbol{a}_2 \boldsymbol{a}_3) = \begin{pmatrix} a_{00} & a_{01} & a_{02} & a_{03} \\ a_{10} & a_{11} & a_{12} & a_{13} \\ a_{20} & a_{21} & a_{22} & a_{23} \\ a_{30} & a_{31} & a_{32} & a_{33} \end{pmatrix}$$

とする．$\langle g\boldsymbol{x}, g\boldsymbol{y} \rangle_{1,3} = \langle \boldsymbol{x}, \boldsymbol{y} \rangle_{1,3}$ の等式で $\boldsymbol{x}, \boldsymbol{y}$ を基本単位ベクトル $\boldsymbol{e}_i$ ($0 \leq i \leq 3$) にとることにより，

$$\langle \boldsymbol{a}_i, \boldsymbol{a}_j \rangle_{1,3} = \begin{cases} -1 & (i = j = 0) \\ 1 & (i = j = 1,2,3) \\ 0 & (i \neq j) \end{cases}$$

となる．行ベクトルに関しても同様の関係を得る．とくに $\langle \boldsymbol{a}_0, \boldsymbol{a}_0 \rangle_{1,3} = -1$ より

$$a_{00}^2 = 1 + a_{10}^2 + a_{20}^2 + a_{30}^2 \geq 1$$

である．よって $a_{00} \geq 1$ あるいは $a_{00} \leq -1$ となる．

$$SO(1,3) = O(1,3) \cap SL(4, \mathbf{R})$$

とし，$SO(1,3)$ の単位元 I_4 を含む連結成分を $SO_0(1,3)$ とすれば

$$SO_0(1,3) = \{ g \in SO(1,3) \mid a_{00} \geq 1 \}$$

となる．これを**固有ローレンツ群**とよぶ．

7.1.1　軌道と等質空間

例 3.29 で述べた $SO_0(1,n) \curvearrowright \mathbf{R}^{n+1}$ の軌道分解を $n = 3$ のときに具体的に計算する．とくに各軌道を $SO_0(1,3)$ の等質空間として表す．$SO_0(1,3)$ を $\mathbf{R}^4$

に左から $g\boldsymbol{x}$ $(g \in SO_0(1,3),\ \boldsymbol{x} \in \mathbf{R}^4)$ と作用させたときの軌道分解は

$$\mathbf{R}^4 = \left(\bigsqcup_{r>0} X_-^+(r)\right) \sqcup \left(\bigsqcup_{r>0} X_-^-(r)\right) \sqcup \left(\bigsqcup_{r>0} X_+(r)\right) \sqcup X_0^+ \sqcup X_0^- \sqcup \{\boldsymbol{0}\}$$

であった. ただし, 各軌道はつぎのように定めている.

$$X_-^+(r) = \{\boldsymbol{x} \in \mathbf{R}^4 \mid \|x\|_{1,3}^2 = -r^2,\ x_0 > 0\},$$
$$X_-^-(r) = \{\boldsymbol{x} \in \mathbf{R}^4 \mid \|x\|_{1,3}^2 = -r^2,\ x_0 < 0\},$$
$$X_+(r) = \{\boldsymbol{x} \in \mathbf{R}^4 \mid \|x\|_{1,3}^2 = r^2\},$$
$$X_0^+ = \{\boldsymbol{x} \in \mathbf{R}^4 \mid \|x\|_{1,3}^2 = 0,\ x_0 > 0\},$$
$$X_0^- = \{\boldsymbol{x} \in \mathbf{R}^4 \mid \|x\|_{1,3}^2 = 0,\ x_0 < 0\}.$$

以下では各軌道において $G = SO_0(1,3)$ が推移的に作用し, 軌道が等質空間となることを実際に計算して確かめる. $r = 1$ のときに調べれば十分である.

I. $X_-^+(1)$ (二葉双曲面)

$$\boldsymbol{e}_0 = \begin{pmatrix} 1 \\ 0 \\ 0 \\ 0 \end{pmatrix} \in X_-^+(1)$$ に注意し, $$\boldsymbol{x} = \begin{pmatrix} x_0 \\ x_1 \\ x_2 \\ x_3 \end{pmatrix}$$ を $X_-^+(1)$ の任意の要素とすれば

$$x_0^2 - x_1^2 - x_2^2 - x_3^2 = 1$$

である. ここで $r = \sqrt{x_1^2 + x_2^2 + x_3^2}$ とおく. このとき

$$r^{-1}\begin{pmatrix} x_1 \\ x_2 \\ x_3 \end{pmatrix},\ \begin{pmatrix} 1 \\ 0 \\ 0 \end{pmatrix} \in S^2$$

に注意すれば, $u \in SO(3)$ が存在して

$$u\begin{pmatrix} x_1 \\ x_2 \\ x_3 \end{pmatrix} = \begin{pmatrix} r \\ 0 \\ 0 \end{pmatrix}$$

となる. さらに $x_0^2 - r^2 = 1$ より, $t \in \mathbf{R}$ を $\cosh t = x_0$, $\sinh t = r$ にとる. ここで

$$
a(t) = \begin{pmatrix} \cosh t & \sinh t & 0 & 0 \\ \sinh t & \cosh t & 0 & 0 \\ 0 & 0 & 1 & 0 \\ 0 & 0 & 0 & 1 \end{pmatrix}, \quad k_u = \begin{pmatrix} 1 & \mathbf{0} \\ \mathbf{0} & u^{-1} \end{pmatrix}
$$

とおけば, $a(t), k_u \in SO_0(1,3)$ であり, さらに

$$
k_u a(t) \boldsymbol{e}_0 = k_u \begin{pmatrix} \cosh t \\ \sinh t \\ 0 \\ 0 \end{pmatrix} = k_u \begin{pmatrix} x_0 \\ r \\ 0 \\ 0 \end{pmatrix} = \begin{pmatrix} x_0 \\ x_1 \\ x_2 \\ x_3 \end{pmatrix} = \boldsymbol{x}
$$

が成り立つ. よって $SO_0(1,3)$ は $X_-^+(1)$ に推移的に作用する. さらに $\boldsymbol{e}_0$ の固定化群は

$$
K = \{k_u \mid u \in SO(3)\} \cong SO(3)
$$

であることがわかる. 以上のことから $X_-^+(1) \simeq G/K$, すなわち

$$
X_-^+(1) \simeq SO_0(1,3)/SO(3)
$$

である.

✔**注意 7.1** $A = \{a(t) \mid t \in \mathbf{R}\}$ とおけば, カルタン分解 $G = KAK$ が得られる.

II. $X^-(1)$（二葉双曲面）

$-\boldsymbol{e}_0 \in X^-(1)$ に注意して I と同様の議論を行えば

$$
X^-(1) \simeq SO_0(1,3)/SO(3)
$$

であることがわかる.

III. $X_+(1)$ （一葉双曲面）

$$e_3 = \begin{pmatrix} 0 \\ 0 \\ 0 \\ 1 \end{pmatrix} \in X_+(1) \text{ に注意し, } x = \begin{pmatrix} x_0 \\ x_1 \\ x_2 \\ x_3 \end{pmatrix} \text{ を } X_+(1) \text{ の任意の要素とすれば}$$

$$-x_0^2 + x_1^2 + x_2^2 + x_3^2 = 1$$

である．ここで $r = \sqrt{x_1^2 + x_2^2 + x_3^2}$ とおく．Ⅰと同様に $u \in SO(3)$ が存在し，

$$u \begin{pmatrix} x_1 \\ x_2 \\ x_3 \end{pmatrix} = \begin{pmatrix} 0 \\ 0 \\ r \end{pmatrix}$$

となる．さらに $r^2 - x_0^2 = 1$ より, $t \in \mathbf{R}$ を $\cosh t = r,\ \sinh t = x_0$ にとる．Ⅰ
と同様に k_u を定義して

$$b(t) = \begin{pmatrix} \cosh t & 0 & 0 & \sinh t \\ 0 & 1 & 0 & 0 \\ 0 & 0 & 1 & 0 \\ \sinh t & 0 & 0 & \cosh t \end{pmatrix}$$

とおけば, $b(t), k_u \in SO_0(1,3)$ であり，さらに

$$k_u b(t) e_3 = k_u \begin{pmatrix} \sinh t \\ 0 \\ 0 \\ \cosh t \end{pmatrix} = k_u \begin{pmatrix} x_0 \\ 0 \\ 0 \\ r \end{pmatrix} = \begin{pmatrix} x_0 \\ x_1 \\ x_2 \\ x_3 \end{pmatrix} = x$$

が成り立つ．よって $SO_0(1,3)$ は $X_+(1)$ に推移的に作用する．さらに e_3 の固
定化群は

$$H = \left\{ \begin{pmatrix} h & \mathbf{0} \\ \mathbf{0} & 1 \end{pmatrix} \ \middle|\ h \in SO_0(1,2) \right\} \cong SO_0(1,2)$$

であることがわかる．したがって，$X_+(1) \simeq G/H$, すなわち

$$X_+(1) \simeq SO_0(1,3)/SO_0(1,2)$$

である．

✔ **注意 7.2**　$\widetilde{A} = \{b(t) \mid t \in \mathbf{R}\}$ とすれば，$G = K\widetilde{A}H$ なる分解が得られる．

IV. X_0^+（**円錐**の上部）

$$\boldsymbol{f}_0 = \boldsymbol{e}_0 + \boldsymbol{e}_1 = \begin{pmatrix} 1 \\ 1 \\ 0 \\ 0 \end{pmatrix} \in X_0^+ \text{ に注意し，} \boldsymbol{x} = \begin{pmatrix} x_0 \\ x_1 \\ x_2 \\ x_3 \end{pmatrix} \text{ を } X_0^+ \text{ の要素とすれば}$$

$$-x_0^2 + x_1^2 + x_2^2 + x_3^2 = 0$$

である．ここで $r = \sqrt{x_1^2 + x_2^2 + x_3^2}$ とおく．I と同様に $u \in SO(3)$ が存在して，

$$u \begin{pmatrix} x_1 \\ x_2 \\ x_3 \end{pmatrix} = \begin{pmatrix} r \\ 0 \\ 0 \end{pmatrix}$$

となる．さらに $r^2 - x_0^2 = 0$, $x_0 > 0$ より，$r = x_0$ である．$t = \log x_0$ とおき，I と同様に $a(t), k_u$ を定義すると，$a(t), k_u \in SO_0(1,3)$ であり

$$k_u a(t) \boldsymbol{f}_0 = k_u \begin{pmatrix} e^t \\ e^t \\ 0 \\ 0 \end{pmatrix} = k_u \begin{pmatrix} x_0 \\ x_0 \\ 0 \\ 0 \end{pmatrix} = \begin{pmatrix} x_0 \\ x_1 \\ x_2 \\ x_3 \end{pmatrix} = \boldsymbol{x}$$

が成り立つ．よって $SO_0(1,3)$ は X_0^+ に推移的に作用する．

　$\boldsymbol{f}_0$ の固定化群を求める．$g\boldsymbol{f}_0 = \boldsymbol{f}_0$, $g = (a_{ij})$ とすると，$g\boldsymbol{f}_0 = \boldsymbol{f}_0$ より

$$a_{i0} + a_{i1} = \begin{cases} 1 & (i = 0, 1) \\ 0 & (i = 2, 3) \end{cases}$$

である．$\boldsymbol{f}_0 = g^{-1}\boldsymbol{f}_0 = I_{1,3}{}^t g I_{1,3}\boldsymbol{f}_0$ より，${}^t g I_{1,3}\boldsymbol{f}_0 = I_{1,3}\boldsymbol{f}_0$，すなわち ${}^t g(\boldsymbol{e}_0 - \boldsymbol{e}_1) = \boldsymbol{e}_0 - \boldsymbol{e}_1$ となる．よって

$$a_{0j} - a_{1j} = \begin{cases} 1 & (j = 0) \\ -1 & (j = 1) \\ 0 & (j = 2, 3) \end{cases}$$

が得られる．これらの関係式から

$$g = \begin{pmatrix} 1 + a_{10} & -a_{10} & a_{02} & a_{03} \\ a_{10} & 1 - a_{10} & a_{02} & a_{03} \\ a_{20} & -a_{20} & a_{22} & a_{23} \\ a_{30} & -a_{30} & a_{32} & a_{33} \end{pmatrix} = \begin{pmatrix} 1 + a_{10} & -a_{10} & {}^t\boldsymbol{v} \\ a_{10} & 1 - a_{10} & {}^t\boldsymbol{v} \\ \boldsymbol{u} & -\boldsymbol{u} & k \end{pmatrix},$$

$$\boldsymbol{u} = \begin{pmatrix} a_{20} \\ a_{30} \end{pmatrix}, \ \boldsymbol{v} = \begin{pmatrix} a_{02} \\ a_{03} \end{pmatrix}, \ k = \begin{pmatrix} a_{22} & a_{23} \\ a_{32} & a_{33} \end{pmatrix}$$

と書ける．$a_{01} = 1 - a_{00} = -a_{10}$ が成り立っている．ここで $\langle \boldsymbol{a}_0, \boldsymbol{a}_0 \rangle_{1,3} = -1$ と $a_{00} = 1 + a_{10}$ に注意して，$\boldsymbol{u} = \begin{pmatrix} u_1 \\ u_2 \end{pmatrix}$ とすれば

$$-1 = -a_{00}^2 + a_{10}^2 + u_1^2 + u_2^2 = -1 - 2a_{10} + \|\boldsymbol{u}\|^2$$

となり，$\|\boldsymbol{u}\|^2 = 2a_{10}$ を得る．また $i, j = 2, 3$ のとき，$\langle \boldsymbol{a}_i, \boldsymbol{a}_j \rangle_{1,3} = \delta_{ij}$ より，$a_{2i}a_{2j} + a_{3i}a_{3j} = \delta_{ij}$ を得る．行ベクトルに関しても同様の議論を行うと，

$$\|\boldsymbol{v}\|^2 = 2a_{10}, \quad a_{i2}a_{j2} + a_{i3}a_{j3} = \delta_{ij}$$

となる．以上のことから，$k \in SO(2)$ である．また $\|\boldsymbol{u}\| = \|\boldsymbol{v}\|$ より，ある $k' \in SO(2)$ が存在して $k'\boldsymbol{u} = \boldsymbol{v}$ となる．よって

$$g = \begin{pmatrix} 1 + \dfrac{\|\boldsymbol{u}\|^2}{2} & -\dfrac{\|\boldsymbol{u}\|^2}{2} & {}^t(k'\boldsymbol{u}) \\ \dfrac{\|\boldsymbol{u}\|^2}{2} & 1 - \dfrac{\|\boldsymbol{u}\|^2}{2} & {}^t(k'\boldsymbol{u}) \\ \boldsymbol{u} & -\boldsymbol{u} & k \end{pmatrix}$$

$$
= \begin{pmatrix} 1 + \dfrac{\|\boldsymbol{u}\|^2}{2} & -\dfrac{\|\boldsymbol{u}\|^2}{2} & {}^t(kk'\boldsymbol{u}) \\ \dfrac{\|\boldsymbol{u}\|^2}{2} & 1 - \dfrac{\|\boldsymbol{u}\|^2}{2} & {}^t(kk'\boldsymbol{u}) \\ \boldsymbol{u} & -\boldsymbol{u} & I_2 \end{pmatrix} \begin{pmatrix} 1 & 0 & 0 \\ 0 & 1 & 0 \\ 0 & 0 & k \end{pmatrix} = n'(\boldsymbol{u})m(k)
$$

と書ける. このとき $g\boldsymbol{f}_0 = \boldsymbol{f}_0$, $m(k)\boldsymbol{f}_0 = \boldsymbol{f}_0$ より

$$
n'(\boldsymbol{u})\boldsymbol{f}_0 = \boldsymbol{f}_0
$$

である.

　ここで今までの議論を $g = n'(\boldsymbol{u})$ として繰り返すと, $k = I_2$ である. さらに $\langle \boldsymbol{a}_i, \boldsymbol{a}_j \rangle_{1,3} = 0$ $(i = 0, 1, j = 2, 3)$ に注意すれば

$$
\boldsymbol{u} = kk'\boldsymbol{u}
$$

である. よって

$$
g = \begin{pmatrix} 1 + \dfrac{\|\boldsymbol{u}\|^2}{2} & -\dfrac{\|\boldsymbol{u}\|^2}{2} & {}^t\boldsymbol{u} \\ \dfrac{\|\boldsymbol{u}\|^2}{2} & 1 - \dfrac{\|\boldsymbol{u}\|^2}{2} & {}^t\boldsymbol{u} \\ \boldsymbol{u} & -\boldsymbol{u} & I_2 \end{pmatrix} \begin{pmatrix} 1 & 0 & 0 \\ 0 & 1 & 0 \\ 0 & 0 & k \end{pmatrix} = n(\boldsymbol{u})m(k)
$$

である. ここで

$$
N = \{ n(\boldsymbol{u}) \mid \boldsymbol{u} \in \mathbf{R}^2 \}, \quad M = \{ m(k) \mid k \in SO(2) \}
$$

とおけば, それぞれ可換群であり,

$$
N \cong \mathbf{R}^2, \quad M \cong SO(2)
$$

となる. また, M は K における A の中心化群である. 以上のことから $\boldsymbol{f}_0$ の固定化群は $MN = NM$ であることがわかり,

$$
X_0^+ \simeq SO_0(1,3)/MN
$$

である.

✔**注意 7.3** 任意の $g \in G = SO_0(1,3)$ に対して，$x = g\boldsymbol{f}_0$ とすれば，KA が X_0^+ に推移的に作用しているので，$x = g\boldsymbol{f}_0 = ka(t)\boldsymbol{f}_0, k \in K$ と書ける．よって $g^{-1}ka(t)$ は $\boldsymbol{f}_0$ の固定化群に属し，$g^{-1}ka(t) = nm \in NM$ である．このとき

$$g = ka(t)m^{-1}n^{-1} = (km^{-1})a(t)n^{-1}$$

となり，G の岩沢分解 $G = KAN$ を得る．

V. X_0^- （円錐の下部）

$-\boldsymbol{f}_0 \in X_0^-$ に注意して IV と同様の議論を行えば，つぎの同型を得る．

$$X_0^- \simeq SO_0(1,3)/MN.$$

VI. $\{\boldsymbol{0}\}$

原点 $\{\boldsymbol{0}\}$ の固定化群は $G = SO_0(1,3)$ 自身となるので，つぎの同型を得る．

$$\{\boldsymbol{0}\} \simeq SO_0(1,3)/SO_0(1,3).$$

7.1.2 $X_-^+(1)$ の理想境界

$X_-^+(1)$ の理想境界を求め，それが等質空間であることを示す．$\mathbf{R}_+^4$ を $\mathbf{R}^4$ の上半空間，すなわち $\boldsymbol{x} = \begin{pmatrix} x_0 \\ x_1 \\ x_2 \\ x_3 \end{pmatrix}$，$x_0 > 0$ の全体とする．このような点に対して $\begin{pmatrix} 1 \\ x_1/x_0 \\ x_2/x_0 \\ x_3/x_0 \end{pmatrix}$ とすれば，この点は $\boldsymbol{x}$ と原点を結ぶ直線と超平面 $x_0 = 1$ との交点である．

ここで $\pi : \mathbf{R}_+^4 \to \mathbf{R}^3$ を

$$\pi : \begin{pmatrix} x_0 \\ x_1 \\ x_2 \\ x_3 \end{pmatrix} \mapsto \begin{pmatrix} x_1/x_0 \\ x_2/x_0 \\ x_3/x_0 \end{pmatrix}$$

と定義する. $\boldsymbol{x} \in X_-^+(1)$ のとき, $x_0 > 0$ で

$$\left(\frac{x_1}{x_0}\right)^2 + \left(\frac{x_2}{x_0}\right)^2 + \left(\frac{x_3}{x_0}\right)^2 = 1 - \left(\frac{1}{x_0}\right)^2$$

となるので,

$$\pi(X_-^+(1)) = \{\boldsymbol{y} \in \mathbf{R}^3 \mid \|\boldsymbol{y}\| < 1\} = B^3$$

である. $\pi : X_-^+(1) \to B^3$ は位相同型を与える. また $\boldsymbol{x} \in X_0^+$ のとき, $x_0 > 0$ なので

$$\left(\frac{x_1}{x_0}\right)^2 + \left(\frac{x_2}{x_0}\right)^2 + \left(\frac{x_3}{x_0}\right)^2 = 1$$

となる. よって

$$\pi(X_0^+) = \{\boldsymbol{y} \in \mathbf{R}^3 \mid \|\boldsymbol{y}\| = 1\} = S^2 = \partial B^3$$

である. このことから $\pi(X_0^+)$ は $X_-^+(1)$ の "境界" とみなされ, **理想境界**とよばれる (図 7.1).

　$G = SO_0(1,3)$ の $\pi(\mathbf{R}_+^4) = \mathbf{R}^3$ への作用を

$$g\pi(\boldsymbol{x}) = \pi(g\boldsymbol{x})$$

で定義する. このとき $SO_0(1,3)$ は $\pi(X_-^+(1) \cup X_0^+) = B^3 \cup S^2$ に作用する. これが B^3, S^2 のそれぞれに推移的に作用することは容易にわかる.

$$\pi(\boldsymbol{f}_0) = \begin{pmatrix} 1 \\ 0 \\ 0 \end{pmatrix} = \boldsymbol{e}_1 \in S^2$$

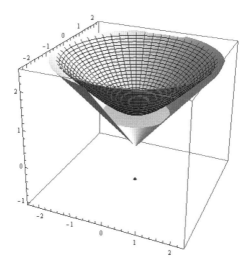

図 **7.1** $X_-^+(1)$ の理想境界 $(n = 2)$

に注意し，$\boldsymbol{e}_1$ の固定化群 $G_{\boldsymbol{e}_1}$ を求める．明らかに $MN \subset G_{\boldsymbol{e}_1}$ である．また

$$a(t)\boldsymbol{f}_0 = \begin{pmatrix} e^t \\ e^t \\ 0 \\ 0 \end{pmatrix}$$

に注意すれば

$$a(t)\boldsymbol{e}_1 = a(t)\pi(\boldsymbol{f}_0) = \pi(a(t)\boldsymbol{f}_0) = \boldsymbol{e}_1$$

より $A \subset G_{\boldsymbol{e}_1}$ である．よって $MAN \subset G_{\boldsymbol{e}_1}$ である．いま $g \in G_{\boldsymbol{e}_1}$ とする．g の岩沢分解を $g = kan$ とすれば（注意 7.3），$A, N \subset G_{\boldsymbol{e}_1}$ より，$k \in G_{\boldsymbol{e}_1}$ である．さらに

$$k\boldsymbol{e}_1 = k\pi(\boldsymbol{f}_0) = \pi(k\boldsymbol{f}_0) = \boldsymbol{e}_1$$

となるので，$k \in M$ である．よって $G_{\boldsymbol{e}_1} = MAN$ となる．以上のことから

$$\pi(X_0^+) = S^2 \simeq SO_0(1,3)/MAN$$

である.

✔注意 7.4 $K \cong SO(3)$ も S^2 に推移的に作用している. このときの $\boldsymbol{e}_1$ の固定化群はやはり M となるので

$$S^2 \simeq K/M \simeq SO(3)/SO(2)$$

である.

7.2 $SU(2)$ の随伴表現

例 1.61 で $SU(2)$ の随伴表現 Ad, 例 1.62 でその $SL(2, \mathbf{C})$ への拡張を扱ったが, そこでの計算を詳しく行う.

7.2.1 $SU(2)$ と $SO(3)$

$SU(2)$ のリー環 $\mathfrak{su}(2)$ は

$$\mathfrak{su}(2) = \left\{ X \in \mathfrak{gl}(2, \mathbf{C}) \mid X^* + X = \mathbf{0},\ \mathrm{tr}X = 0 \right\}$$
$$= \left\{ X = \begin{pmatrix} ix_3 & -x_2 + ix_1 \\ x_2 + ix_1 & -ix_3 \end{pmatrix} \middle| x_1, x_2, x_3 \in \mathbf{R} \right\}$$

である. このとき $\Phi : \mathfrak{su}(2) \to \mathbf{R}^3$ を

$$\Phi : X \ \mapsto \ \begin{pmatrix} x_1 \\ x_2 \\ x_3 \end{pmatrix}$$

と定義すれば, 線形同型な写像となる. 6.1.2 項で定義された随伴表現 Ad は

$$\mathrm{Ad} : SU(2) \to GL(\mathfrak{su}(2)), \quad \mathrm{Ad}(g)X = gXg^{-1}$$

であった. $g \in SU(2)$ なので $\mathrm{Ad}(g)X = gXg^*$ と書ける. このとき

$$\widetilde{\mathrm{Ad}} : SU(2) \to GL(3, \mathbf{R})$$

なる写像を

$$\widetilde{\mathrm{Ad}}(g) = \Phi \circ \mathrm{Ad}(g) \circ \Phi^{-1}$$

で定めれば，$\widetilde{\mathrm{Ad}}(g) : \mathbf{R}^3 \to \mathbf{R}^3$ となり，これは $\mathrm{Ad}(g)$ の表現行列である．

$$
\begin{array}{ccc}
\mathfrak{su}(2) & \xrightarrow{\ \mathrm{Ad}(g)\ } & \mathfrak{su}(2) \\
\Phi\downarrow & & \downarrow\Phi \\
\mathbf{R}^3 & \xrightarrow{\ \widetilde{\mathrm{Ad}}(g)\ } & \mathbf{R}^3
\end{array}
$$

$X \in \mathfrak{su}(2)$ とすると

$$\det X = x_1^2 + x_2^2 + x_3^2 = \|\Phi(X)\|^2$$

である．よって

$$\det(\mathrm{Ad}(g)X) = \det gXg^{-1} = \det X$$

に注意すれば

$$\|\Phi(\mathrm{Ad}(g)X)\| = \|\Phi(X)\|$$

である．また Φ は線形同型写像なので，任意の $\boldsymbol{x} \in \mathbf{R}^3$ に対して $\boldsymbol{x} = \Phi(X)$ となる $X \in \mathfrak{su}(2)$ が存在する．このとき

$$\|\widetilde{\mathrm{Ad}}(g)\boldsymbol{x}\| = \|\widetilde{\mathrm{Ad}}(g)\Phi(X)\| = \|\Phi(\mathrm{Ad}(g)X)\| = \|\Phi(X)\| = \|\boldsymbol{x}\|$$

となる．このことから $\widetilde{\mathrm{Ad}}(g)$ は等長変換であり，$O(3)$ の要素となる．よって

$$\widetilde{\mathrm{Ad}}(SU(2)) \subset O(3)$$

である．

実際にいくつかの $g \in SU(2)$ に対して $\widetilde{\mathrm{Ad}}(g)$ を計算してみると，

$$\widetilde{\mathrm{Ad}}\begin{pmatrix} e^{i\theta/2} & 0 \\ 0 & e^{-i\theta/2} \end{pmatrix} = \begin{pmatrix} \cos\theta & -\sin\theta & 0 \\ \sin\theta & \cos\theta & 0 \\ 0 & 0 & 1 \end{pmatrix},$$

$$\widetilde{\mathrm{Ad}} \begin{pmatrix} \cos(\theta/2) & i\sin(\theta/2) \\ i\sin(\theta/2) & \cos(\theta/2) \end{pmatrix} = \begin{pmatrix} 1 & 0 & 0 \\ 0 & \cos\theta & -\sin\theta \\ 0 & \sin\theta & \cos\theta \end{pmatrix},$$

$$\widetilde{\mathrm{Ad}} \begin{pmatrix} \cos(\theta/2) & -\sin(\theta/2) \\ \sin(\theta/2) & \cos(\theta/2) \end{pmatrix} = \begin{pmatrix} \cos\theta & 0 & \sin\theta \\ 0 & 1 & 0 \\ -\sin\theta & 0 & \cos\theta \end{pmatrix}$$

となる．この例により $\widetilde{\mathrm{Ad}}(SU(2))$ は $\mathbf{R}^3$ の各軸の回転を含むことがわかる．よって $SO(3) \subset \widetilde{\mathrm{Ad}}(SU(2))$ である．

$\widetilde{\mathrm{Ad}}(SU(2)) = SO(3)$ を示すために $SU(2)$ の（カルタン）分解を考える．$g = \begin{pmatrix} \alpha & \beta \\ -\bar{\beta} & \bar{\alpha} \end{pmatrix}$ を $SU(2)$ の任意の要素とし，$\alpha = a_1 + ia_2$, $\beta = b_1 + ib_2$ とすれば，$a_1^2 + a_2^2 + b_1^2 + b_2^2 = 1$ である．ここで $\sqrt{a_1^2 + b_2^2} = \cos(\theta/2)$, $\sqrt{a_2^2 + b_1^2} = \sin(\theta/2)$, $0 \le \theta \le \pi$ となる θ をとり，

$$\begin{cases} a_1 = \cos(\theta/2)\cos\tau_1 \\ b_2 = \cos(\theta/2)\sin\tau_1, \end{cases} \quad \begin{cases} a_2 = \sin(\theta/2)\cos\tau_2 \\ b_1 = \sin(\theta/2)\sin\tau_2, \end{cases} \quad 0 \le \tau_1, \tau_2 < \pi$$

とする．さらに $\phi = \tau_1 + \tau_2$, $\psi = \tau_1 - \tau_2$ とすれば

$$g = \begin{pmatrix} \cos(\phi/2) & i\sin(\phi/2) \\ i\sin(\phi/2) & \cos(\phi/2) \end{pmatrix} \begin{pmatrix} e^{i\theta/2} & 0 \\ 0 & e^{-i\theta/2} \end{pmatrix} \begin{pmatrix} \cos(\psi/2) & i\sin(\psi/2) \\ i\sin(\psi/2) & \cos(\psi/2) \end{pmatrix}$$

と書ける．ここで例 1.20 と同様の議論を行えば，$SO(3)$ の任意の要素は $\widetilde{\mathrm{Ad}}(g)$ の形で書けることがわかる．したがって

$$\widetilde{\mathrm{Ad}}(SU(2)) = SO(3)$$

である．

$\widetilde{\mathrm{Ad}}(g) = I_3$ とすれば，$\phi = \psi = \theta = 0$ あるいは $\phi = \psi = \pi$, $\theta = 0$ となり，$g = \pm I_2$ である．よって $\ker \widetilde{\mathrm{Ad}} = \{\pm I_2\}$ となり，

$$\widetilde{\mathrm{Ad}} : SU(2) \to SO(3)$$

は全射な 2 対 1 なる準同型写像である．

7.2.2　$SL(2, \mathbf{C})$ と $SO_0(1,3)$

前項で求めた $\widetilde{\mathrm{Ad}} : SU(2) \to SO(3)$ を $SU(2) \subset SL(2, \mathbf{C})$ へ拡張することを考える. 以下では

$$\widetilde{\phi} : SL(2, \mathbf{C}) \to SO_0(1, 3)$$

なる $\widetilde{\phi}$ を構成する. ここで 2 次のエルミート行列の全体を $\mathrm{Herm}(2, \mathbf{C})$ とすれば

$$\mathrm{Herm}(2, \mathbf{C}) = \{X \in \mathfrak{gl}(2, \mathbf{C}) \mid X^* = X\}$$
$$= \left\{ X = \begin{pmatrix} x_0 + x_1 & x_2 - ix_3 \\ x_2 + ix_3 & x_0 - x_1 \end{pmatrix} \ \middle| \ x_0, x_1, x_2, x_3 \in \mathbf{R} \right\}$$

である. $X = \begin{pmatrix} x_{11} & x_{12} \\ x_{21} & x_{22} \end{pmatrix}$ としたとき, $x_{11}, x_{22} \in \mathbf{R}, \overline{x}_{12} = x_{21}$ に注意して

$$x_0 = \frac{x_{11} + x_{22}}{2}, \qquad x_1 = \frac{x_{11} - x_{22}}{2},$$
$$x_2 = \frac{x_{12} + x_{21}}{2}, \qquad x_3 = i\frac{x_{12} - x_{21}}{2}$$

とする. このとき $\Psi : \mathrm{Herm}(2, \mathbf{C}) \to \mathbf{R}^4$ を

$$\Psi : X \ \mapsto \ \begin{pmatrix} x_0 \\ x_1 \\ x_2 \\ x_3 \end{pmatrix}$$

と定義すれば, 線形同型な写像となる. ここで $SL(2, \mathbf{C})$ の $\mathrm{Herm}(2, \mathbf{C})$ への作用 ϕ を

$$\phi : SL(2, \mathbf{C}) \to GL(\mathrm{Herm}(2, \mathbf{C})), \quad \phi(g)X = gXg^*$$

で定義する. さらに

$$\widetilde{\phi} : SL(2, \mathbf{C}) \to GL(4, \mathbf{R}), \quad \widetilde{\phi}(g) = \Psi \circ \phi(g) \circ \Psi^{-1}$$

と定めれば，$\widetilde{\phi}(g)$ は $\phi(g)$ の表現行列である．

$$\mathrm{Herm}(2,\mathbf{C}) \xrightarrow{\ \phi(g)\ } \mathrm{Herm}(2,\mathbf{C})$$
$$\Psi\downarrow \qquad\qquad\qquad \downarrow\Psi$$
$$\mathbf{R}^4 \xrightarrow{\ \widetilde{\phi}(g)\ } \mathbf{R}^4$$

$X \in \mathrm{Herm}(2,\mathbf{C})$ とすると

$$\det X = x_0^2 - x_1^2 - x_2^2 - x_3^2 = \|\Psi(X)\|_{1,3}^2$$

である．よって $\det g = \det g^* = 1$ に注意すれば $\det(\phi(g)X) = \det X$ となり，

$$\|\Psi(\phi(g)X)\|_{1,3} = \|\Psi(X)\|_{1,3}$$

である．Ψ は線形同型写像なので，任意の $\boldsymbol{x} \in \mathbf{R}^4$ に対して $\boldsymbol{x} = \Psi(X)$ となる $X \in \mathrm{Herm}(2,\mathbf{C})$ が存在する．よって

$$\|\widetilde{\phi}(g)\boldsymbol{x}\|_{1,3} = \|\widetilde{\phi}(g)\Psi(X)\|_{1,3} = \|\Psi(\phi(g)X)\|_{1,3} = \|\Psi(X)\|_{1,3} = \|\boldsymbol{x}\|_{1,3}$$

となる．このことから

$$\widetilde{\phi}(SL(2,\mathbf{C})) \subset O(1,3)$$

である．

$\widetilde{\phi}(SL(2,\mathbf{C})) = SO_0(1,3)$ を示すために，いくつかの要素 g に対して $\widetilde{\phi}(g)$ を計算してみる．$SL(2,\mathbf{C})$ のカルタン分解（4.5.3 項）より

$$SL(2,\mathbf{C}) = SU(2)A_0SU(2),$$
$$A_0 = \left\{ a_0(t) = \begin{pmatrix} e^{t/2} & 0 \\ 0 & e^{-t/2} \end{pmatrix} \,\middle|\, t \in \mathbf{R} \right\}$$

である．容易に $g = a_0(t)$ のとき

$$\widetilde{\phi}(a_0(t)) = \begin{pmatrix} \cosh t & \sinh t & 0 & 0 \\ \sinh t & \cosh t & 0 & 0 \\ 0 & 0 & 1 & 0 \\ 0 & 0 & 0 & 1 \end{pmatrix} = a(t)$$

となる. $A = \widetilde{\phi}(A_0) = \{a(t) \mid t \in \mathbf{R}\}$ とおく.

つぎに $g \in SU(2) \subset SL(2, \mathbf{C})$ に対して $\widetilde{\phi}(g)$ を計算する. そのために $\mathfrak{u}(2) = \mathfrak{su}(2) \oplus i\mathbf{R}$ を $\mathrm{Herm}(2, \mathbf{C})$ に埋め込むことを考える.

$$Y = X + x_0 I = \begin{pmatrix} ix_0 + ix_3 & -x_2 + ix_1 \\ x_2 + ix_1 & ix_0 - ix_3 \end{pmatrix} \in \mathfrak{su}(2) \oplus i\mathbf{R}$$

とし, $\gamma : \mathfrak{su}(2) \oplus i\mathbf{R} \to \mathrm{Herm}(2, \mathbf{C})$ を

$$\gamma(Y) = -iY$$

で定義すると

$$\gamma(Y) = \begin{pmatrix} x_0 + x_3 & x_1 + ix_2 \\ x_1 - ix_2 & x_0 - x_3 \end{pmatrix}$$

となる. $\gamma(Y)$ は $\mathrm{Herm}(2, \mathbf{C})$ の要素であり, とくに $x_0 = 0$ のとき, $Y \in \mathfrak{su}(2)$ である. このとき $g \in SU(2)$ であれば $g^* = g^{-1}$ となるので

$$\phi(g)\gamma(Y) = g(-iY)g^* = (-i)\mathrm{Ad}(g)Y = \gamma(\mathrm{Ad}(g)Y)$$

となる.

$$
\begin{array}{ccc}
\mathrm{Herm}(2, \mathbf{C}) & \xrightarrow{\ \phi(g)\ } & \mathrm{Herm}(2, \mathbf{C}) \\
{\scriptstyle\gamma}\big\uparrow & & \big\uparrow{\scriptstyle\gamma} \\
\mathfrak{su}(2) & \xrightarrow{\ \mathrm{Ad}(g)\ } & \mathfrak{su}(2)
\end{array}
$$

$\Psi(\mathfrak{su}(2)) = \left\{ \begin{pmatrix} 0 \\ \boldsymbol{z} \end{pmatrix} \middle| \boldsymbol{z} \in \mathbf{R}^3 \right\}$ であるので, $Y \in \mathfrak{su}(2)$ に対して $\boldsymbol{x} =$

$\Psi(Y) = \begin{pmatrix} 0 \\ x_1 \\ x_2 \\ x_3 \end{pmatrix}$ とする. このとき $\boldsymbol{y} = \Psi(\gamma(Y)) = \begin{pmatrix} 0 \\ x_3 \\ x_1 \\ -x_2 \end{pmatrix}$ であり, $\boldsymbol{y} =$

$\tau\boldsymbol{x} = f_\tau \circ \Psi(Y)$ と書ける. ただし

$$\tau = \begin{pmatrix} 1 & 0 & 0 & 0 \\ 0 & 0 & 0 & 1 \\ 0 & 1 & 0 & 0 \\ 0 & 0 & -1 & 0 \end{pmatrix}$$

であり，$f_\tau : \mathbf{R}^4 \to \mathbf{R}^4$ は $f_\tau(\boldsymbol{z}) = \tau\boldsymbol{z}\ (\boldsymbol{z} \in \mathbf{R}^4)$ である．このとき

$$\begin{aligned}
\widetilde{\phi}(g)(\tau\boldsymbol{x}) &= \Psi \circ \phi(g) \circ \Psi^{-1}(\tau\boldsymbol{x}) = \Psi(\phi(g)\gamma(Y)) \\
&= \Psi(\gamma(\mathrm{Ad}(g)Y)) = \tau\Psi(\mathrm{Ad}(g)Y) = \tau\Psi(\mathrm{Ad}(g)\Psi^{-1}(\boldsymbol{x})) \\
&= \tau\Psi(\mathrm{Ad}(g)\Psi^{-1}(\tau^{-1}(\tau\boldsymbol{x})))
\end{aligned}$$

となる．よって

$$\widetilde{\phi}(g) = f_\tau \circ \Psi \circ \mathrm{Ad}(g) \circ \Psi^{-1} \circ f_\tau^{-1} = f_\tau \circ \widetilde{\mathrm{Ad}}(g) \circ f_\tau^{-1}$$

が得られる．

以上のことから，$\widetilde{\mathrm{Ad}}(SU(2)) = SO(3)$ に注意すれば（7.2.1 項），

$$\widetilde{\phi}(SU(2)) = \begin{pmatrix} 1 & \mathbf{0} \\ \mathbf{0} & SO(3) \end{pmatrix}$$

となる．これを $K = \widetilde{\phi}(SU(2))$ とおけば，$SL(2, \mathbf{C})$ のカルタン分解[2]から

$$\widetilde{\phi}(SL(2, \mathbf{C})) = KAK \subset SO_0(1, 3)$$

である．一方，$SO_0(1, 3)$ のカルタン分解が $SO_0(1, 3) = KAK$ となることに注意すると[3]

$$\widetilde{\phi}(SL(2, \mathbf{C})) = SO_0(1, 3)$$

である．$\ker\widetilde{\phi} = \{\pm I_2\}$ に注意すれば

$$\widetilde{\phi} : SL(2, \mathbf{C}) \to SO_0(1, 3)$$

は全射な 2 対 1 なる準同型写像である．

---

[2] 4.2 節の $GL(2, \mathbf{C})$ のカルタン分解で $\det = 1$ とすればよい．
[3] 7.1.1 項の注意 7.1 を参照のこと．

7.2.3 $SL(2, \mathbf{R})$ と $SO_0(1, 2)$

例 1.62 で述べたように，前節で求めた $\widetilde{\phi}$ を $SL(2, \mathbf{R}) \subset SL(2, \mathbf{C})$ へ制限する．$SL(2, \mathbf{C})$ のカルタン分解より，$SL(2, \mathbf{R})$ のカルタン分解は

$$SL(2, \mathbf{R}) = K_0 A_0 K_0,$$

$$K_0 = \left\{ k_0(\theta) = \begin{pmatrix} \cos\theta & -\sin\theta \\ \sin\theta & \cos\theta \end{pmatrix} \middle| 0 \leq \theta < 2\pi \right\}$$

で与えられる．$\widetilde{\phi}(a_0(t)) = a(t)$ と

$$\widetilde{\phi}(k_0(\theta)) = \begin{pmatrix} 1 & 0 & 0 & 0 \\ 0 & \cos(2\theta) & -\sin(2\theta) & 0 \\ 0 & \sin(2\theta) & \cos(2\theta) & 0 \\ 0 & 0 & 0 & 1 \end{pmatrix}$$

に注意すれば

$$\widetilde{\phi}(SL(2, \mathbf{R})) = \begin{pmatrix} SO_0(1, 2) & \mathbf{0} \\ \mathbf{0} & 1 \end{pmatrix}$$

である．したがって

$$\widetilde{\phi} : SL(2, \mathbf{R}) \to SO_0(1, 2)$$

は全射な 2 対 1 なる準同型写像である．

7.2.4 $SL(2, \mathbf{C})$ の等質空間

7.1.1 項の $SO_0(1, 3)$ の等質空間を $SL(2, \mathbf{C})$ の等質空間として表す．実際，$\widetilde{\phi} : SL(2, \mathbf{C}) \to SO_0(1, 3)$ は全射な 2 対 1 なる準同型写像なので，$SL(2, \mathbf{C})$ の部分群 $SU(2), SL(2, \mathbf{R})$ に対しても

$$\widetilde{\mathrm{Ad}} : SU(2) \to SO(3),$$

$$\widetilde{\phi} : SL(2, \mathbf{R}) \to SO_0(1, 2)$$

はそれぞれ全射な 2 対 1 なる準同型写像である．このとき核は $\{\pm I_2\}$ であり，$\{\pm I_2\} \subset SU(2), SL(2,\mathbf{R})$ に注意すれば，つぎの同型を得る．

$$X_-^+(1) \cong X_-^-(1) \simeq SO_0(1,3)/SO(3) \simeq SL(2,\mathbf{C})/SU(2),$$

$$X_+(1) \simeq SO_0(1,3)/SO_0(1,2) \simeq SL(2,\mathbf{C})/SL(2,\mathbf{R}).$$

7.3　$SL(2,\mathbf{R})$ と $SU(1,1)$

本書で現れた $SL(2,\mathbf{R})$ と $SU(1,1)$ に関する等質空間やリー環について具体的に計算する．

7.3.1　$SL(2,\mathbf{R}) \curvearrowright P^1(\mathbf{C})$

例 3.31 では $SL(2,\mathbf{C})$ およびその部分群 $SO(2,\mathbf{C}), SL(2,\mathbf{R})$ がメービウス変換によりリーマン球面 M に作用したときの軌道分解を紹介した．ここでは M と同相な $P^1(\mathbf{C})$ へ $SL(2,\mathbf{R})$ を作用させ，その各軌道を等質空間として表す．2.2.3 項によれば，$z_1, z_2 \in \mathbf{C}$ に対して

$$\begin{bmatrix} z_1 \\ z_2 \end{bmatrix} = \begin{bmatrix} z_1 z_2^{-1} \\ 1 \end{bmatrix} \quad (z_2 \neq 0), \quad \begin{bmatrix} z_1 \\ z_2 \end{bmatrix} = \begin{bmatrix} 1 \\ z_2 z_1^{-1} \end{bmatrix} \quad (z_1 \neq 0)$$

である．よって $P^1(\mathbf{C})$ の代表元は $\begin{bmatrix} z \\ 1 \end{bmatrix}, \begin{bmatrix} 1 \\ 0 \end{bmatrix}$ となる．ただし $z \in \mathbf{C}$ である．$SL(2,\mathbf{C})$ の $P^1(\mathbf{C})$ への作用は

$$g \begin{bmatrix} z_1 \\ z_2 \end{bmatrix} = \begin{bmatrix} \alpha z_1 + \beta z_2 \\ \gamma z_1 + \delta z_2 \end{bmatrix}, \quad \begin{bmatrix} z_1 \\ z_2 \end{bmatrix} \in P^1(\mathbf{C}), \quad g = \begin{pmatrix} \alpha & \beta \\ \gamma & \delta \end{pmatrix} \in SL(2,\mathbf{C})$$

であり，推移的であった．$\begin{bmatrix} 0 \\ 1 \end{bmatrix}$ の固定化群はボレル部分群 B（例 3.31）である．したがって

$$SL(2,\mathbf{C})/B \simeq P^1(\mathbf{C})$$

となる．

ここでこの作用を $SL(2,\mathbf{C})$ の部分群 $SL(2,\mathbf{R})$ に制限する．$SL(2,\mathbf{R})$ の作

用は推移的ではないので，$P^1(\mathbf{C})$ の軌道分解が得られる．

$$\widetilde{H}_+ = \left\{ \begin{bmatrix} z \\ 1 \end{bmatrix} \in P^1(\mathbf{C}) \;\middle|\; \Im(z) > 0 \right\}$$

とする．$\begin{bmatrix} i \\ 1 \end{bmatrix} \in \widetilde{H}_+$ である．$SL(2, \mathbf{R})$ が $\begin{bmatrix} i \\ 1 \end{bmatrix}$ に作用すると

$$g \begin{bmatrix} i \\ 1 \end{bmatrix} = \begin{bmatrix} ai + b \\ ci + d \end{bmatrix} = \begin{bmatrix} \dfrac{ac+bd}{c^2+d^2} + \dfrac{1}{c^2+d^2}i \\ 1 \end{bmatrix}, \quad g = \begin{pmatrix} a & b \\ c & d \end{pmatrix}$$

となる．ただし $c^2 + d^2 > 0$ に注意する．よって $g \begin{bmatrix} i \\ 1 \end{bmatrix} \in \widetilde{H}_+$ である．逆に

$\begin{bmatrix} z \\ 1 \end{bmatrix} \in \widetilde{H}_+, z = x + yi$ のとき $g = \dfrac{1}{\sqrt{y}} \begin{pmatrix} y & x \\ 0 & 1 \end{pmatrix}$ とすれば，$g \in SL(2, \mathbf{R})$ であ

り，$g \begin{bmatrix} i \\ 1 \end{bmatrix} = \begin{bmatrix} z \\ 1 \end{bmatrix}$ となる．したがって，$SL(2, \mathbf{R})$ は $\widetilde{H}_+$ に推移的に作用する．

$\begin{bmatrix} i \\ 1 \end{bmatrix}$ の固定化群を求める．$g \begin{bmatrix} i \\ 1 \end{bmatrix} = \begin{bmatrix} i \\ 1 \end{bmatrix}$ とすると

$$c^2 + d^2 = 1, \quad ac + bd = 0, \quad ad - bc = 1$$

となる．$c = \sin\theta$ とおくことにより

$$g = \begin{pmatrix} \cos\theta & -\sin\theta \\ \sin\theta & \cos\theta \end{pmatrix}$$

と書ける．よって $\begin{bmatrix} i \\ 1 \end{bmatrix}$ の固定化群は $SO(2)$ であり

$$SL(2, \mathbf{R})/SO(2) \simeq \widetilde{H}_+$$

となる．同様に

$$\widetilde{H}_- = \left\{ \begin{bmatrix} z \\ 1 \end{bmatrix} \in P^1(\mathbf{C}) \;\middle|\; \Im z < 0 \right\}$$

とすると，$SL(2,\mathbf{R})$ は $\widetilde{H}_-$ に推移的に作用し，$\begin{bmatrix} -i \\ 1 \end{bmatrix}$ の固定化群は $SO(2)$ となる．よって

$$SL(2,\mathbf{R})/SO(2) \simeq \widetilde{H}_-$$

である．

　つぎに

$$\begin{pmatrix} 1 & x \\ 0 & 1 \end{pmatrix}\begin{bmatrix} 0 \\ 1 \end{bmatrix} = \begin{bmatrix} x \\ 1 \end{bmatrix} \quad (x \in \mathbf{R}), \quad \begin{pmatrix} 0 & 1 \\ -1 & 0 \end{pmatrix}\begin{bmatrix} 0 \\ 1 \end{bmatrix} = \begin{bmatrix} 1 \\ 0 \end{bmatrix}$$

に注意すれば，$SL(2,\mathbf{R})$ は

$$\widetilde{H}_0 = \left\{ \begin{bmatrix} x \\ 1 \end{bmatrix} \in P^1(\mathbf{C}) \;\middle|\; x \in \mathbf{R} \right\} \cup \begin{bmatrix} 1 \\ 0 \end{bmatrix}$$

に推移的に作用している．このとき $\begin{bmatrix} 0 \\ 1 \end{bmatrix}$ の固定化群は

$$B_{\mathbf{R}} = SL(2,\mathbf{R}) \cap B = \left\{ \begin{pmatrix} a & 0 \\ c & d \end{pmatrix} \;\middle|\; ad = 1,\; a,c,d \in \mathbf{R} \right\}$$

である．よって

$$SL(2,\mathbf{R})/B_{\mathbf{R}} \simeq \widetilde{H}_0$$

である．

　以上のことから，$SL(2,\mathbf{R})$ を $P^1(\mathbf{C})$ に作用させたときの軌道分解は

$$P^1(\mathbf{C}) = \widetilde{H}_+ \sqcup \widetilde{H}_- \sqcup \widetilde{H}_0$$

である．各軌道において作用は推移的であり，各軌道は等質空間となる．

$$\widetilde{H}_+ \simeq \widetilde{H}_- \simeq SL(2,\mathbf{R})/SO(2),$$
$$\widetilde{H}_0 \simeq SL(2,\mathbf{R})/B_{\mathbf{R}}.$$

7.3.2 $SL(2, \mathbf{R}) \curvearrowright$ 双曲面

7.1 節の $SO_0(1, 3) \curvearrowright \mathbf{R}^4$ の双曲面の作用に関する等質空間の議論を $SO_0(1, 2) \curvearrowright$ $\mathbf{R}^3$ の双曲面の場合に適用すれば，二葉双曲面 $X_-^+(1)$ と一葉双曲面 $X_+(1)$ について以下のようになる．

$$X_-^+(1) \simeq SO_0(1, 2)/SO(2),$$

$$X_+(1) \simeq SO_0(1, 2)/SO_0(1, 1),$$

$$\partial X_-^+(1) \simeq SO_0(1, 2)/AN.$$

ただし，$\mathbf{R}^3$ の双曲面を $\mathbf{R}^4$ の双曲面と同じ記号で表しているが，実際は

$$X_-^+(1) = \{\boldsymbol{x} \in \mathbf{R}^3 \mid \|\boldsymbol{x}\|_{1,2}^2 = -1, \ x_0 > 0\},$$

$$X_+(1) = \{\boldsymbol{x} \in \mathbf{R}^3 \mid \|\boldsymbol{x}\|_{1,2}^2 = 1\},$$

$$\partial X_-^+(1) = X_-^+(1) \text{ の理想境界}$$

である．また $A = SO_0(1, 1)$ であり，$SO_0(1, 3)$ における M, N は，$SO_0(1, 2)$ のときは $M = \{I\}$，$N = \{n(u) \mid u \in \mathbf{R}\}$ となる．

7.2.3 項より

$$\widetilde{\phi}(SL(2, \mathbf{R})) = \begin{pmatrix} SO_0(1, 2) & \boldsymbol{0} \\ \boldsymbol{0} & 1 \end{pmatrix}$$

であり，$\widetilde{\phi}$ は全射な 2 対 1 準同型写像であった．上述の $SO_0(1, 2)$ の等質空間は $SL(2, \mathbf{R})$ の等質空間として表すことができる．実際，$SL(2, \mathbf{R})$ の部分群を

$$K = \left\{ k(\theta) = \begin{pmatrix} \cos(\theta/2) & -\sin(\theta/2) \\ \sin(\theta/2) & \cos(\theta/2) \end{pmatrix} \middle| 0 \leq \theta < 4\pi \right\},$$

$$H = \left\{ a(t) = \begin{pmatrix} e^{t/2} & 0 \\ 0 & e^{-t/2} \end{pmatrix} \middle| t \in \mathbf{R} \right\},$$

$$N_0 = \left\{ n_0(x) = \begin{pmatrix} 1 & x \\ 0 & 1 \end{pmatrix} \middle| x \in \mathbf{R} \right\}$$

とすれば，各要素は $\widetilde{\phi}$ により

$$\widetilde{\phi}(k(\theta)) = \begin{pmatrix} 1 & 0 & 0 & 0 \\ 0 & \cos\theta & -\sin\theta & 0 \\ 0 & \sin\theta & \cos\theta & 0 \\ 0 & 0 & 0 & 1 \end{pmatrix},$$

$$\widetilde{\phi}(a(t)) = \begin{pmatrix} \cosh t & \sinh t & \mathbf{0} \\ \sinh t & \cosh t & \mathbf{0} \\ \mathbf{0} & \mathbf{0} & I_2 \end{pmatrix},$$

$$\widetilde{\phi}(n_0(x)) = \begin{pmatrix} 1+\dfrac{x^2}{2} & -\dfrac{x^2}{2} & x & 0 \\ \dfrac{x^2}{2} & 1-\dfrac{x^2}{2} & x & 0 \\ x & -x & 1 & 0 \\ 0 & 0 & 0 & 1 \end{pmatrix}$$

と移る．よって

$$\widetilde{\phi}(K) = \begin{pmatrix} 1 & \mathbf{0} & 0 \\ \mathbf{0} & SO(2) & \mathbf{0} \\ 0 & \mathbf{0} & 1 \end{pmatrix}, \ \widetilde{\phi}(H) = \begin{pmatrix} SO_0(1,1) & \mathbf{0} \\ \mathbf{0} & I_2 \end{pmatrix}, \ \widetilde{\phi}(N_0) = \begin{pmatrix} N & \mathbf{0} \\ \mathbf{0} & 1 \end{pmatrix}$$

となる．ここで $\widetilde{\phi}(\pm I) = I$ に注意すれば，つぎが成り立つ．

$$X_-^+(1) \simeq SL(2,\mathbf{R})/SO(2),$$

$$X_+(1) \simeq SL(2,\mathbf{R})/\{\pm H\},$$

$$\partial X_-^+(1) \simeq SL(2,\mathbf{R})/\{\pm HN_0\}.$$

7.3.3　ケーリー変換

例 1.65 を具体的に計算する．すなわち，$SL(2,\mathbf{R})$ と $SU(1,1)$ が同型であること，とくに両者は $SL(2,\mathbf{C})$ の部分群として共役であることを示す．そして $SL(2,\mathbf{R}) \curvearrowright$ 上半平面の作用が $SU(1,1) \curvearrowright$ 単位円板の作用に対応することを確かめる．

H_+ を複素平面の上半平面 $\{z \in \mathbf{C} \mid \Im(z) > 0\}$, D を単位円板 $\{z \in \mathbf{C} \mid |z| < 1\}$ とする. $z \in \mathbf{C}$ に対して

$$w = C(z) = g_0 z = \frac{1}{\sqrt{2}} \begin{pmatrix} 1 & -i \\ -i & 1 \end{pmatrix} z = \frac{z - i}{-iz + 1}$$

と定義する. これは**ケーリー変換**とよばれる.

$$1 - |w|^2 = \frac{4\Im(z)}{|z + i|^2}$$

に注意すれば, C を H_+ に制限したとき, $C : H_+ \to D$ は同型写像である. 逆変換は

$$z = C^{-1}(w) = g_0^{-1} w = \frac{1}{\sqrt{2}} \begin{pmatrix} 1 & i \\ i & 1 \end{pmatrix} w = \frac{w + i}{iw + 1}$$

となる.

$SL(2, \mathbf{R})$ はメービウス変換 $z \mapsto gz$ により H_+ に推移的に作用していた (7.3.1 項). この作用をケーリー変換で D への作用に移せば

$$w \to C(gC^{-1}(w)) = g_0 g g_0^{-1} w$$

となる. よって $g_0 SL(2, \mathbf{R}) g_0^{-1}$ は D に推移的に作用する. この $g_0 SL(2, \mathbf{R}) g_0^{-1}$ は $SU(1, 1)$ に他ならない. 実際 $g = \begin{pmatrix} a & b \\ c & d \end{pmatrix} \in SL(2, \mathbf{R})$ としたとき

$$
\begin{aligned}
g_0 g g_0^{-1} &= \frac{1}{2} \begin{pmatrix} 1 & -i \\ -i & 1 \end{pmatrix} \begin{pmatrix} a & b \\ c & d \end{pmatrix} \begin{pmatrix} 1 & i \\ i & 1 \end{pmatrix} \\
&= \begin{pmatrix} a + d + i(b - c) & b + c + i(a - d) \\ b + c - i(a - d) & a + d - i(b - c) \end{pmatrix} = \begin{pmatrix} \alpha & \beta \\ \bar{\beta} & \bar{\alpha} \end{pmatrix}
\end{aligned}
$$

となる. ここで $\det(g_0 g g_0^{-1}) = 1$ に注意すれば, $|\alpha|^2 - |\beta|^2 = 1$ である. またこの条件を満たす α, β から $ad - bc = 1$ となる a, b, c, d を

$$a = \frac{1}{2}(\Re(\alpha) + \Im(\beta)), \qquad b = \frac{1}{2}(\Re(\beta) + \Im(\alpha))$$

$$c = \frac{1}{2}(\Re(\beta) - \Im(\alpha)), \qquad d = \frac{1}{2}(\Re(\alpha) - \Im(\beta))$$

と定めることができる．以上のことから

$$g_0 SL(2, \mathbf{R}) g_0^{-1} = \left\{ \begin{pmatrix} \alpha & \beta \\ \bar{\beta} & \bar{\alpha} \end{pmatrix} \;\middle|\; |\alpha|^2 - |\beta|^2 = 1, \; \alpha, \beta \in \mathbf{C} \right\}$$

である．このとき容易に

$$\begin{pmatrix} \alpha & \beta \\ \bar{\beta} & \bar{\alpha} \end{pmatrix}^* I_{1,1} \begin{pmatrix} \alpha & \beta \\ \bar{\beta} & \bar{\alpha} \end{pmatrix} = I_{1,1}$$

を確かめることができる．すなわち $g_0 SL(2, \mathbf{R}) g_0^{-1} \subset SU(1,1)$ である．ここで両辺の次元を比較することにより，$g_0 SL(2, \mathbf{R}) g_0^{-1} = SU(1,1)$ となる．すなわち $SL(2, \mathbf{R})$ と $SU(1,1)$ は $SL(2, \mathbf{C})$ の部分群で互いに共役である．

$SU(1,1)$ はメービウス変換で D に推移的に作用し，0 の固定化群 G_0 は

$$T = \left\{ \begin{pmatrix} e^{i\theta} & 0 \\ 0 & e^{-i\theta} \end{pmatrix} \;\middle|\; 0 \le \theta < 2\pi \right\} \cong S(U(1) \times U(1))$$

である．よって

$$SU(1,1)/S(U(1) \times U(1)) \simeq D$$

となる．

つぎに D の境界 $\partial D = \{ z \in \mathbf{C} \mid |z| = 1 \}$ を考える．H_+ の境界 $\mathbf{R}$ に $\{\infty\}$ を加えると $P^1(\mathbf{R})$ である．$C(\infty) = i$ とすれば，C によって $P^1(\mathbf{R})$ は ∂D に移る．すなわち

$$C : P^1(\mathbf{R}) \to \partial D$$

は同型写像である．さきほどと同様にして $SU(1,1)$ は ∂D に推移的に作用する．1 の固定化群 G_1 を求める．$g1 = 1$ とすると

$$\frac{\alpha + \beta}{\bar{\alpha} + \bar{\beta}} = 1$$

となる．ここで $SU(1,1)$ の岩沢分解 KAN に注意すれば，

$$K = \left\{ \begin{pmatrix} e^{i\theta} & 0 \\ 0 & e^{-i\theta} \end{pmatrix} \;\middle|\; 0 \leq \theta < 2\pi \right\},$$

$$A = \left\{ \begin{pmatrix} \cosh t & \sinh t \\ \sinh t & \cosh t \end{pmatrix} \;\middle|\; t \in \mathbf{R} \right\},$$

$$N = \left\{ \begin{pmatrix} 1 + ix & -ix \\ ix & 1 - ix \end{pmatrix} \;\middle|\; x \in \mathbf{R} \right\}$$

となる. $A, N \subset G_1$, $K \cap G_1 = \{\pm 1\} = M_1$ であることが容易にわかる. よって $G_1 = M_1 AN$ となり

$$SU(1,1)/M_1 AN \simeq \partial D$$

である.

✔ **注意 7.5** 7.3.2 項では $\mathbf{R}^3$ での双曲面とその境界が等質空間として

$$X^+_-(1) \simeq SL(2, \mathbf{R})/SO(2),$$

$$\partial X^+_-(1) \simeq SL(2, \mathbf{R})/\{\pm HN_0\}$$

であった. この項では単位円板とその境界が等質空間として

$$D \simeq SU(1,1)/S(U(1) \times U(1)),$$

$$\partial D \simeq SU(1,1)/M_1 AN$$

となった. 両者を比較すると, $M_1 = \{\pm 1\}$, $g_0 H g_0^{-1} = A$, $g_0 N_0 g_0^{-1} = N$ に注意して

$$X^+_-(1) \simeq D,$$

$$\partial X^+_-(1) \simeq \partial D$$

であることがわかる. この対応は 7.1 節の議論を $SO_0(1,2)$ について行うことにより, 幾何学的にも確かめられる.

7.4　対合と対称と双対

5.2.3 項でリー群の対合と対称について, 6.2.1 項でリー群の対称対と対称リー環について, 6.3.2 項で対称リー環の双対について調べた. 具体的な例を与える.

7.4.1　$SO_0(1,3)$ の対合と対称リー環

$SO_0(1,3)$ について 5.2.3 項, 6.2.1 項で述べた対合と対称対およびそのリー環の対合について調べる.

I. $G = SO_0(1,3)$ の準同型写像 σ を

$$\sigma(g) = {}^t g^{-1}$$

と定めれば, $\sigma^2 = I$ となり, 対合である. σ は $GL(4,\mathbf{R})$ の対合を定め, $g \in GL(4,\mathbf{R})$ に対して

$$g = \sigma(g) = {}^t g^{-1} \iff g \in SO(4)$$

である.

ここで σ の固定化群 G^σ を求める. $g \in G^\sigma$ を $g = kak' \in KAK$ とカルタン分解する (注意 7.1). $k, k' \in K \subset SO(4)$ に注意すれば, 上述のことから $a \in SO(4)$ でなくてはならない. したがって $a = I$ である. 以上のことから

$$G^\sigma = K = \begin{pmatrix} 1 & \mathbf{0} \\ \mathbf{0} & SO(3) \end{pmatrix} \cong SO(3)$$

である.

対応するリー環の分解を求める. $g \in SO_0(1,3)$ は

$$ {}^t g I_{1,3} g = I_{1,3}$$

を満たす 4 次の正方行列の全体であるから, そのリー環は

$$ {}^t X I_{1,3} + I_{1,3} X = \mathbf{0}$$

を満たす 4 次の正方行列の全体となる. したがって

$$\mathfrak{so}(1,3) = \left\{ X = \begin{pmatrix} 0 & x_{01} & x_{02} & x_{03} \\ x_{01} & 0 & x_{12} & x_{13} \\ x_{02} & -x_{12} & 0 & x_{23} \\ x_{03} & -x_{13} & -x_{23} & 0 \end{pmatrix} \middle| x_{ij} \in \mathbf{R} \right\}$$

となる. σ に対応するリー環の対合を θ で表せば

$$\theta(X) = -{}^{t}X$$

である. θ によるリー環の ± 1 固有空間分解は

$$\mathfrak{so}(1,3) = \left\{ \begin{pmatrix} 0 & 0 & 0 & 0 \\ 0 & 0 & x_{12} & x_{13} \\ 0 & -x_{12} & 0 & x_{23} \\ 0 & -x_{13} & -x_{23} & 0 \end{pmatrix} \right\} \oplus \left\{ \begin{pmatrix} 0 & x_{01} & x_{02} & x_{03} \\ x_{01} & 0 & 0 & 0 \\ x_{02} & 0 & 0 & 0 \\ x_{03} & 0 & 0 & 0 \end{pmatrix} \right\}$$

$$= \mathfrak{so}(3) \oplus \mathfrak{p}$$

となる.

II. $G = SO_0(1,3)$ の準同型写像 σ を

$$\sigma(g) = I_{3,1} g I_{3,1}$$

と定めれば, $I_{3,1}^2 = I$ より $\sigma^2 = I$ となり, 対合である.

σ の固定化群 G^σ を求める. g の (i,j) 成分を g_{ij} とすれば

$$g = \sigma(g) = I_{3,1} g I_{3,1} \iff g_{03} = g_{13} = g_{23} = g_{30} = g_{31} = g_{32} = 0$$

である. $g \in G$ に注意すれば $g_{33}^2 = 1$ となる. よって $g_{33} = \pm 1$ である. 以上のことから

$$G_0^\sigma = H = \begin{pmatrix} SO_0(1,2) & \mathbf{0} \\ \mathbf{0} & 1 \end{pmatrix} \cong SO_0(1,2)$$

である．σ に対応するリー環の対合を θ で表せば

$$\theta(X) = I_{3,1} X I_{3,1}$$

である．θ によるリー環の ± 1 固有空間分解は

$$\mathfrak{so}(1,3) = \left\{\begin{pmatrix} 0 & x_{01} & x_{02} & 0 \\ x_{01} & 0 & x_{12} & 0 \\ x_{02} & -x_{12} & 0 & 0 \\ 0 & 0 & 0 & 0 \end{pmatrix}\right\} \oplus \left\{\begin{pmatrix} 0 & 0 & 0 & x_{03} \\ 0 & 0 & 0 & x_{13} \\ 0 & 0 & 0 & x_{23} \\ x_{03} & -x_{13} & -x_{23} & 0 \end{pmatrix}\right\}$$

$$= \mathfrak{so}(1,2) \oplus \mathfrak{q}$$

となる．

✔**注意 7.6** $SL(2, \mathbf{C})$ は $SO_0(1,3)$ の 2 重被覆群であるため（7.2.2 項），前述の議論を $G = SL(2, \mathbf{C})$ に適用できる．実際，$\sigma(g) = (g^*)^{-1}$ とすれば

$$G^\sigma = SU(2)$$

である．リー環の対合は $\theta(X) = -X^*$ となり

$$\mathfrak{sl}(2, \mathbf{C}) = \left\{\begin{pmatrix} ix & \alpha \\ -\bar\alpha & -ix \end{pmatrix}\right\} \oplus \left\{\begin{pmatrix} x & \alpha \\ \bar\alpha & -x \end{pmatrix}\right\}$$

である．ただし $x \in \mathbf{R}$, $\alpha \in \mathbf{C}$ である．また $\sigma(g) = \bar g$ とすれば

$$G^\sigma = SL(2, \mathbf{R})$$

となる．リー環の対合は $\theta(X) = \overline{X}$ となり

$$\mathfrak{sl}(2, \mathbf{C}) = \left\{\begin{pmatrix} a & b \\ c & -a \end{pmatrix}\right\} \oplus \left\{\begin{pmatrix} ia & ib \\ ic & -ia \end{pmatrix}\right\}$$

である．ただし $a, b, c \in \mathbf{R}$ である．

7.4.2 双曲面上の対称

定理 5.36 の証明によれば，リーマン対称対 (G, H, σ) から $M = G/H$ の対称を定義するには，$\pi : G \to M = G/H$ を標準的全射としたとき，$\pi(e) = p$ での対称 s_p を $s_p \circ \pi = \pi \circ \sigma$ とした．この項では M が二葉双曲面 $X_-^+(1)$ と一葉双曲面 $X_+(1)$ の場合に，s_p が幾何学的な対称と一致することを示す．

以下では G/H として 7.2.4 項の

$$X_-^+(1) \simeq SL(2, \mathbf{C})/SU(2),$$

$$X_+(1) \simeq SL(2, \mathbf{C})/SL(2, \mathbf{R})$$

を用いる．7.2.2 項によれば 2 次のエルミート行列の全体 $\mathrm{Herm}(2, \mathbf{C})$ は $\mathbf{R}^4$ と

$$\Psi : X = \begin{pmatrix} x_0 + x_1 & x_2 - ix_3 \\ x_2 + ix_3 & x_0 - x_1 \end{pmatrix} \mapsto \boldsymbol{x} = \begin{pmatrix} x_0 \\ x_1 \\ x_2 \\ x_3 \end{pmatrix}$$

により同一視された．そして $G = SL(2, \mathbf{C})$ の $\mathrm{Herm}(2, \mathbf{C})$ への作用を $\phi(g)X = gXg^*$ とし，G の $\mathbf{R}^4$ への作用を $\widetilde{\phi}(g) = \Psi \circ \phi(g) \circ \Psi^{-1}$ と定義する．これにより $X_-^+(1)$, $X_+(1) \subset \mathbf{R}^4$ に G が作用する．

I. 二葉双曲面 $X_-^+(1)$ の対称

対合を $\sigma(g) = (g^*)^{-1}$ で与えれば，$G^\sigma = SU(2)$ である．最初に $G/G^\sigma = SL(2, \mathbf{C})/SU(2) \simeq X_-^+(1)$ の同型を具体的に構成する．

$$\pi_\sigma(g) = g\sigma(g)^{-1}$$

とすれば，$\pi_\sigma(g) = gg^* \in \mathrm{Herm}(2, \mathbf{C})$ となる．よって

$$\pi_\sigma : SL(2, \mathbf{C}) \to \pi_\sigma(SL(2, \mathbf{C})) \subset \mathrm{Herm}(2, \mathbf{C})$$

となり，$\ker \pi_\sigma = SU(2)$ である．

$$\text{Herm}(2, \mathbf{C}) \xrightarrow{\ \Psi\ } \mathbf{R}^4$$

$$\uparrow \qquad\qquad\qquad\qquad \uparrow$$

$$SL(2, \mathbf{C}) \xrightarrow{\ \pi_\sigma\ } \pi_\sigma(SL(2, \mathbf{C})) \xrightarrow{\ \Psi\ } X_-^+(1)$$

このとき $\Psi \circ \pi_\sigma(SL(2, \mathbf{C})) = X_-^+(1)$ である. 実際, $\Psi \circ \pi_\sigma(g) = \Psi(\pi_\sigma(g)) = \Psi(gg^*)$ に注意して

$$g = \begin{pmatrix} \alpha & \beta \\ \gamma & \delta \end{pmatrix}, \ \alpha\delta - \beta\gamma = 1$$

とすれば

$$gg^* = \begin{pmatrix} |\alpha|^2 + |\beta|^2 & \alpha\bar{\gamma} + \beta\bar{\delta} \\ \bar{\alpha}\gamma + \bar{\beta}\delta & |\gamma|^2 + |\delta|^2 \end{pmatrix} = \begin{pmatrix} x_0 + x_1 & x_2 - ix_3 \\ x_2 + ix_3 & x_0 - x_1 \end{pmatrix}$$

となる. ただし

$$\begin{cases} x_0 = \dfrac{1}{2}(|\alpha|^2 + |\beta|^2 + |\gamma|^2 + |\delta|^2) \\ x_1 = \dfrac{1}{2}(|\alpha|^2 + |\beta|^2 - |\gamma|^2 - |\delta|^2) \\ x_2 = \Re(\alpha\bar{\gamma} + \beta\bar{\delta}) \\ x_3 = \Im(\bar{\alpha}\gamma + \bar{\beta}\delta) \end{cases} \tag{7.1}$$

である. このとき $\alpha\delta - \beta\gamma = 1$ より $\det(gg^*) = 1$ である. よって

$$\begin{aligned} -x_0^2 + x_1^2 + x_2^2 + x_3^2 &= -(|\alpha|^2 + |\beta|^2)(|\gamma|^2 + |\delta|^2) + |\alpha\bar{\gamma} + \beta\bar{\delta}|^2 \\ &= -|\alpha|^2|\delta|^2 - |\beta|^2|\gamma|^2 + 2\Re(\alpha\bar{\gamma}\bar{\beta}\delta) = -1 \end{aligned}$$

となる. $x_0 > 0$ より $\Psi \circ \pi_\sigma(g) \in X_-^+(1)$ となる. またこの計算を逆に行えば, $X_-^+(1)$ の要素 $\boldsymbol{x}$ に対して, $\Psi \circ \pi_\sigma(g) = \boldsymbol{x}$ となる $g \in SL(2, \mathbf{C})$ を構成することができる. よって $\Psi \circ \pi_\sigma(SL(2, \mathbf{C})) = X_-^+(1)$ である.

$\Psi \circ \pi_\sigma(g) = \Psi(gg^*) = \Psi(\phi(g)I) = \widetilde{\phi}(g)\Psi(I) = \widetilde{\phi}(g)e_0$ および $\ker \pi_\sigma = SU(2)$ に注意し, $\widetilde{\pi}: SL(2, \mathbf{C})/SU(2) \to X_-^+(1)$ を

$$\widetilde{\pi}(gSU(2)) = \widetilde{\phi}(g)e_0$$

と定めれば，$\widetilde{\pi}$ は同型写像である．とくに $\Psi \circ \pi_\sigma(g) = \boldsymbol{x}$ のとき

$$\widetilde{\pi}(gSU(2)) = \widetilde{\phi}(g)\boldsymbol{e}_0 = \boldsymbol{x} = \begin{pmatrix} x_0 \\ x_1 \\ x_2 \\ x_3 \end{pmatrix}$$

である．

　ここで $s_p \circ \pi = \pi \circ \sigma$ で定まる s_p による対称が幾何学的な対称となることを確かめる．$gSU(2)$ の $\pi(I)$ での対称点は

$$s_p \circ \pi(g) = \pi \circ \sigma(g) = \pi((g^*)^{-1}) = (g^*)^{-1}SU(2)$$

である．よって

$$(g^*)^{-1} = \begin{pmatrix} \overline{\delta} & -\overline{\gamma} \\ -\overline{\beta} & \overline{\alpha} \end{pmatrix}$$

に注意すれば，$x = \widetilde{\phi}(g)\boldsymbol{e}_0$ の対称点は (7.1) より

$$\widetilde{\phi}((g^*)^{-1})\boldsymbol{e}_0 = \begin{pmatrix} x_0 \\ -x_1 \\ -x_2 \\ -x_3 \end{pmatrix}$$

となる．これは例 5.20 と一致する．

II. 一葉双曲面 $X_+(1)$ の対称 [4]

　対合を $\sigma(g) = \bar{g}$ で与えれば，$G^\sigma = SL(2,\mathbf{R})$ である．最初に $G/G^\sigma = SL(2,\mathbf{C})/SL(2,\mathbf{R}) \simeq X_+(1)$ の同型を具体的に構成する．

　$g \in SL(2,\mathbf{C})$ に対して

$$\gamma(g) = \begin{pmatrix} -1 & 0 \\ 0 & 1 \end{pmatrix} g\sigma(g)^{-1} \begin{pmatrix} 0 & i \\ i & 0 \end{pmatrix}$$

---

[4] [5], 第 11 章参照.

と定義する. このとき $\gamma(g)$ は

$$
\begin{aligned}
\gamma(g) &= \begin{pmatrix} -1 & 0 \\ 0 & 1 \end{pmatrix} g \begin{pmatrix} 0 & i \\ -i & 0 \end{pmatrix} g^* \begin{pmatrix} 0 & i \\ -i & 0 \end{pmatrix} \begin{pmatrix} 0 & i \\ i & 0 \end{pmatrix} \\
&= \begin{pmatrix} -1 & 0 \\ 0 & 1 \end{pmatrix} g \begin{pmatrix} -1 & 0 \\ 0 & 1 \end{pmatrix} \begin{pmatrix} 0 & -i \\ i & 0 \end{pmatrix} \left(\begin{pmatrix} -1 & 0 \\ 0 & 1 \end{pmatrix} g \begin{pmatrix} -1 & 0 \\ 0 & 1 \end{pmatrix} \right)^* \\
&= \phi(I_{1,1} g I_{1,1}) E_3
\end{aligned}
$$

と書くことができる. ただし

$$
\phi(g)X = gXg^*, \quad E_3 = \begin{pmatrix} 0 & -i \\ i & 0 \end{pmatrix} \in \mathrm{Herm}(2, \mathbf{C})
$$

である. よって $\gamma(g) \in \mathrm{Herm}(2, \mathbf{C})$ である. $SL(2, \mathbf{C})$ の $\mathrm{Herm}(2, \mathbf{C})$ への作用を $\phi(I_{1,1} g I_{1,1})X$, $X \in \mathrm{Herm}(2, \mathbf{C})$ で定めれば, $\gamma(SL(2, \mathbf{C}))$ は E_3 の軌道である. E_3 の固定化群は $SL(2, \mathbf{R})$ であることが容易にわかり,

$$
\gamma(SL(2, \mathbf{C})) \simeq SL(2, \mathbf{C})/SL(2, \mathbf{R})
$$

となる.

$$
\begin{array}{ccc}
\mathrm{Herm}(2, \mathbf{C}) & \xrightarrow{\ \Psi\ } & \mathbf{R}^4 \\
\uparrow & & \uparrow \\
\end{array}
$$
$$
SL(2, \mathbf{C}) \xrightarrow{\ \gamma\ } \gamma(\pi_\sigma(SL(2, \mathbf{C}))) \xrightarrow{\ \Psi\ } X_+(1)
$$

$SL(2, \mathbf{C})/SL(2, \mathbf{R}) \simeq X_+(1)$ より, $\tilde{\pi} : SL(2, \mathbf{C})/SL(2, \mathbf{R}) \to X_+(1)$ を

$$
\tilde{\pi}(gSL(2, \mathbf{R})) = \Psi \circ \gamma(g)
$$

で定めれば, $\tilde{\pi}$ は同型写像となる. さらに $\Psi(E_3) = \boldsymbol{e}_3$ に注意すれば

$$
\tilde{\pi}(gSL(2, \mathbf{R})) = \Psi \circ \gamma(g) = \Psi(\phi(I_{1,1} g I_{1,1})E_3) = \tilde{\phi}(I_{1,1} g I_{1,1})\boldsymbol{e}_3
$$

である. ここで $\boldsymbol{x} \in X_+(1)$ に対して

$$\widetilde{\pi}(gSL(2,\mathbf{R})) = \boldsymbol{x} = \begin{pmatrix} x_0 \\ x_1 \\ x_2 \\ x_3 \end{pmatrix}, \quad g = \begin{pmatrix} \alpha & \beta \\ \gamma & \delta \end{pmatrix} \in SL(2,\mathbf{C})$$

とする. $\gamma(g) = \begin{pmatrix} (\alpha\bar{\beta} - \bar{\alpha}\beta)i & (\beta\bar{\gamma} - \alpha\bar{\delta})i \\ (\delta\bar{\alpha} - \bar{\beta}\gamma)i & (\gamma\bar{\delta} - \delta\bar{\gamma})i \end{pmatrix}$ より $\boldsymbol{x} = \Psi \circ \gamma(g)$ は

$$\begin{cases} x_0 = \dfrac{i}{2}(\alpha\bar{\beta} - \bar{\alpha}\beta + \gamma\bar{\delta} - \delta\bar{\gamma}) \\[2mm] x_1 = \dfrac{i}{2}(\alpha\bar{\beta} - \bar{\alpha}\beta - \gamma\bar{\delta} + \delta\bar{\gamma}) \\[2mm] x_2 = -\Im(\delta\bar{\alpha} - \bar{\beta}\gamma) \\[2mm] x_3 = \Re(\delta\bar{\alpha} - \bar{\beta}\gamma) \end{cases}$$

となる.

ここで $s_p \circ \pi = \pi \circ \sigma$ で定まる s_p による対称を求めてみる. $gSL(2,\mathbf{R})$ の $\pi(I)$ での対称点は

$$s_p \circ \pi(g) = \pi \circ \sigma(g) = \pi(\bar{g}) = \bar{g}SL(2,\mathbf{R})$$

である. 上述の議論で g を $\bar{g}$ に変えれば, $\alpha, \beta, \gamma, \delta$ はそれぞれの共役に変わるので, $\boldsymbol{x}$ の対称点は

$$\widetilde{\phi}(I_{1,1}\bar{g}I_{1,1})\boldsymbol{e}_3 = \begin{pmatrix} -x_0 \\ -x_1 \\ -x_2 \\ x_3 \end{pmatrix}$$

となる.

7.4.3 $SL(2,\mathbf{R})$ の対合と対称リー環

$SL(2,\mathbf{R})$ について 5.2.3 項, 6.2.1 項で述べた対合と対称対, およびそのリー環の対合について調べる.

I. $G = SL(2, \mathbf{R})$ の準同型写像 σ を

$$\sigma(g) = {}^t g^{-1}$$

と定めれば，$\sigma^2 = I$ となり，対合である．

　σ の固定化群 G^σ を求める．

$$g = \sigma(g) = {}^t g^{-1} \iff g \in SO(2)$$

である．よって

$$G^\sigma = K = SO(2)$$

である．対称対 $(SL(2, \mathbf{R}), SO(2))$ に対応するリー環のカルタン分解を求める．$g \in SL(2, \mathbf{R})$ は

$$\det g = 1$$

を満たす 2 次の実正方行列の全体であるから，そのリー環は

$$\operatorname{tr} g = 0$$

を満たす 2 次の実正方行列の全体となる．したがって

$$\mathfrak{sl}(2, \mathbf{R}) = \left\{ X = \begin{pmatrix} a & b \\ c & -a \end{pmatrix} \middle| a, b, c \in \mathbf{R} \right\}$$

となる．σ に対応するリー環の対合を θ で表せば

$$\theta(X) = -{}^t X$$

である．よって，θ によるリー環の ± 1 固有空間分解はつぎのようになる．

$$\mathfrak{sl}(2, \mathbf{R}) = \left\{ \begin{pmatrix} 0 & -v \\ v & 0 \end{pmatrix} \right\} \oplus \left\{ \begin{pmatrix} a & u \\ u & -a \end{pmatrix} \right\} = \mathfrak{k} \oplus \mathfrak{p}.$$

II. $G = SL(2, \mathbf{R})$ の準同型写像 σ を

$$\sigma(g) = I_{1,1} g I_{1,1}$$

と定めれば, $I_{1,1}^2 = I$ となり, 対合である.

σ の固定化群 G^σ を求める.

$$g = \sigma(g) = I_{1,1} g I_{1,1} \iff b = c = 0$$

である. したがって

$$G_0^\sigma = H = \left\{ \left. \begin{pmatrix} e^{t/2} & 0 \\ 0 & e^{-t/2} \end{pmatrix} \right| t \in \mathbf{R} \right\}$$

となる. σ に対応するリー環の対合を θ で表せば

$$\theta(X) = I_{1,1} X I_{1,1}$$

である. よって, 対称対 $(SL(2,\mathbf{R}), H)$ に対応するリー環の ± 1 固有空間分解はつぎのようになる.

$$\mathfrak{sl}(2,\mathbf{R}) = \left\{ \begin{pmatrix} a & 0 \\ 0 & -a \end{pmatrix} \right\} \oplus \left\{ \begin{pmatrix} 0 & b \\ c & 0 \end{pmatrix} \right\} = \mathfrak{h} \oplus \mathfrak{q}.$$

7.4.4 双対対称リー環

$SL(2,\mathbf{R})/SO(2)$ と $SU(1,1)/S(U(1) \times U(1))$ の双対を示す. 7.4.3 項の 2 つの対合をそれぞれ $\sigma, \tilde{\sigma}$ と表す. $\mathfrak{g} = \mathfrak{sl}(2,\mathbf{R})$ のそれぞれの対合による ± 1 固有空間の分解を

$$\mathfrak{g} = \mathfrak{k} \oplus \mathfrak{p} = \mathfrak{h} \oplus \mathfrak{q}$$

とする.

ところで

$$(\sigma\tilde{\sigma})(g) = {}^t(I_{1,1} g I_{1,1})^{-1} = {}^t I_{1,1}^{-1} {}^t g^{-1} {}^t I_{1,1}^{-1} = I_{1,1} {}^t g^{-1} I_{1,1} = (\tilde{\sigma}\sigma)(g)$$

となるので, $\sigma\tilde{\sigma}$ も対合となる. このときの ± 1 固有分解は, $\mathfrak{h}^a = \mathfrak{h} \cap \mathfrak{k} \oplus \mathfrak{q} \cap \mathfrak{p}$, $\mathfrak{q}^a = \mathfrak{h} \cap \mathfrak{p} \oplus \mathfrak{q} \cap \mathfrak{k}$ とおけば

$$\mathfrak{g} = (\mathfrak{h} \cap \mathfrak{k} \oplus \mathfrak{q} \cap \mathfrak{p}) \oplus (\mathfrak{h} \cap \mathfrak{p} \oplus \mathfrak{q} \cap \mathfrak{k}) = \mathfrak{h}^a \oplus \mathfrak{q}^a$$

となる. $(\mathfrak{g}, \sigma\tilde{\sigma})$ を $(\mathfrak{g}, \sigma)$ と $(\mathfrak{g}, \tilde{\sigma})$ に対する**付随対称リー環**という. ここで双対を考えると

$$\mathfrak{g}^d = \mathfrak{h}^a \oplus i\mathfrak{q}^a$$

となる. $(\mathfrak{g}^d, \sigma\tilde{\sigma})$ は $(\mathfrak{g}, \sigma\tilde{\sigma})$ の**双対対称リー環**であり, $\mathfrak{g}^d = \mathfrak{su}(1,1)$ である.
　一方, $\mathfrak{g}^d = \mathfrak{su}(1,1)$ において

$$\mathfrak{h}^d = \mathfrak{h} \cap \mathfrak{k} \oplus i(\mathfrak{q} \cap \mathfrak{k}), \qquad \mathfrak{q}^d = \mathfrak{q} \cap \mathfrak{p} \oplus i(\mathfrak{h} \cap \mathfrak{p}),$$
$$\mathfrak{k}^d = \mathfrak{h} \cap \mathfrak{k} \oplus i(\mathfrak{h} \cap \mathfrak{p}), \qquad \mathfrak{p}^d = \mathfrak{q} \cap \mathfrak{p} \oplus i(\mathfrak{q} \cap \mathfrak{k})$$

とおけば, 対合 $\sigma(g) = {}^t g^{-1}$ により

$$\mathfrak{su}(1,1) = \left\{ \begin{pmatrix} 0 & -iv \\ iv & 0 \end{pmatrix} \right\} \oplus \left\{ \begin{pmatrix} -ix & u \\ u & ix \end{pmatrix} \right\} = \mathfrak{h}^d \oplus \mathfrak{q}^d$$

と分解される. 同様に対合 $\tilde{\sigma}(g) = I_{1,1} g I_{1,1}$ により

$$\mathfrak{su}(1,1) = \left\{ \begin{pmatrix} ix & 0 \\ 0 & -ix \end{pmatrix} \right\} \oplus \left\{ \begin{pmatrix} 0 & u-iv \\ u+iv & 0 \end{pmatrix} \right\} = \mathfrak{k}^d \oplus \mathfrak{p}^d$$

と分解される.

$$\mathfrak{g}^d = \mathfrak{k}^d \oplus \mathfrak{p}^d = \mathfrak{h}^d \oplus \mathfrak{q}^d$$

である. $\mathfrak{g} = \mathfrak{sl}(2, \mathbf{R})$ のカルタン対合は σ, $\mathfrak{g}^d = \mathfrak{su}(1,1)$ のカルタン対合は $\tilde{\sigma}$ となる.

　$(\mathfrak{g}, \mathfrak{k})$ と $(\mathfrak{g}^d, \mathfrak{h}^d)$ は同じ対合 σ から定まり, 両者は双対の関係にある. 同様に $(\mathfrak{g}, \mathfrak{h})$ と $(\mathfrak{g}^d, \mathfrak{k}^d)$ も同じ対合 $\tilde{\sigma}$ から定まり, 両者は双対関係にある. $(\mathfrak{g}, \mathfrak{k})$ と $(\mathfrak{g}^d, \mathfrak{k}^d)$ は非コンパクト型対称リー環である. 対応するリーマン対称空間はそれぞれ $SL(2, \mathbf{R})/SO(2)$ と $SU(1,1)/S(U(1) \times U(1))$ である.

参考文献

[1] 伊勢幹夫・竹内勝，『リー群論』，岩波書店，1992.

[2] 河添健，『群上の調和解析』，朝倉書店，2000.

[3] 河添健，『微分積分学講義 I』，数学書房，2009.

[4] 河添健，『微分積分学講義 II』，数学書房，2011.

[5] 熊原啓作，『行列・群・等質空間』，日本評論社，2001.

[6] 小林俊行，『Lie 群と Lie 環 II』，岩波書店，1999.

[7] 小林俊行・大島利雄，『Lie 群と Lie 環 I』，岩波書店，1999.

[8] 小林俊行・大島利雄，『リー群と表現論』，岩波書店，2005.

[9] 齋藤正彦，『線型代数入門』，東京大学出版会，1966.

[10] 齋藤正彦，『数学の基礎』，東京大学出版会，2002.

[11] 佐武一郎，『線型代数学』，裳華房，1974.

[12] 佐武一郎，『リー群の話』，日本評論社，1982.

[13] 佐武一郎，『リー環の話』，日本評論社，2002.

[14] 島和久，『連続群とその表現』，岩波書店，1981.

[15] 杉浦光夫，『リー群論』，共立出版，2000.

[16] 竹内勝，『Lie 群 II』，数学基礎 19，岩波書店，1978.

[17] 寺田至・原田耕一郎，『群論』，岩波書店，2006.

[18] 西山亨，『幾何学と不変量』，日本評論社，2012.

[19] 野水克己，『現代微分幾何入門』，裳華房，1981.

[20] 堀田良之，『代数入門—群と加群—』，裳華房，1987.

[21] ポントリャーギン，『常微分方程式』，共立出版，1968.

[22] 松島与三，『リー環論』，共立出版，1956.

[23] 松島与三，『多様体入門』，裳華房，1965.

[24] 松本幸夫，『多様体の基礎』，東京大学出版会，1988.

[25] 村上信吾,『連続群論の基礎』, 朝倉書店, 1973.

[26] 山内恭彦・杉浦光夫,『連続群論入門』, 培風館, 1957.

[27] 横田一郎,『群と位相』, 裳華房, 1971.

[28] 横田一郎,『例外型単純リー群』, 現代数学社, 1992.

[29] S. Araki, On root systems and infinitesimal classification of irreducible symmetric spaces, *J. Math. Osaka City Univ.* **13**, pp. 1–34, 1962.

[30] A. Arvanitoyeorgos, *An Introduction to Lie Groups and the Geometry of Homogeneous Spaces*, SML 22, AMS, 2003.

[31] C. Chevalley, *Theory of Lie Groups. I*, Princeton University Press, 1946. 〔邦訳〕クロード・シュヴァレー 著, 齋藤正彦 訳,『リー群論』, 筑摩書房, 2012.

[32] S. Helgason, *Differential Geometry and Symmetric Spaces*, Academic Press, 1962, AMS, Gelsea Publishing, 2001.

[33] G. Hochschild, *The Structure of Lie Groups*, Holden-Day, 1965. 〔邦訳〕ホッホシルト 著, 橋本浩治 訳,『リー群の構造』, 吉岡書店, 1972.

[34] S. Kobayashi and K. Nomizu, *Fundations of Differential Geometry, I, II*, Interscience, 1963, 1969.

[35] J.-P. Serre, *Complex Semisimple Lie Algebras*, Springer-Verlag, 1987.

[36] V.S. Varadarajan, *Lie Groups, Lie Algebras, and Their Representations*, Springer-Verlag, 2004.

[37] J. Berndt, *Lie Group Actions on Manifolds*, 2002. `https://nms.kcl.ac.uk/juergen.berndt/sophia.pdf` (最終閲覧日 2023 年 12 月 12 日)

[38] L. DeMaroo, *Riemannian Symmetric Spaces and Bounded Domains in* $\mathbf{C}^n$, 1999. `https://citeseerx.ist.psu.edu/document?repid=rep1&type=pdf&doi=95ccf43ea4f5a0f316f794b69c771f9342b574d6` (最終閲覧日 2023 年 12 月 12 日)

[39] 本間泰史, リーマン対称空間入門, 2010. `https://www.f.waseda.jp/homma_yasushi/homma2/download/symmetric-sp-kougi.pdf` (最終閲覧日 2023 年 12 月 12 日)

[40] 田丸博士, 対称空間入門, 2008. `http://www.math.sci.hiroshima-u.ac.jp/tamaru/files/08kika-c.pdf` (最終閲覧日 2023 年 12 月 12 日)

記号表

第 1 章

1.1.1 $G, e, x^{-1}, \mathbf{Z}, n\mathbf{Z}, \mathbf{Z}_n, \mathbf{R}, \mathbf{C}, \mathbf{H}, \boldsymbol{i}, \boldsymbol{j}, \boldsymbol{k}, K, K^*, S_K^0, \mathbf{R}_+,$
$M(n, K), GL(n, K), V_4, D_4, S_X, S_n, A_n, S^x$

1.1.2 $\rhd, N_G(S), C_G(S), Z(G), O(a), GL(2, \mathbf{C}), J_{\nu\lambda}^0, J_{\nu\nu}^1, SL(2, \mathbf{C})$

1.1.3 $G/H, H\backslash G, H\backslash G/K, GL(2, \mathbf{R}), SL(2, \mathbf{R}), O(n), SO(n), I_{1,1}, I_n, I_{n-1,1}$

1.1.4 G/H

1.1.5 $f(G), \ker f, \mathrm{Aut}(G), \mathrm{Int}(G), \widetilde{\mathbf{Z}}_n$

1.1.6 $\times, \rtimes, \times_\tau, I(\mathbf{R}^n), I_0(\mathbf{R}^n)$

1.1.7 $X/\sim, p, s$

1.1.8 $\mu, \frown, O(a), La, L_a$

1.2.1 $K^n, \langle \boldsymbol{x}, \boldsymbol{y} \rangle, \|\boldsymbol{x}\|, \delta_{ij}, \dim$

1.2.2 $M(n, K), \langle A, B \rangle, \|A\|, \det, {}^t A, A^*, f_A, \det f, M(V, K)$

1.3.1 $GL(n, K), SL(n, K), GL(V, K), SL(V, K)$

1.3.2 $O(n), U(n), Sp(n), O(n, \mathbf{C}), SO(n, \mathbf{C})$

1.3.3 $SO(n), SU(n)$

1.3.4 $O(m, n), U(m, n), Sp(m, n), I_{m,n}, \langle \boldsymbol{x}, \boldsymbol{y} \rangle_{m,n}$

1.3.5 $SO(m, n), SU(m, n), SO_0(m, n)$

1.3.6 $SO(n, \mathbf{C}), Sp(n, \mathbf{C}), Sp(n, \mathbf{R}), J_n, \langle \boldsymbol{x}, \boldsymbol{y} \rangle_{Sp}, Usp(2n), SO^*(2n), SU^*(2n)$

1.3.7 $S_K^{n-1}, S^{n-1}, X_\pm, X_x, \hookrightarrow, \twoheadrightarrow, V_0, \mathrm{Ad}$

第 2 章

2.1.1 $X, \mathcal{U}(x), \partial S, \bar{S}, d(x, y), B_\epsilon(a)$

2.2 $f^{-1}(V)$

2.2.3 $P^{n-1}(K), P(n, K), i, \tilde{i}, E_{nn}$

2.3.3 $\mathrm{Herm}_+(n, \mathbf{C})$

2.4.1 $GL(n, \mathbf{Q}), G_\lambda, \Gamma, Mp(n, \mathbf{R})$

第 3 章

3.1　　G, M

3.1.4　G_{p_0}

3.2.2　$F, F_0, F^g, \mathrm{Flag}(n, \mathbf{C}), B, B', T$

3.2.3　$\mathrm{Flag}_{\boldsymbol{k}}(n, \mathbf{C}), \mathrm{Grass}_j(n, \mathbf{C}), P_{\boldsymbol{k}}, P_j, P_j'$

3.3　　$G \setminus X, Gx, X_-^+(r), X_-^-(r), X_+(r), X_0^+, X_0^-, B_{\mathbf{R}}, B$

第 4 章

4.1　　K, A, N

4.2　　K, A, A_+

4.2.1　$P^{-1}AP$

4.2.2　$\mathrm{Herm}(n, \mathbf{C}), \mathrm{Herm}_+(n, \mathbf{C}), \Lambda, \sqrt{\Lambda}$

4.4.1　W, B, BwB

4.4.2　$\mathrm{Flag}(n, \mathbf{C}), F_0, BwF_0$

4.5.1　$K_{F_0}, \mathrm{Flag}(n, \mathbf{R}), B, B_0, A, N$

4.5.2　$\mathrm{Sym}(n, \mathbf{R}), \mathrm{Sym}_{p,q}(n, \mathbf{R}), \mathrm{Sym}_+(n, \mathbf{R}), A_{p,q}, A_{p,q}^+$

4.5.3　$T, A, N_{\mathbf{C}}, N_{\mathbf{C}}^-, B, B^-, w$

第 5 章

5.1.1　U, df

5.1.2　$M, G(f), df, F^*$

5.1.3　$X, T_pM, \boldsymbol{v}_c, (dF)_p, (df)_p, T_p^*M$

5.1.4　$TM, X_p, \mathfrak{X}(M), c(t), \Phi_t, \mathrm{Exp}, L_X, [X, Y]$

5.1.5　$g_p, \langle X, Y \rangle_p, L(c)$

5.1.6　$\nabla, Z(X, Y), \mathrm{Exp}_p, \langle \boldsymbol{x}, \boldsymbol{y} \rangle_{1,n}, H^n$

5.1.7　$I(M)$

5.2.1　$s_p, (M, s_p), O(1, n), O_+(1, n), s_{\boldsymbol{p}}, s_V$

5.2.2　$I(M), I_0(M), \tau_s, I_*(M)$

5.2.3　$\sigma, G^\sigma, G_0^\sigma, \mathrm{diag}(G)$

5.3.1　Ad_G, dg

5.3.2　$(G, H, \sigma), (M, s_p), (\widetilde{M}, \widetilde{s}_p)$

第6章

6.1.1　$\mathfrak{g}, [X, Y], \exp, \mathfrak{gl}(n, \mathbf{R}), \mathfrak{o}(n), \mathfrak{sl}(n, \mathbf{R}), \mathfrak{o}(p, q), \mathfrak{h}, \mathfrak{sl}(n, \mathbf{C}),$
$\mathfrak{o}(n, \mathbf{C}), \mathfrak{u}(n), \mathfrak{u}(p, q), \mathfrak{sp}(m, \mathbf{C}), \mathfrak{sp}(m, \mathbf{R}), \mathfrak{so}(n, \mathbf{C}), \mathfrak{so}(n), \mathfrak{so}(p, q),$
$\mathfrak{su}(n), \mathfrak{su}(p, q), \mathfrak{usp}(2m), \mathfrak{so}^*(2m), \mathfrak{su}^*(2m), \widetilde{G}, \Gamma, Spin(n)$

6.1.2　$GL(\mathfrak{g}), \mathfrak{gl}(\mathfrak{g}), \exp, \mathrm{ad}, \mathrm{Ad}, \mathfrak{z}(\mathfrak{g}), \partial(\mathfrak{g})$

6.1.3　$B(X, Y)$

6.2.2　$J, \mathfrak{g}^{\mathbf{R}}, \mathfrak{g}^{\mathbf{C}}, \mathfrak{g}_0$

6.2.3　$\mathfrak{t}, \mathfrak{h}, \mathfrak{g}^\alpha, \Delta, H_\alpha, \mathfrak{h}_{\mathbf{R}}$

6.2.4　$\mathfrak{h}, \mathfrak{p}, B_s(X, Y)$

6.3.1　$\theta, \mathfrak{h}, \mathfrak{p}$

6.3.2　$(\mathfrak{g}, \mathfrak{h}, \theta), (\widetilde{G}, \widetilde{H}, \widetilde{\sigma}), \widetilde{s_p}, (\widetilde{G}/\widetilde{H}, \widetilde{s_p}), \eta, \widetilde{\eta}, PO(n), PSO(n)$

6.4.1　$\mathfrak{g}_0, \mathfrak{g}_\pm, \theta_0, \theta_\pm, \mathfrak{p}_0, \mathfrak{p}_\pm, \mathfrak{h}_0, \mathfrak{h}_\pm$

6.4.2　$\mathfrak{g}^*, \theta^*$

6.5.1　$M_0, M_\pm, G_0, G_\pm, H_0, H_\pm$

第7章

7.1.1　$K, H, \widetilde{A}, N, M$

7.1.2　$B^3, \partial B^3$

7.2.1　$\Phi, \mathrm{Ad}, \widetilde{\mathrm{Ad}}$

7.2.2　$\Psi, \phi, \widetilde{\phi}, A_0, \gamma, \tau$

7.2.3　K_0

7.3.1　$B, \widetilde{H}_\pm, \widetilde{H}_0, B_{\mathbf{R}}$

7.3.2　K, H, N_0

7.3.3　$H_+, D, C(z), T, \partial D, K, A, N, M_1$

7.4.2　$\pi_\sigma, \widetilde{\pi}, \gamma$

7.4.3　$\mathfrak{k}, \mathfrak{p}, \mathfrak{h}, \mathfrak{q}$

7.4.4　$\mathfrak{h}^a, \mathfrak{q}^a, \mathfrak{g}^d, \mathfrak{h}^d, \mathfrak{q}^d, \mathfrak{k}^d, \mathfrak{p}^d$

索　　引

【記号】

$(dF)_p$　140
(G, H, σ)（対称対）　165
$(\widetilde{G}, \widetilde{H}, \widetilde{\sigma})$　196
$(\widetilde{G}/\widetilde{H}, \widetilde{s}_p)$　196
$(\mathfrak{g}, \mathfrak{h}, \theta)$（直交対称リー環）　194
(M, s_p)（リーマン対称空間）　152, 166
$[X, Y]$（ブラケット積）　144, 171
$\|A\|$（ノルム）　32
$\|\boldsymbol{x}\|$（ノルム）　28
$|G|$（位数）　4
$\approx$（集合の同型）　vii
$\simeq$（同相）　60
$\cong$（群の同型）　12, 17
$\cong$（線形同型）　31
$\cong$（位相群の同型）　73
$\cong$（解析的同型）　77
$\cong$（リー環の同型）　172
$\curvearrowright$（作用）　25
$\hookrightarrow$（単射な写像）　43
$\langle A, B \rangle$（内積）　32
$\langle \boldsymbol{x}, \boldsymbol{y} \rangle_{1,n}$　149
$\langle \boldsymbol{x}, \boldsymbol{y} \rangle$（内積）　28
$\langle \ , \ \rangle_p$　145
$\langle \boldsymbol{x}, \boldsymbol{y} \rangle_{m,n}$　39
$\langle \boldsymbol{x}, \boldsymbol{y} \rangle_{Sp}$　40
∇　146
∂B^3　226
∂D　242
∂S（境界）　48

$\partial(\mathfrak{g})$　182
$\sim$（同値関係）　vii
$\sqrt{\Lambda}$　111
$\times$（直積），$\ltimes$（半直積）　20
$\times_\tau$（一般半直積）　21
$\twoheadrightarrow$（全射な写像）　43
$\rhd$（正規部分群）　7
${}^tA,\ A^*$　32
A　103, 123, 128, 243
$\widetilde{A}$　222
A_+　108
$A_{p,q},\ A_{p,q}^+$　126
A_0　232
A_n（n 次交代群）　6
$\widetilde{\mathrm{Ad}}$　228
Ad（G の随伴表現）　44, 181, 228
ad（$\mathfrak{g}$ の随伴表現）　181
Ad_G　164
$\mathrm{Aut}(G)$（自己同型群）　18
B（ボレル部分群）　91, 100, 117, 121, 128, 236
B'　92
$B(X, Y)$（キリング形式）　182
B^-　128
B^3　226
$B_\epsilon(a)$（ϵ 近傍）　48
B_0　123
$B_{\mathbf{R}}$　99, 238
$B_s(X, Y)$　191
BwB　117
BwF_0　120

C (複素数)　vii

$C(z)$ (ケーリー変換)　241

$C_G(S)$ (中心化群)　7

D (単位円板)　241

$d(x, y)$ (距離)　48

D_4 (4 次の二面体群)　5

det (行列式)　32, 35

df　134, 137

dg　164

$\mathrm{diag}(G)$　162

dim (次元)　30

e (単位元)　4

E_{nn}　63

exp (指数写像)　174, 175, 180

$\mathrm{Exp}\, tX$　144

Exp_p (指数写像)　147

F, F^g　90

$f(G)$ (像)　17

F^* (引き戻し)　139

$f^{-1}(V)$ (原像)　58

F_0　91, 120

f_A (一次変換)　33

$\mathrm{Flag}(n, \mathbf{C})$ (複素旗多様体)　91, 118

$\mathrm{Flag}(n, \mathbf{R})$ (実旗多様体)　121

$\mathrm{Flag}_k(n, \mathbf{C})$ (グラスマン多様体)　93

G (群)　3

G (位相群)　65

G (リー群)　75

G (リー変換群)　79

G (変換群)　81

G (位相変換群)　82

G (等長変換群)　151

$\widetilde{G}$ (普遍被覆群)　179

$G(f)$ (グラフ)　136

$G/\sim$　10

G/H (剰余集合, 等質集合)　10

G/H (剰余群, 商群)　16

G/H (等質空間)　69

G/H (等質多様体, 等質空間)　79

G/H (商リー群)　79

G/H (軌道集合)　96

$G \setminus X$ (軌道集合)　95

G^σ, G_0^σ　158

G_λ　78

G_{p_0} (固定化群)　84

G_0, G_+, G_-　207

$\mathfrak{g}$ (リー環)　171

$\mathfrak{g}^*$　202

$\mathfrak{g}^\alpha$　188

$\mathfrak{g}^d$　254

$\mathfrak{g}^{\mathbf{R}}$, $\mathfrak{g}^{\mathbf{C}}$　186

$\mathfrak{g}_0$ (実型)　187

$\mathfrak{g}_0$, $\mathfrak{g}_+$, $\mathfrak{g}_-$　199

g_p　145

$GL(2, \mathbf{C})$　9

$GL(2, \mathbf{R})$　13

$GL(\mathfrak{g})$　180

$GL(n, K)$ (一般線形群)　5, 37

$GL(n, \mathbf{Q})$　78

$GL(V, K)$　37

$\mathrm{Grass}_j(n, \mathbf{C})$ (グラスマン多様体)　93

Gx (G 軌道)　95

$\mathfrak{gl}(\mathfrak{g})$　180

$\mathfrak{gl}(n, \mathbf{R})$　174

H　221, 239

H (四元数)　vii

$H \backslash G$　11, 69

$H \backslash G / K$　11

H^n (n 次元双曲空間)　149

$\widetilde{H}_+$, $\widetilde{H}_-$　237

H_α　188

H_0, H_+, H_-　207

$\widetilde{H}_0$　238

$\mathfrak{h}$　176, 187, 189, 192, 253

$\mathfrak{h}^a$　253

$\mathfrak{h}^d$　254

$\mathfrak{h}_0$, $\mathfrak{h}_+$, $\mathfrak{h}_-$　201

$\mathfrak{h}_{\mathbf{R}}$　188

$\mathrm{Herm}(n, \mathbf{C})$, $\mathrm{Herm}_+(n, \mathbf{C})$　72, 110

$\boldsymbol{i}$　vii

i, $\tilde{i}$　62

$I(M)$ (等長変換群)　151, 156

$I(\mathbf{R}^n)$ (合同変換群), $I_0(\mathbf{R}^n)$ (ユークリッド運動群)　22

$I_*(M)$, $I_0(M)$　156

I_n (n 次単位行列)　13

$I_{1,1}$　13

$I_{m,n}$　38

$I_{n-1,1}$　13

Int(G)（内部自己同型群）　18

J（複素構造）　186

$\boldsymbol{j}$　vii

$J^0_{\nu\lambda}, J^1_{\nu\nu}$　9

J_n　39

K　4, 103, 108, 220, 239, 243

$\boldsymbol{k}$　vii

K^*　4

K^n　27

K_{F_0}　122

K_0　235

$\mathfrak{k}$　252

$\mathfrak{k}^d$　254

ker f（核）　17

$L(c)$（曲線 c の長さ）　145

L/L_a　26

L_a（固定化群）　26

La（L 軌道）　25

L_X（リー微分）　144

M（等質集合）　84

M（可微分多様体）　135

M（リーマン対称空間）　152

M（A の中心化群）　224

$\widetilde{M}$　169

$M(n,K)$（n 次正方行列の全体）　5, 31

$M(V,K)$　35

M_0, M_+, M_-　207

$Mp(n,\mathbf{R})$（メタプレクティック群）　79

N　103, 123, 224, 243

N_0　239

$N_{\mathbf{C}}, N_{\mathbf{C}}^-$　128

$N_G(S)$（正規化群）　6

$n\mathbf{Z}$（n の倍数の全体）　4

$O(1,n)$　154

$O(a)$（L 軌道）　25

$O(a)$（共役類）　7

$O(m,n)$（擬直交群）　38

$O(n)$（直交群）　13, 37

$O(n,\mathbf{C})$（複素直交群）　38

$O(x)$（G 軌道）　95

$O_+(1,n)$（順次的ローレンツ群）　154

$\mathfrak{o}(n)$　175

$\mathfrak{o}(n,\mathbf{C})$　178

$\mathfrak{o}(p,q)$　175

$P(n,K)$　63

$P^{-1}AP$　108

$P^{n-1}(K)$（$n-1$ 次元射影空間）　62

P_j, P'_j　94

$P_{\boldsymbol{k}}$　94

$\mathfrak{p}$　189, 192, 252

$\mathfrak{p}^d$　254

$\mathfrak{p}_0, \mathfrak{p}_+, \mathfrak{p}_-$　200

$PO(n)$（射影直交群）　198

$PSO(n)$（射影特殊直交群）　198

$\mathfrak{q}, \mathfrak{q}^a$　253

$\mathfrak{q}^d$　254

$\mathbf{R}$（実数）　vii

$\mathbf{R}_+$　4

rank A　35

$\bar{S}$（閉包）　48

s（断面）　23

$S/\sim$（商集合）　viii

S^{n-1}　41

S_K^{n-1}　40

S_K^0　4

S_n（n 次対称群）　6

s_p（対称）　152

$\widetilde{s}_p$　169, 196

$s_{\boldsymbol{p}}$　154

s_V　155

S_X（対称群）　6

S^x, s^x（共役）　6

S_x（同値類）　vii

$SL(2,\mathbf{C})$　9

$SL(2,\mathbf{R})$　13

$SL(n,K)$（特殊線形群）　37

$SL(V,K)$　37

$\mathfrak{sl}(n,\mathbf{C})$　178

$\mathfrak{sl}(n,\mathbf{R})$　175

$SO(m,n)$（特殊擬直交群）　39

$SO(n)$（回転群，特殊直交群）　13, 38

$SO(n,\mathbf{C})$（特殊複素直交群）　38

$SO^*(2n)$　40

$SO_0(m,n)$　39

$\mathfrak{so}(n)$　178

$\mathfrak{so}(n,\mathbf{C})$　178

$\mathfrak{so}(p,q)$　178

$\mathfrak{so}^*(2m)$　178

$Sp(m,n)$　38

$Sp(n)$（シンプレクティック群）　37

$Sp(n,\mathbf{C})$（複素シンプレクティック群）　40

$Sp(n,\mathbf{R})$（実シンプレクティック群）　40

$\mathfrak{sp}(m,\mathbf{C})$　178

$\mathfrak{sp}(m,\mathbf{R})$　178

$Spin(n)$　179

$SU(m,n)$（特殊擬ユニタリー群）　39

$SU(n)$（特殊ユニタリー群）　38

$SU^*(2n)$　40

$\mathfrak{su}(n)$　178

$\mathfrak{su}(p,q)$　178

$\mathfrak{su}^*(2m)$　178

$\mathrm{Sym}(n,\mathbf{R})$, $\mathrm{Sym}_+(n,\mathbf{R})$, $\mathrm{Sym}_{p,q}(n,\mathbf{R})$　124

T　92, 128, 242

$\mathfrak{t}$　187

T_p^*M（余接空間）　141

T_pM（接空間）　139

TM（接束）　142

$U(m,n)$（擬ユニタリー群）　38

$U(n)$（ユニタリー群）　37

$\mathfrak{u}(n)$　178

$\mathfrak{u}(p,q)$　178

$\mathcal{U}(x)$（近傍系）　48

$\mathfrak{usp}(2m)$　178

$USp(2n)$（ユニタリーシンプレクティック群）　40

V_0　44

V_4（クラインの四元数）　5

$\boldsymbol{v}_c$（方向微分）　140

W（n 次の置換行列の全体）　117

w　128

X（位相空間）　47

X（接ベクトル）　139, 142

$\mathfrak{X}(M)$（C^∞ 級ベクトル場の全体）　142

x^{-1}（逆元）　4

$X_+^+(r)$, $X_-^-(r)$, $X_+(r)$, $X_0^\pm$　98, 219

$X_-^+(1)$　219, 239, 247

$X_-^-(1)$　220

$X_+(1)$　221, 239, 249

X_0^+　222

X_0^-　225

$X_\pm$　42

X_p　142

X_x　43

$\mathbf{Z}$（整数）　4

$Z(G)$（中心）　7

$\mathfrak{z}(\mathfrak{g})$　181

$Z\langle X,Y\rangle$　146

$\widetilde{\mathbf{Z}}_n$　19

$\mathbf{Z}_n$　4

Γ　78, 179

γ　233, 249

Δ（ルート系）　188

δ_{ij}（クロネッカーのデルタ）　29

$\eta, \widetilde{\eta}$　197

θ（$\mathfrak{g}$ の対合）　192

θ^*　202

$\theta_0, \theta_+, \theta_-$　199

Λ　111

μ　25

$\widetilde{\pi}$　248

π_σ　247

σ（G の対合）　158

τ　234

τ_s　156

Φ　228

Φ_t　144

$\phi, \widetilde{\phi}$　231

Ψ　231

【英数字】

1 パラメータ部分群　172

1 パラメータ変換群　143

C^r 級同型　77

G 軌道　95

G 空間　82

G 集合　81

σ コンパクト　55

【ア行】

アトラス　136

索　引

アーベル群　4

位数　4
位相空間　47
位相群　65
位相多様体　136
位相変換群　81
一次変換　33
一葉双曲面　221
一般線形群　37
一般半直積群　21
イデアル　171
岩沢分解　102

上への写像　vii
埋め込む　43

エルミート行列　110
円錐　222

【カ行】

開写像　60
開集合　48
階数　35
解析多様体　136
解析的　75, 135
解析的同型　77
回転群　13, 38
開被覆　51
開連続準同型写像　73
可換群　4
核　17
加群　28
可算開基　55
可微分多様体　135
可分空間　55
カルタン対合　165
カルタン部分環　188
カルタン分解　108, 189
カルタン・マルチェフ・岩澤の定理　73
カルタン・リーの定理　179
完備　57, 143, 147

擬効果的　165
擬直交群　39

基底　30
軌道　25, 95
軌道空間　95
軌道集合　95
軌道分解　25, 95
既約　202
逆行列　32
逆元　4
逆写像　vii
逆像　58
既約分解　202
擬ユニタリー群　39
境界点　48
共変微分　147
共役　6, 187
共役類　7
行列　31
行列式　32
局所コンパクト　53
局所測地対称　152
局所同型　180
局所等長同型　150
局所等長変換　150
局所微分同相　139
局所リーマン対称空間　152
極大積分曲線　143
極大測地線　147
極分解　114
距離空間　48
キリング形式　182
近傍　48

クラインの四元群　5
グラスマン多様体　93
グラム・シュミットの直交化法　30, 103
群　3

ケーリー変換　241
原像　58

効果的　83, 165, 194
交代群　6
合同変換群　22
弧状連結　56
コーシー列　57

固定化群　26, 84
固定部分群　84
古典群　37
固有ローレンツ群　218
コンパクト　51
コンパクト（リー環）　185
コンパクト開位相　151
コンパクトシンプレクティック群　37

【サ行】

座標近傍　136
座標近傍系　136
作用　25, 81

次元　30
次元公式　35
四元数　vii
自己準同型写像　18
自己同型群　18, 182
自己同型写像　18
指数写像　148, 174, 175, 180
指数写像（行列の）　175
実型　187
実シンプレクティック群　40
実リー環　171
実リー群　76
指標　215
射影　23
射影空間　62
写像　vii
自由　83
収束　57
収束列　57
順次的ローレンツ群　154
準同型写像　17, 73, 77
準同型定理　18
商位相　50
商位相空間　50
商空間　viii, 50
商群　16
商集合　viii
剰余群　16
剰余集合　10

剰余類　10
商リー群　79
シンプレクティック群　37, 40

推移的　26, 84
随伴対称リー環　254
随伴表現　44, 181, 228

正規化群　7
正規行列　109
正規直交基底　29, 30
正規部分群　7
正則行列　32
正定値　110
積分曲線　143
接空間　134, 139
接束　142
切断　23
接ベクトル　139
線形近似　134
線形同型　31
線形変換　33
線形リー群　77
全射　vii
全単射　vii

像　17
双曲面
　　一葉——　98, 221, 239, 249
　　二葉——　98, 219, 239, 247
相対位相　49
双対　202
双対対称空間　202
双対対称対　202
双対対称リー環　202, 253
測地線　146, 147
速度ベクトル　140

【タ行】

第一可算空間　55
対角化可能　108
対称　152
対称群　6
対称対　165

第二可算空間 55
代表系 viii, 8, 10, 11
代表元 viii, 8, 10, 11
単位元 4
単純リー環 185
単射 vii
単純群 7
単純リー群 208
断面 23
単連結 169

中心 7, 181, 185
中心化群 7
直積位相空間 50
直積空間 50
直積群 20
直交群 13, 37
直交対称リー環 194

対合 157, 158, 192
対合的自己同型 157

点列連続 58

同型
　　位相空間として── 60
　　位相群として── 73
　　加群として── 31
　　局所── 180
　　群として── 17
　　集合として── vii
　　対称リー環として── 195
　　リー環として── 172
　　リー群として── 77
　　リーマン多様体として── 150
同型写像 17
等質 84
等質空間 69, 79
等質集合 10, 84
等質多様体 79
同相写像 60
同値類 vii
同値関係 vii
等長同型 150
等長変換 150
等長変換群 151

等方部分群 84
特殊擬直交群 39
特殊擬ユニタリー群 39
特殊線形群 37
特殊複素直交群 38
特殊ユニタリー群 38
ド・ジッター群 39

【ナ行】

内積 28
内点 48
内部自己同型群 18, 182
内部自己同型写像 18

二面体群 5
二葉双曲面 219

ノルム 28

【ハ行】

ハイゼンベルグ群 78
ハイネ・ボレルの定理 52, 60
ハウスドルフ空間 50
旗 90
旗多様体 91
バナッハの開写像定理 67
ハール測度 164
半正定値 110
半単純 188
半単純リー環 185
半直積群 20

引き戻し 139
非コンパクト（リー環） 185
非退化 184
左不変ベクトル場 172
被覆 168
微分 141
微分可能 133, 138, 139
微分同相 139
微分表現 181
表現行列 35
標準基底 29
標準計量 148

標準的全射　23

複素化　186
複素シンプレクティック群　40
複素多様体　136
複素直交群　38
複素リー環　171
複素リー群　76
付随　195
付随対称リー環　254
部分空間　49
部分群　4, 65
部分リー環　171
不変計量　163
普遍被覆多様体　169
ブラケット積　144, 171
ブリュア分解　117
分解定理　199

閉集合　48
閉包　48
べき零　188
ベクトル空間　27
ベクトル場　142
ベールの定理　54
変換群　81

方向微分　140
ホップ・リノウの定理　148
ボレル部分群　91, 117

【マ行】

マイヤーズ・スティーンロッドの定理　150

ミンコフスキー空間　97, 217

無限群　4

メタプレクティック群　79
メービウス変換　99

【ヤ行】

ヤコビ行列　134

ヤコビ恒等式　171

有界　51
有限群　4
ユークリッド運動群　22
ユニタリー群　37
ユニタリーシンプレクティック群　40
ユニモジュラー　164

余接空間　141

【ラ行】

リー環　171
リー群　75
理想境界　226
リー代数　171
リー微分　144
リー部分群　76
リー変換群　79
リーマン球面　65
リーマン計量　145
リーマン構造　145
リーマン接続　146
リーマン対称対　165
リーマン多様体　145
リーマン普遍被覆多様体　169
リーマン対称空間　152
両側剰余類　11

ルート　188
ルート空間　188
ルート系　188

レヴィ・チヴィタ接続　146
連結　56
連結成分　56
連続　58
連続群　67

ローレンツ空間　149
ローレンツ群　39, 154, 217
ローレンツ内積　217

〈著 者 紹 介〉

河添　健（かわぞえ　たけし）

1982年　慶應義塾大学大学院工学研究科博士課程 修了
現　在　慶應義塾大学名誉教授
　　　　理学博士
専　門　調和解析
著　書　『すうがくの風景1　群上の調和解析』（朝倉書店，2000）
　　　　『微分積分学講義 I, II』（数学書房，2009，2011）
　　　　『数理と社会　増補第2版──身近な数学でリフレッシュ』（数学書房，2016）
　　　　『改訂新版　解析入門』（放送大学教育振興会，2018）

共立講座 数学探検　第9巻
連続群と対称空間
Continuous Groups and Symmetric Spaces

2024 年 2 月 29 日　初版 1 刷発行

著　者　河添　健 ©2024

発行者　南條光章

発行所　共立出版株式会社
　　　　郵便番号 112-0006
　　　　東京都文京区小日向 4 丁目 6 番 19 号
　　　　電話 (03) 3947-2511（代表）
　　　　振替口座 00110-2-57035 番
　　　　www.kyoritsu-pub.co.jp

印　刷　加藤文明社

製　本　協栄製本

検印廃止
NDC 411.6, 411.68, 411.72

ISBN 978-4-320-11182-0

一般社団法人
自然科学書協会
会員

Printed in Japan